国家重点研发项目资助："预制装配式混凝土结构建筑产业化关键技术"
（编号 2016YFC0701900）

装配式建筑产业化关键技术

Key Technologies for Industrialization of Assembled Buildings

叶浩文　苗启松　田春雨　李英民　著

中国建筑工业出版社

图书在版编目（CIP）数据

装配式建筑产业化关键技术＝Key Technologies for Industrialization of Assembled Buildings/叶浩文等著．—北京：中国建筑工业出版社，2022.7

ISBN 978-7-112-27449-9

Ⅰ.①装…　Ⅱ.①叶…　Ⅲ.①装配式构件　Ⅳ.①TU3

中国版本图书馆CIP数据核字（2022）第095289号

本书对装配式混凝土结构高层住宅、低多层住宅、公共建筑的技术体系、标准化设计技术、智能生产技术、精益建造技术、结构配套产品、一体化协同技术以及工程示范等进行了全面、系统的阐述。本书共8章，主要内容包括：绪论，装配式建筑技术体系，标准化设计技术，智能生产技术，精益建造技术，配套产品开发及应用，一体化协同技术，工程案例。本书层次清晰、结构完整、内容丰富，可作为装配式混凝土结构科研人员的参考用书，也可以为设计、生产、施工人员提供技术指导。

责任编辑：高　悦　万　李　范业庶
责任校对：刘梦然

装配式建筑产业化关键技术
Key Technologies for Industrialization of Assembled Buildings
叶浩文　苗启松　田春雨　李英民　著

*

中国建筑工业出版社出版、发行（北京海淀三里河路9号）
各地新华书店、建筑书店经销
北京龙达新润科技有限公司制版
天津画中画印刷有限公司印刷

*

开本：787毫米×1092毫米　1/16　印张：16¾　字数：415千字
2022年8月第一版　2022年8月第一次印刷
定价：**65.00**元

ISBN 978-7-112-27449-9
（39503）

序

我国正处于新型基础设施大建设、大发展的关键时期和“十四五”城镇化建设快速增长期，建筑业在转向高质量发展阶段的同时，总体上仍将保持较大产业规模，建筑业作为国民经济支柱产业的地位不会动摇。但是，我国建筑业长期面临资源与能源消耗大、劳动力密集、工程品质不高和科技水平落后等问题，亟需转型升级。装配式建筑产业化是传统建造方式的变革与升级换代，是建筑业发展不可逆转的方向，对其关键技术进行系统地研究具有十分重要的意义。

在“十三五”国家重点研发计划的资助下，由中建科技集团有限公司牵头，联合中国建筑科学研究院有限公司、清华大学、北京市建筑设计研究院有限公司等26家科研单位、高等院校、设计研究院和企业组成产学研用合作联盟，紧密围绕装配式建筑产业化的系统性技术难题进行攻关。通过系统深入的理论分析、试验研究和工程示范，取得了系列研发成果。以信息化和数字化的组织管理为手段，将建筑产品的建造全过程融合为完整的产业系统，提出了“建筑、结构、机电、内装一体化”“设计、生产、施工一体化”的技术集成体系和“工程总承包一体化”的组织管理模式，形成了适合我国国情的装配式混凝土结构高层住宅、低多层住宅、公共建筑三类产业化关键技术，推动了装配式建筑产业化的技术进步。

项目负责人叶浩文教授级高工长期在工程一线从事技术开发和管理工作，对我国建筑业的转型升级方向和发展趋势有着深刻的理解，在超高层建筑施工技术、装配式建筑技术和建筑企业管理方面积累了宝贵的经验。在他的带领下，研究团队圆满地完成了国家重点研发计划的任务，并及时地将研究成果凝练、总结并撰写成专著，体现了研究团队的一种责任和担当。这本著作是我国装配式建筑技术研究和实践方面的力作，理论联系实际，创新性和实用性强，对装配式建筑的设计、生产与施工具有重要的借鉴和参考作用。

中国工程院院士 周绪红

2022年3月8日

前言

建筑业正处在转型升级高质量发展的关键时期，未来建筑业发展的趋势是绿色化、信息化和工业化。当前，我国建筑业发展水平仍然有较大提升空间，表现在现有技术体系不完善，技术标准不健全，技术集成度低，信息化基础弱，工业化水平低，工程建设难以高效组织的产业系统性问题。

面对上述装配式建筑产业化方面存在的问题，在国家重点研发计划“预制装配式混凝土结构建筑产业化关键技术”项目（2016YFC0701900）的资助下，以中建科技集团有限公司为牵头单位的项目组进行了深入研究。本书对项目组在“十三五”期间的研究成果进行了总结凝练，从装配式混凝土结构高层住宅、低多层住宅、公共建筑三类技术体系、标准化设计技术、智能生产技术、精益建造技术、结构配套产品、一体化协同技术以及工程示范等方面进行了全面、系统的阐述。本书层次清晰、结构完整、内容丰富，可作为装配式混凝土结构科研人员的参考用书，也可以为设计、生产、施工人员提供技术指导。

本书共分8章，主要内容包括：第1章绪论，重点梳理了近年来国家政策导向及各地的政策支持措施，深入剖析了我国装配式建筑产业化存在的问题；第2章装配式建筑技术体系，分别介绍了装配式混凝土高层住宅、低多层住宅、公共建筑三类技术体系以及机电围护装修技术体系的研究成果；第3章标准化设计技术，阐述了平面标准化、立面标准化、结构构件标准化、建筑部品标准化设计方法及原则；第4章智能生产技术，重点叙述了工厂规划设计要点、工厂自动化生产技术重要研究成果以及工厂信息化管理技术；第5章精益建造技术，主要介绍了预制构件标准化的安装工艺、工具化工装系统，重点介绍了数字化建造平台各个模块的功能；第6章配套产品开发及应用，重点阐述了结构十大配套产品的研发背景、产品设计以及应用技术；第7章一体化协同技术，重点介绍了“设计、生产、施工一体化”以及“建筑、结构、机电、内装一体化”的协同要点，并介绍了工程总承包一体化管理模式；第8章工程案例，重点介绍了应用本书相关技术成果的代表性工程的实际应用情况。

本书的撰写由国家重点研发计划“预制装配式混凝土结构建筑产业化关键技术”项目组成员共同完成（中建科技集团有限公司叶浩文、苏衍江，住房和城乡建设部科技与产业化发展中心武振、冯仕章，中国建筑标准设计研究院有限公司肖明：第1、8章；北京市建筑设计研究院有限公司苗启松、阎东东，重庆大学李英民、王国钰，中国建筑西南设计研究院有限公司毕琼、雷雨、董博：第2章；中建科技集团有限公司郭志鹏，中国建筑西南设计研究院有限公司毕琼、王欢：第3章；中建科技集团有限公司周冲、黄轶群，北方工业大学刘妍：第4章；中建三局第一建设工程有限责任公司陈骏、张欣、王远航、余祥：第5章；中国建筑科学研究院有限公司田春雨、王俊：第6章；中建科技集团有限公司周冲、包戈、李志武、郭志鹏、白聪敏：第7章)，全书由叶浩文、苏衍江统稿。

由于作者理论水平与实践经验有限，书中难免存在不足甚至谬误之处，敬请批评指正。

目录

第 1 章　绪论

1.1　国家相关政策的出台及导向

近年来，国家和地方陆续出台了一系列推进装配式建筑发展的经济政策、技术政策和保障措施，营造了良好的政策氛围。政府从多个层面提升装配式建筑全产业链能力，引导建设需求，完善标准规范，推动企业转型创新，加大技术研发力度，加快人才队伍建设，为装配式建筑发展提供了良好市场环境。

1.1.1　国家政策导向

一、中共中央、国务院关于装配式建筑的主要政策

大力发展装配式建筑是住房城乡建设领域推进绿色发展的重要举措。党中央、国务院高度重视装配式建筑的发展，中央城市工作会议以来，我国装配式建筑进入全面发展期。《中共中央 国务院关于进一步加强城市规划建设管理工作的若干意见》（中发〔2016〕6 号）提出，要发展新型建造方式，大力推广装配式建筑，力争用 10 年左右时间，使装配式建筑占新建建筑比例达到 30%。《国务院办公厅关于大力发展装配式建筑的指导意见》（国办发〔2016〕71 号）明确了指导思想、基本原则、工作目标、重点任务和保障措施，这是我国今后一段时间发展装配式建筑的纲领性文件。主要政策汇总见表 1-1。

中共中央、国务院关于装配式建筑的主要政策汇总　　表 1-1

时间	文件名称	相关内容
2016 年 2 月 6 日	中共中央 国务院关于进一步加强城市规划建设管理工作的若干意见（中发〔2016〕6 号）	大力推广装配式建筑，减少建筑垃圾和扬尘污染，缩短建造工期，提升工程质量。制定装配式建筑设计、施工和验收规范。完善部品部件标准，实现建筑部品部件工厂化生产。鼓励建筑企业装配式施工，现场装配。建设国家级装配式建筑生产基地。加大政策支持力度，力争用 10 年左右时间，使装配式建筑占新建建筑的比例达到 30%。积极稳妥推广钢结构建筑。在具备条件的地方，倡导发展现代木结构建筑
2016 年 9 月 27 日	国务院办公厅关于大力发展装配式建筑的指导意见（国办发〔2016〕71 号）	我国发展装配式建筑纲领性文件，明确了指导思想、基本原则、工作目标等总体要求；列出了八项重点任务；提出了加强组织领导、加大政策支持、强化队伍建设、做好宣传引导等保障措施
2016 年 12 月 20 日	国务院关于印发“十三五”节能减排综合工作方案的通知（国发〔2016〕74 号）	实施绿色建筑全产业链发展计划，推行绿色施工方式，推广节能绿色建材、装配式和钢结构建筑

续表

时间	文件名称	相关内容
2017年2月21日	国务院办公厅关于促进建筑业持续健康发展的意见（国办发〔2017〕19号）	推广智能和装配式建筑。大力发展装配式混凝土和钢结构建筑，在具备条件的地方倡导发展现代木结构建筑
2017年9月5日	中共中央 国务院关于开展质量提升行动的指导意见（中发〔2017〕24号）	大力发展装配式建筑，提高建筑装修部品部件的质量和安全性能
2018年6月16日	中共中央 国务院关于全面加强生态环境保护 坚决打好污染防治攻坚战的意见	健全节能、节水、节地、节材、节矿标准体系，大幅降低重点行业和企业能耗、物耗，推行生产者责任延伸制度，实现生产系统和生活系统循环链接。鼓励新建建筑采用绿色建材，大力发展装配式建筑，提高新建绿色建筑比例
2018年6月27日	国务院关于印发打赢蓝天保卫战三年行动计划的通知（国发〔2018〕22号）	因地制宜提高建筑节能标准，加大绿色建筑推广力度，引导有条件地区和城市新建建筑全面执行绿色建筑标准。 严格施工扬尘监管。2018年底前，各地建立施工工地管理清单。因地制宜稳步发展装配式建筑。将施工工地扬尘污染防治纳入文明施工管理范畴，建立扬尘控制责任制度，扬尘治理费用列入工程造价
2019年5月12日	国家生态文明试验区（海南）实施方案	有计划、分阶段、分区域地推进装配式建筑发展，提高新建绿色建筑比例
2019年9月24日	国务院办公厅转发住房城乡建设部关于完善质量保障体系提升建筑工程品质指导意见的通知（国办函〔2019〕92号）	推行绿色建造方式。完善绿色建材产品标准和认证评价体系，进一步提高建筑产品节能标准，建立产品发布制度。大力发展装配式建筑，推进绿色施工，通过先进技术和科学管理，降低施工过程对环境的不利影响。建立健全绿色建筑标准体系，完善绿色建筑评价标识制度。 鼓励企业建立装配式建筑部品部件生产和施工安装全过程质量控制体系，对装配式建筑部品部件实行驻厂监造制度。建立从生产到使用全过程的建材质量追溯机制，并将相关信息向社会公示

二、住房城乡建设部政策导向

住房城乡建设部积极贯彻党中央、国务院的决策部署，高度重视装配式建筑发展，出台了一系列政策文件，进一步细化工作目标，明确重点任务和保障措施，有力推动了全国装配式建筑的健康稳步发展。

2017年3月1日，《住房城乡建设部关于印发〈建筑节能与绿色建筑发展“十三五”规划〉的通知》（建科〔2017〕53号），提出要大力发展装配式建筑，加快建设装配式建筑生产基地，培育设计、生产、施工一体化龙头企业；完善装配式建筑相关政策、标准及技术体系；积极发展钢结构、现代木结构等建筑结构体系。并提出到2020年城镇装配式建筑占新建建筑比例超过15%的发展目标。

2017年3月23日，《住房城乡建设部关于印发〈“十三五”装配式建筑行动方案〉〈装配式建筑示范城市管理办法〉〈装配式建筑产业基地管理办法〉的通知》（建科〔2017〕77号），全面落实《国务院办公厅关于大力发展装配式建筑的指导意见》（国办发〔2016〕71号）提出的各项目标和任务。《“十三五”装配式建筑行动方案》提出，到2020年，全国装配式建筑占新建建筑的比例达到15%以上，其中重点推进地区达到20%以上，积极推进地区达到15%以上，鼓励推进地区达到10%以上；培育50个以上装配式建筑示范城市，200个以上装配式建筑产业基地，500个以上装配式建筑示范工程，建设30个以上装配式建筑科技创新基地。

2017年4月26日，《住房城乡建设部关于印发建筑业发展“十三五”规划的通知》（建市〔2017〕98号），把“推动建筑产业现代化”作为“十三五”时期主要任务之一，着重强调了要推广智能和装配式建筑，强化技术标准引领保障作用，加强关键技术研发支撑。

技术政策方面，2016年12月15日，《住房城乡建设部关于印发装配式混凝土结构建筑工程施工图设计文件技术审查要点的通知》（建质函〔2016〕287号）出台，这是指导和规范装配式混凝土结构建筑工程施工图设计文件审查工作的专项文件。2016年12月23日，《住房城乡建设部关于印发〈装配式建筑工程消耗量定额〉的通知》（建标〔2016〕291号），满足了装配式建筑工程计价的需要。2017年1月10日，住房城乡建设部发布了国家标准《装配式混凝土建筑技术标准》GB/T 51231—2016、《装配式钢结构建筑技术标准》GB/T 51232—2016、《装配式木结构建筑技术标准》GB/T 51233—2016；2017年12月12日，发布了国家标准《装配式建筑评价标准》GB/T 51129—2017。这些技术政策和标准的出台为装配式建筑发展提供了坚实的技术保障。

2018年3月27日，《住房城乡建设部建筑节能与科技司2018年工作要点》（建科综函〔2018〕20号）出台，提出以绿色城市建设为导向，深入推进建筑能效提升和绿色建筑发展，稳步发展装配式建筑，加强科技创新能力建设，增添国际科技交流与合作新要素，提升全领域全过程绿色化水平，为推动绿色城市建设打下坚实基础。

2020年7月3日，《住房和城乡建设部等部门关于推动智能建造与建筑工业化协同发展的指导意见》（建市〔2020〕60号），提出建筑业是国民经济的支柱产业，为我国经济持续健康发展提供了有力支撑，但建筑业生产方式仍然比较粗放，与高质量发展要求相比还有很大差距。该意见还提出要推进建筑工业化、数字化、智能化升级，加快建造方式转变，推动建筑业高质量发展。

2020年8月28日，《住房和城乡建设部等部门关于加快新型建筑工业化发展的若干意见》（建标规〔2020〕8号）发布，提出《国务院办公厅关于大力发展装配式建筑的指导意见》（国办发〔2016〕71号）印发实施以来，以装配式建筑为代表的新型建筑工业化快速推进，建造水平和建筑品质明显提高。该意见还提出全面贯彻新发展理念，推动城乡建设绿色发展和高质量发展，以新型建筑工业化带动建筑业全面转型升级，打造具有国际竞争力的“中国建造”品牌。

1.1.2 各地支持政策出台情况

随着国家政策的出台，各地政府也积极响应，密集出台了一系列政策文件，营造了大力推动装配式建筑发展的良好政策氛围。据不完全统计，截止到2017年4月1日，全国共有26个省（自治区、直辖市）和52个地级市出台了144份装配式建筑相关政策，其中《中共中央 国务院关于进一步加强城市规划建设管理工作的若干意见》（中发〔2016〕6号）发布后共有18个省（自治区、直辖市）和22个地级市出台了57份文件，《国务院办公厅关于大力发展装配式建筑的指导意见》（国办发〔2016〕71号）发布后共有9个省

（自治区、直辖市）和7个地级市出台了21份文件。

从发展目标看，各地装配式建筑的发展目标大多为分阶段、分重点的目标，主要涵盖以下10个方面：建立装配式建筑技术体系；完善装配式建筑标准体系；规模化推广装配式建筑；推广成品住宅；发展住宅部品；开展试点示范项目；提升住宅质量和性能，协同推广绿色节能建筑、住宅性能认定等；培育试点城市及龙头企业；开展宣传培训；提升四节一环保水平。其中，省级层面推进思路较为宏观，强调技术体系、质量和性能等；城市层面推进目标较为具体和操作性强，强调装配式建筑发展规模和龙头企业支撑。

从政策措施看，主要包括6个方面。一是在土地出让环节明确装配式建筑面积的比例要求，如规定一定规模以上的新建建筑全部采用装配式建造方式或在年度土地供应计划中必须确保一定比例采用装配式建造方式。二是多种财政补贴方式支持装配式建筑试点项目，包括科技创新专项资金扶持装配式建筑项目等；对于引进大型装配式建筑专用设备的企业享受贷款贴息政策，利用节能专项资金支持装配式建筑示范项目；享受城市建设配套费减缓优惠等。三是对装配式建筑项目建设和销售予以优惠鼓励，如将装配式建筑成本同步列入建设项目成本；在商品房预销环节给予支持；对于以装配式建筑方式建造的商品房项目给予面积奖励等。四是通过税收金融政策予以扶持，如将构配件生产企业纳入高新技术产业，享受相关财税优惠政策；部分城市还提出对装配式建筑项目给予贷款扶持政策。五是大力鼓励发展成品住宅，各地积极推进新建住宅一次装修到位或菜单式装修，开发企业对全装修住宅负责保修，并逐步建立装修质量保险保证机制。六是以政府投资工程为主大力推进装配式建筑试点项目建设，如北京、上海、重庆、深圳等地都出台了鼓励保障性住房采用装配式技术和成品住宅的支持政策。

一、需求引导政策措施

1. 政府投资项目优先采用装配式建筑

从各地发展装配式建筑的经验来看，政府投资项目中率先采用装配式建筑可有力推动装配式建筑项目的落地实施。一方面，政府投资项目为装配式建筑企业提供了市场，保证了一定的市场规模；另一方面，装配式建筑的政府投资项目起到了示范带头作用，提振行业信心。该政策为装配式建筑规模化应用奠定了重要基础，是各地普遍采用的效果较好的政策之一。

例如：《沈阳市人民政府办公室关于印发沈阳市大力发展装配式建筑工作方案的通知》（沈政办发〔2021〕26号）规定，由政府投资的建筑工程、市政工程项目要优先采用装配式方式建设，并据此编制和核准投资估算和设计概算。政府投资的各类保障性住房、租赁住房、办公、学校、医院、文化体育场馆、商业综合体等公建项目。应采用建筑信息模型技术进行正向设计，采用装配式混凝土或钢结构方式建设，项目地上总建筑面积不超过5000m^2的，鼓励采用装配式建设：项目地上总建筑面积5000～30000m^2的。装配率须达到40％及全装修；项目地上总建筑面积30000m^2以上的，装配率须达到50％及全装修。

2. 划分实施装配式建筑的重点区域和领域

发展装配式建筑，不同区域应结合地区社会经济发展和产业技术水平，因地制宜地展开装配式建筑项目建设。《国务院办公厅关于大力发展装配式建筑的指导意见》（国办发〔2016〕71号）规定，坚持分区推进、逐步推广。根据不同地区的经济社会发展状况和产业技术条件，划分重点推进地区、积极推进地区和鼓励推进地区，因地制宜、循序渐进，以点带面、试点先行，及时总结经验，形成局部带动整体的工作格局。装配式建筑发展初期，各地宜将有条件的区域作为装配式建筑重点推广区域，在重点区域内强制实施，让有条件的区域先发展起来，积累经验，进而规模化推广。

例如：《上海市住房和城乡建设管理委员会关于印发〈上海市装配式建筑 2016—2020 年发展规划的通知〉》（沪建建材〔2016〕740 号）规定，“十三五”期间，全市符合条件的新建建筑原则上采用装配式建筑。全市装配式建筑的单体预制率达到 40%以上或装配率达到 60%以上。外环线以内采用装配式建筑的新建商品住宅、公租房和廉租房项目 100%采用全装修，实现同步装修和装修部品构配件预制化。

二、土地支持政策措施

《国务院办公厅关于大力发展装配式建筑的指导意见》（国办发〔2016〕71 号）提出，在土地供应中，可将发展装配式建筑的相关要求纳入供地方案，并落实到土地使用合同中。北京、上海、深圳、重庆、济南等城市都已出台相关政策，将装配式建筑相关政策要求纳入土地出让前置条件或将装配式建筑列入土地竞拍评分项等。

1. 纳入土地出让条件

在土地出让条件中，纳入装配式建筑相关要求，可以从源头上确保装配式建筑的项目落地，全国大多数省市都将该政策纳入了装配式建筑相关文件。

例如：《北京市人民政府办公厅关于加快发展装配式建筑的实施意见》（京政办发〔2017〕8 号）规定，自 2017 年 3 月 15 日起，通过招拍挂文件设定相关要求，对以招拍挂方式取得城六区和通州区地上建筑规模 5 万 m^2（含）以上国有土地使用权的商品房开发项目应采用装配式建筑；在其他区取得地上建筑规模 10 万 m^2（含）以上国有土地使用权的商品房开发项目应采用装配式建筑。

2. 优先保障用地

通过对装配式建筑相关项目与企业优先保障用地，可以推动装配式建筑相关项目的实施，鼓励企业进行产能布局与技术研发创新。

例如：《河北省人民政府办公厅关于大力发展装配式建筑的实施意见》（冀政办字〔2017〕3 号）提出，将装配式建筑园区和基地建设纳入相关规划，优先安排建设用地。国土资源部门应当落实该控制性详细规划，在用地上予以保障。

3. 列入土地竞拍评分项

为了鼓励创新，建设绿色、环保、宜居的高品质建筑产品，在土地竞争激烈的一线城市，将装配式建筑、绿色发展等相关要求列入竞拍条件中，有利于引导房地产开发企业积极采用装配式建筑。

例如：北京市在土地招拍挂中，采用限房价、竞地价、竞自持面积、竞高标准建设方案的模式，土地出让方组织专家组成评选委员会对竞买人投报的高标准商品住宅建设方案进行评分，其中“装配式建筑实施比例”占 25 分（满分 100 分）。

三、规划支持政策措施

2010 年 3 月，北京市率先出台了建筑面积激励奖励措施，包括装配式建筑项目预制外墙面积不计面积和符合要求的给予 3%以内的建筑面积奖励等。继北京之后，上海、沈阳、深圳、长沙等地陆续出台了建筑面积奖励或豁免政策，对激发市场活力起到积极效果，对装配式建筑发展起到了推动作用。

1. 外墙预制部分不计入建筑面积

把装配式建筑外墙预制部分不计入建筑面积，从技术规范层面对面积测量规则进行调整，一方面体现出了装配式建筑的工业化产品特性，另一方面提高了装配式建筑的使用率，对开发企业和消费者都具有吸引力，因此很多地方都出台了相关政策。

例如：《北京市人民政府办公厅关于加快发展装配式建筑的实施意见》（京政办发〔2017〕8 号）规定，对于实施范围内的装配式建筑项目，在计算建筑面积时，建筑外墙厚度参照同类型建筑的外墙厚度；建筑外墙采用夹心保温复合墙体的，其夹心保温墙体外叶板水平投影面积不计入建筑面积。

2. 给予容积率奖励

容积率奖励可直接增加房地产开发企业利润销售面积和销售收入，能较好地激发开发企业的积极性，尤其是在房价较高的城市，激励效果更为明显。

例如：《北京市人民政府办公厅关于加快发展装配式建筑的实施意见》（京政办发〔2017〕8 号）规定，对于未在实施范围内的非政府投资项目，凡自愿采用装配式建筑并符合实施标准的，给予实施项目不超过 3%的面积奖励。

四、财政支持政策措施

财政方面的扶持政策包括：一是增量成本纳入建设成本；二是设立专项资金补贴工程项目或是扩大专项资金使用范围；三是加大科研资金投入；四是给予企业资金补贴；五是工程造价优惠政策。

1. 增量成本纳入建设成本

装配式建筑增量成本纳入建设成本，对规范装配式建筑建设管理起到一定作用，在解决投资成本审批的同时，减少了相关税费负担，对减少装配式建筑成本增量具有一定的作用。

例如：《深圳市住房和建设局关于加快推进装配式建筑的通知》（深建规〔2017〕1 号）规定，装配式建筑的增量成本计入项目建设成本。

2. 给予财政资金奖励

为了推动装配式试点示范项目的落地，发挥其示范引领作用，部分地区采用财政资金补贴的形式进行激励，取得了显著的成效。

例如：《北京市人民政府办公厅关于加快发展装配式建筑的实施意见》（京政办发〔2017〕8 号）规定，由财政部门研究制定装配式建筑项目专项奖励政策，对于实施范围内的预制率达到 50%以上、装配率达到 70%以上的非政府投资项目予以财政奖励；对于未在实施范围的非政府投资项目，凡自愿采用装配式建筑并符合实施标准的，按增量成本给予一定比例的财政奖励。

3. 加大科研支持资金投入

当前国内尚未形成适合不同地区、符合不同抗震等级要求、围护体系适宜、施工简便、工艺工法成熟、适宜规模推广的装配式建筑技术体系，需要加大科研支持力度。

例如：《天津市人民政府办公厅印发关于大力发展装配式建筑实施方案的通知》（津政办函〔2017〕66 号）规定，将装配式建筑关键技术研究纳入天津市重点研发计划科技支撑重点项目征集指南，在同等条件下优先支持。

五、税收支持政策措施

税收支持政策主要分 3 类：一是支持装配式建筑相关新技术、新产品、新工艺研发的税收优惠政策，包括鼓励符合条件的装配式建筑企业申报高新技术企业，和装配式建筑相关研发费用在计算应纳税所得额时加计扣除；二是符合新型墙体材料目录的企业可享受增值税即征即退优惠政策；三是将装配式建筑纳入西部大开发税收优惠范围。

1. 新技术、新产品、新工艺研发的税收优惠政策

《国务院办公厅关于大力发展装配式建筑的指导意见》（国办发〔2016〕71 号）提出，支持符合高新技术企业条件的装配式建筑部品部件生产企业享受相关优惠政策。根据科技部、财政部、税务总局发布的《高新技术企业认定管理办法》（国科发火〔2016〕32 号），高新技术企业是指在《国家重点支持的高新技术领域》内，持续进行研究开发与技术成果转化，形成企业核心自主知识产权，并以此为基础开展经营活动，在中国境内（不包括港、澳、台地区）注册的居民企业。装配式建筑是建造方式的变革，许多企业开展了大量装配式建筑相关技术与产品研发，并成功研制了具有自主知识产权的技术与产品。鼓励装配式建筑企业申报高新技术企业，有助于引导其加大研发投入，推动行业科技进步。

例如：《北京市人民政府办公厅关于加快发展装配式建筑的实施意见》（京政办发〔2017〕8 号）规定，符合高新技术企业条件的装配式建筑部品部件生产企业，经认定后可依法享受相关税收优惠政策。

2. 符合条件企业可享受增值税即征即退优惠政策

《财政部 国家税务总局关于新型墙体材料增值税政策的通知》（财税〔2015〕73 号）规定，对纳税人销售自产的列入《享受增值税即征即退政策的新型墙体材料目录》的新型墙体材料，实行增值税即征即退 50％的政策。

例如：《甘肃省人民政府办公厅关于大力发展装配式建筑的实施意见》（甘政办发〔2017〕132 号）规定，符合《享受增值税即征即退的新型墙体材料目录》和《资源综合利用产品和劳务增值税税收优惠目录》的墙体材料和部品部件生产企业，按规定享受税收优惠政策。

3. 纳入西部大开发税收优惠范围

《财政部 海关总署 国家税务总局关于深入实施西部大开发战略有关税收政策问题的通知》（财税〔2011〕58 号）规定，对西部地区内资鼓励类产业、外商投资鼓励类产业及优势产业的项目在投资总额内进口的自用设备，在政策规定范围内免征关税；自 2011 年 1 月 1 日至 2030 年 12 月 31 日，对设在西部地区的鼓励类产业企业减按 15％的税率征收企业所得税。

例如：贵州《省人民政府办公厅关于大力发展装配式建筑的实施意见》（黔府办发〔2017〕54 号）规定，对符合西部大开发税收优惠政策条件的装配式建筑部品部件生产企业以及相关仓储、加工、配送一体化服务企业，依法按税率缴纳企业所得税。

六、金融支持政策措施

目前，各地出台的金融支持政策主要有 5 类：一是优先向金融机构推介；二是对装配式建筑项目、企业优先放贷；三是对装配式建筑项目进行贷款贴息；四是对购买装配式建筑项目的消费者增加贷款额度和贷款期限；五是将装配式建筑部品部件评价标识信息纳入政府采购、招标投标、融资授信等环节的采信系统。

1. 优先向金融机构推介

甘肃、苏州等地通过组织银企对接会等手段向金融机构优先推荐装配式建筑企业。甘肃省明确以省政府金融办为责任单位落实此政策，苏州市提出推介对象为纳入建筑产业现代化优质诚信企业名录的企业。

例如：《甘肃省人民政府办公厅关于大力发展装配式建筑的实施意见》（甘政办发〔2017〕132号）规定，发挥建设行业社会组织的作用，通过组织银企对接会、提供企业名录等多种形式向金融机构推介，对符合条件的企业加大信贷支持力度，提升金融服务水平。

2. 优先放贷

一般来说，金融机构的优先放贷对象为产品利润相对较高、产生效益快的企业，但为了鼓励金融机构加大对装配式建筑行业企业的支持，多个省市要求鼓励金融机构对符合相应条件的装配式建筑企业提供信贷优先政策支持，包括在贷款额度、审批速度上有所倾斜，拓宽抵质押物的种类和范围等。

例如：《河北省人民政府办公厅关于大力发展装配式建筑的实施意见》（冀政办字〔2017〕3号）规定，对建设装配式建筑园区、基地、项目及从事技术研发等工作且符合条件的企业，金融机构要积极开辟绿色通道，加大信贷支持力度，提升金融服务水平。

3. 贷款贴息

贷款贴息是一种优惠贷款，是用于指定用途并由国家或银行补贴其利息支出的一种银行专项贷款。多个省市提出，为了更加有效地发挥金融机构作用，降低装配式建筑全产业链企业的生产、研发等成本，针对装配式建筑企业或项目可提供贷款贴息支持政策。

例如：《山东省人民政府办公厅关于贯彻国办发〔2016〕71号文件大力发展装配式建筑的实施意见》（鲁政办发〔2017〕28号）规定，各级财政要研究推动装配式建筑发展的政策，对具有示范意义的工程项目给予支持，符合条件的，可参照重点技改工程项目，享受贷款贴息等税费优惠政策。

4. 增加贷款额度和贷款期限

消费者对于贷款额度和贷款期限十分敏感，对购买装配式建筑消费者增加贷款额度、延长贷款期限的政策，对于激发开发企业落实装配式建筑的积极性，具有较为显著的作用，也能有效提高市场购买主体对装配式建筑的接受度。

例如：《广东省人民政府办公厅关于大力发展装配式建筑的实施意见》（粤府办〔2017〕28号）规定，对购买已认定为装配式建筑项目的消费者优先给予信贷支持；使用住房公积金贷款购买已认定为装配式建筑项目的商品住房，公积金贷款额度最高可上浮20%，具体比例由各地政府确定。

5. 将装配式建筑相关信息纳入采信系统

为了鼓励装配式建筑部品部件企业开展评价标识工作，部分省市出台了将装配式建筑部品部件评价标识信息纳入政府采购、招标投标、融资授信采信系统的政策。所谓授信就是金融机构（主要指银行）对客户授予的一种信用额度，在这个额度内客户向银行借款可减少繁琐的贷款检查。将装配式建筑部品部件评价标识信息纳入融资授信采信系统，提高了企业信用额度，一定程度上增强了企业的融资竞争力。

例如：《赣州市人民政府关于推进装配式建筑发展的实施意见》（赣市府发〔2017〕13号）规定，将绿色装配式构配件评价标识信息纳入政府采购、招标投标、融资授信等环节的采信系统。

七、建设环节支持政策措施

建设环节支持政策主要有5类：一是招标投标倾斜政策；二是提前办理房地产预售许可证；三是纳入审批绿色通道；四是鼓励科技创新与评奖评优；五是为部品部件运输提供交通支持。

1. 招标投标倾斜政策

《国务院办公厅关于大力发展装配式建筑的指导意见》（国办发〔2016〕71号）提出，推行工程总承包，装配式建筑原则上应采用工程总承包模式，可按照技术复杂类工程项目招标投标。招标投标倾斜政策对于企业有很好的激励作用。北京、天津、重庆、江苏等多个省市提出，装配式建筑项目可按照技术复杂类工程项目招标投标，部分地区明确了可采用邀请招标方式，并对工程总承包单位有所倾斜。

例如：《北京市人民政府办公厅关于加快发展装配式建筑的实施意见》（京政办发〔2017〕8号）规定，装配式建筑原则上应采用工程总承包模式，可按照技术复杂类工程项目招标投标；工程总承包企业要对工程质量、安全、进度、造价负总责。

2. 提前办理房地产预售许可证

提前办理房地产预售许可证的政策，本质上加速了装配式建筑开发企业的资金回流，降低了开发企业资金压力和融资成本，有利于激发开发商开展装配式建筑项目建设的积极性。

例如：《北京市人民政府办公厅关于加快发展装配式建筑的实施意见》（京政办发〔2017〕8号）规定，采用装配式建筑的商品房开发项目在办理房屋预售时，可不受项目建设形象进度要求的限制。

3. 纳入审批绿色通道

住房城乡建设部《“十三五”装配式建筑行动方案》规定，装配式建筑工程可参照重点工程报建流程纳入工程审批绿色通道。

例如：《深圳市住房和建设局 深圳市规划和国土资源委员会 深圳市发展和改革委员会关于印发〈深圳市装配式建筑发展专项规划（2018—2020）〉的通知》（深建字〔2018〕27号）规定，装配式建筑工程参照重点工程报建流程纳入工程审批绿色通道，相关部门在办理工程建设项目立项、建设用地规划许可、建设工程规划许可、环境影响评价、施工许可、商品房预售许可等相关审批手续时，对装配式建筑项目给予优先办理。

4. 鼓励科技创新与评奖评优

部分省市通过对装配式建筑科技创新与评奖评优的政策倾斜，鼓励高等院校、科研院所、企业等开展装配式建筑相关研究工作。

例如：《重庆市人民政府办公厅关于大力发展装配式建筑的实施意见》（渝府办发〔2017〕185号）提出，科技部门将发展装配式建筑纳入市级科技计划项目支持方向，从科技攻关计划中安排专项科研经费，用于支持关键技术攻关以及设计、标准、施工工法等技术研究；落实好促进科研成果转化相关政策，对高等院校、科研院所、企业等开展装配式建筑相关研究工作给予支持。

5. 为部品部件运输提供交通支持

预制构件的运输涉及运输管理部门，需要协调交管部门使其在运输许可和交通保障方面给予一定支持，确保预制构件运输畅通。

例如：《天津市人民政府办公厅印发关于大力发展装配式建筑实施方案的通知》（津政办函〔2017〕66号）规定，对运输预制混凝土及钢构件等超大、超宽部品部件的运输车辆，在公路超限运输许可和交通保障方面给予支持。

八、技术支持政策措施

《国务院办公厅关于大力发展装配式建筑的指导意见》（国办发〔2016〕71号）对装配式建筑技术提升提出了明确要求，包括健全标准规范体系、创新装配式建筑设计、优化部品部件生产、提升装配施工水平等。各地积极落实党中央、国务院文件要求，出台了完善技术标准体系、鼓励技术研发应用等技术支持政策。

1. 完善技术标准体系

在各地的装配式建筑政策文件中，都体现出了对标准规范的极大重视，鼓励编制地方标准、团体标准，编制相关图集、工法、手册、指南等。

例如：《北京市人民政府办公厅关于加快发展装配式建筑的实施意见》（京政办发〔2017〕8号）提出，进一步完善适应装配式建筑的设计、生产、施工、检测、验收、维护等标准体系，编制相关图集、工法、手册、指南；严格执行国家和行业装配式建筑相关标准，加快制定本市地方标准，支持制定企业标准，促进关键技术和成套技术研究成果转化为标准规范。

2. 鼓励技术研发应用

目前，我国部分装配式建筑单项技术和产品的研发已经达到国际先进水平，一些装配式建筑关键技术和成套技术还有待研究和成果转化。许多省市出台了相关技术支持政策，鼓励装配式混凝土建筑连接技术设计标准化以及钢结构建筑围护技术体系、钢-混凝土组合结构体系等方面的技术研发。

例如：《北京市人民政府办公厅关于加快发展装配式建筑的实施意见》（京政办发〔2017〕8号）提出，引导企业研发应用与装配式施工相适应的技术、设备和机具，特别是加快研发应用装配式建筑关键连接技术和检测技术，提高部品部件的装配施工质量和建筑安全性能。

3. 技术支持政策影响机理分析

完善的技术标准体系和成熟适用的技术体系是装配式建筑推进的重要基础，技术进步和产品提升、质量提升相辅相成、互为推进。装配式建筑的技术创新贯穿整个产业链，涉及装配式建筑技术体系、设计标准化、部品部件生产技术与工法、结构装修设备一体化、施工安装工法、辅助机具设备、检验检测技术等方面。装配式建筑相关技术支持政策在很大程度上影响着装配式建筑技术水平的发展，通过政策引导，可以提高设计能力、改进部品生产技术和施工工艺、促进施工技术的创新研发和应用，完善技术标准体系，降低工程造价提升产品质量品质，推动装配式建筑健康发展。

4. 技术支持政策实施效果分析

随着各地装配式建筑技术支持政策的出台，地方装配式建筑技术标准体系不断完善，逐步覆盖装配式建筑部品构件生产、质量安全、装配施工、检验检测、竣工验收和运营维护全过程，提高了装配式建筑设计、生产、施工、装饰装修、设备制造等全产业链相关企业研发的积极性和资金投入，编制出台了大量标准规范等，提高了生产技术、施工技术和设备制造技术。

九、绿色生态发展理念引导政策措施

装配式建筑具有环保、节能等优势，相比传统现浇混凝土建筑可以大幅减少施工现场的扬尘污染、废水排放、噪声污染和建筑垃圾。同时，工厂化生产特点使得部品部件的质量品质得到大幅提高，CSI 技术和装配化装修的配合实施，更在很大程度上保证了结构安全，延长建筑主体结构的寿命。因此，各地以绿色环保理念为出发点，出台了提高各项要求指标的相关政策措施，推进装配式建筑的发展。

1. 治理扬尘污染

现场湿作业大大减少是装配式建筑的优势之一。大部分的施工作业为预制构件的安装，几乎不产生扬尘。在环保要求非常严格的省市，在施工时间与扬尘控制方面具有显著优势。

2017 年开始，北京、河北等地通过加大施工现场扬尘治理力度，加大对扬尘治理不达标企业的处罚力度，倒逼企业应用可使扬尘明显减少的装配式建造方式。以北京市为例，明确提出对扬尘治理不达标项目的施工企业、房地产开发企业和监理单位等进行处罚。如《2017—2018 年秋冬季建设系统施工现场扬尘治理攻坚行动方案》（京建发〔2017〕390 号）规定，1 个月内发现同一施工企业有 3 个及以上项目扬尘治理不达标，该施工企业全市所有在施工程项目停工整改 30 天，并依法暂停其在北京建筑市场投标 6 个月。连续 3 个月发现同一施工企业有项目扬尘治理不达标，暂停其在北京建筑市场投标 6 个月。

2. 提高建筑垃圾相关费用

通过提高建筑垃圾相关费用的政策，装配式建造方式垃圾排放少的优势可有效转化为市场价格上的优势。

装配式建筑和装配化装修在减少建筑垃圾排放方面有很大的优势。早在 2013 年，北京市发展和改革委员会及北京市市政市容管理委员会就联合发文，在《关于调整本市非居民垃圾处理收费有关事项的通知》（京发改〔2013〕2662 号）中提出“建筑垃圾清运费调整为运输距离 6 公里以内 6 元/吨、6 公里以外 1 元/吨·公里，建筑垃圾处理费调整为 30 元/吨”。而在此文件下发之前，建筑垃圾处理费为 16 元/t。根据 2013 年的测算，北京市建筑垃圾的处理成本为 37 元/t。由于装配式建造方式相比传统建造方式可减少建筑垃圾 70%以上，因此建筑垃圾处理成本的增加对选择装配式建造方式可以产生很大的激励作用。

3. 提高建设标准以促进装配式建筑发展

装配式建筑作为工业化产品，通过设计施工一体化的承包模式，通过精细化设计和管理，可以实现建筑品质的升级。通过政策提高建设标准，有利于发挥装配式建筑的市场竞争力。很多发达国家和地区通过提高建筑节能要求和提高建设标准倒逼装配式建筑发展。

1.2 装配式建筑产业化存在的问题

随着装配式建筑的大力推进，装配式技术体系不断地进行着创新和优化，装配式建筑的施工质量、施工效率得到稳步提升。但是目前装配式建筑产业化也存在不少问题，包括标准化、一体化、集成化程度不高，结构系统施工难度偏高，未因地制宜选择适宜的外围护系统和构造，加工和施工自动化、智能化程度不高，配套产品尚需继续研发和优化等。以上问题造成装配式建筑的质量优势和施工优势未充分体现，装配式建筑成本难以下降，制约了装配式建筑的良性健康发展。

1.2.1 标准化、一体化、集成化问题

一、标准化程度不足

标准化程度的提升对装配式建筑产业化的发展起着关键性的作用。目前我国部品部件的标准化程度偏低，造成模具模板浪费严重，难以实现大规模的工厂化生产，成本居高不下，施工安装效率难以提升；同时造成生产加工模式均为订单式生产方式，预制构件厂难以提前加工构件，有订单时加工量大时间紧，加工质量下降，无订单时难以提前作业。具体来说，标准化程度较低主要体现在以下方面。

（1）建筑师引领作用薄弱。由于模数概念并未深入普及，标准化设计难以落地，大量工程仍然先按照现浇结构进行设计，之后再进行所谓的“预制拆分”，导致部品部件选型均在非标准化的建筑设计下完成，无法体现装配式建筑的优势，各类部品部件的标准化程度低，大量部品部件通过定制加工，造成了社会资源的极大浪费。建筑设计标准化的核心是模块化的设计方法和建筑尺寸的模数化，目前这两方面均仍有较大的提升空间。

首先，装配式建筑设计中模块化的设计方法应用尚未普及。模块化的设计方法即功能模块—套型模块—单元模块—楼栋平面的标准化设计方法，可以从根本上提升装配式建筑的标准化程度，解决标准化设计的问题，但目前在实际建筑设计中应用偏少。

其次，模数尺寸标准化程度偏低。模数化是标准化设计的基础条件，建筑设计的尺寸模数化程度直接决定了预制部品部件标准化的程度；建筑设计中采用的模数需要符合部件受力合理、生产简单、尺寸优化和减少种类的需要，需要满足部件的互换、位置可变等要求，但目前建筑标准模数尺寸的应用较少，平面和立面设计中非标准尺寸偏多。

另外，装配式建筑标准化与多样化的协调处理方式经常出现问题。在丰富建筑立面方面，“少规格，多组合”是装配式建筑设计的重要原则，可在减少构件的规格种类及提高构件模板重复使用率的基础上实现立面的多样化，利于构件的生产制造与施工，利于提高生产速度和工人的劳动效率，从而降低造价；但目前许多建筑设计中并未贯彻落实此原则，而往往通过非标构件、特殊造型等实现建筑立面的多样化，造成建筑标准化程度下降、施工难度增加。

（2）部品部件的全过程标准化程度不高。要保证装配式建筑的技术可行性和经济合理性，采用标准化的设计方法以减少构件规格和接口种类是关键点。从装配式建筑设计的技

术策划阶段到构件深化设计阶段的全过程，参与人员常因为缺乏“建筑是由预制构件与部品部件组合而成”的理念，不能结合建筑的功能要求选用尺寸符合模数要求的标准化主体构件和内装部品，造成非标准化部品部件种类偏多，项目经济性和效率难以提升。

以预制构件为例，在结合建筑平面布局和结构布置的前提下，预制构件的种类往往偏多；对于一些带门窗洞口的预制墙板，稍许的尺寸变化或不合理的配筋构造变化，也会造成墙板种类不同。种类繁多的预制构件将给构件加工工艺带来较大的困难，增加模具成本等加工成本，降低加工效率。

二、一体化程度不足

装配式建筑的一体化设计既包括建筑、结构、设备、内装、幕墙等各专业的一体化，也包括设计、生产、施工全流程的一体化。

（1）各专业间一体化协同程度不足。目前工程项目的各个设计专业之间多按照传统设计流程进行设计，并未充分考虑装配式建筑的设计流程特点及项目技术经济条件，对建筑、结构、机电设备及室内装修进行统一考虑，造成建筑结构、机电设备及管线、室内装修设计等并未形成有机结合的完整系统，装配式建筑的各项技术系统协同程度不足，亟待优化。以内装设计为例，内装设计应强化与各专业（包括建筑、结构、设备、电气等专业）之间的衔接，对水、暖、电、气等设备设施进行定位，提前确定所有点位的定位和规格，通过模数协调使各部品之间、部品与主体结构之间能够紧密结合，提前预留接口，避免后期装修对结构的破坏和重复工作，同时便于装修安装。

（2）设计、生产、施工一体化程度不足。目前装配式建筑尚处于起步发展阶段，设计环节更多的还是按照现浇结构设计，很少贯彻设计、生产、施工一体化的设计思路。

三、集成度不高

通过多年来装配式领域的不断实践，结构系统、外围护系统、内装系统、设备管线系统内部的集成以及系统间的集成均取得了较多经验，但也存在一定问题。总起来说，目前装配式建筑集成方面的问题主要包括以下方面。

（1）各部品部件的集成度仍待继续提高。目前部品部件的集成度不高，施工现场需完成的接口量较大，限制了装配式建筑施工效率的提升，也限制了装配式建筑整体施工质量的提升。如目前集成厨房和集成卫生间处于发展初期，整体厨房、整体卫生间等集成度高的部品目前应用偏少，尚需继续研发优化。再如结构构件与门窗的集成、结构构件与填充墙集成等集成度尚需要继续加强，以进一步提高装配式建筑的施工效率，降低装配式建筑成本，强化并凸显装配式优势。

（2）各部品部件之间的集成方式有待继续提升。以结构构件与设备管线的集成方式为例，目前结构构件中设备管线的预留预埋量较大，管线分离集成技术应用仍偏少。设备及管线在预制构件内的预留预埋数量较多，户内管线难以从结构系统中完全分离，不但墙板的标准化程度下降，而且由于设备管线本身使用寿命及建筑功能改变等原因，在建筑全生命期内需要对设备管线进行多次更新，因此在后期的维护改造中仍然需要破坏主体结构，难以实现真正的管线分离。装配式建筑是实现建筑绿色可持续发展的重要途径，应尽量减少设备管线在预制构件中的预留，提高预制构件的标准化程度，简化生产流程，提高预制构件的使用效率。结构构件预留预埋与管线分离的对比如图 1-1 所示。

(a) 预埋线槽

(b) 管线分离

图 1-1　结构构件预留预埋与管线分离的对比

1.2.2　结构系统问题

经过多年的探索总结，现今已形成了较成熟的装配式结构体系，但目前来看，部分技术的施工难度偏高，尚需要继续完善优化。对不同的建筑功能、建筑高度等具体情况，装配式结构技术体系的优化方式将有所区别。对于高层装配式混凝土住宅，钢筋连接接头较多等问题较突出；对于低多层装配式混凝土住宅，构造多采用高层装配式建筑的思路，未充分发挥装配式优势；对于采用装配式混凝土框架的公共建筑，框架连接节点的钢筋碰撞问题较突出。

1. 装配式剪力墙结构中灌浆套筒接头较多，大直径大间距配筋应用偏少

剪力墙边缘构件竖向钢筋通常采用双排钢筋逐根连接，竖向分布钢筋通常采用双排梅花状钢筋连接，灌浆套筒连接接头数量多，接头灌浆作业量大，施工速度较慢。

剪力墙竖向钢筋多为小直径钢筋，小直径钢筋外伸段线刚度差，易受施工扰动，钢筋容易在吊装运输过程中弯折；小直径钢筋对应的灌浆套筒内径也较小，墙板安装时容易产生钢筋对位困难、精度不易控制等问题。小直径钢筋套筒灌浆锚固长度绝对值较小，对接头灌浆施工质量要求较高，灌浆不饱满对钢筋连接质量影响较大。综上，大量的小直径灌浆连接接头不但影响了施工速度，也容易出现钢筋对位和灌浆质量问题，如图 1-2 所示。

与此相对应，大直径大间距配筋的剪力墙构件，钢筋连接数量较少，施工速度快，且运输中不易弯折，锚固长度长，施工质量易于保证。但目前整体应用偏少，不利于装配式剪力墙结构的推广应用。

(a) 灌浆套筒密集

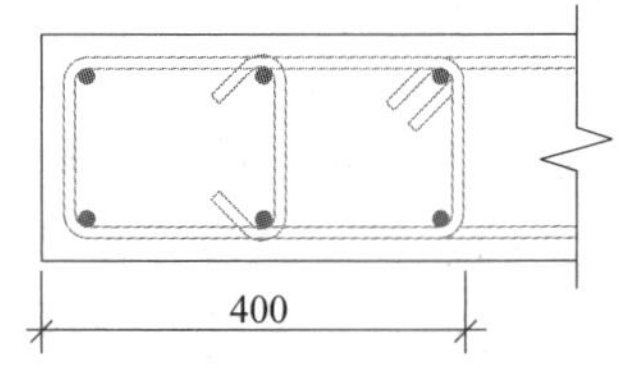

(b) 钢筋逐根连接

图 1-2　预制墙板竖向钢筋灌浆套筒连接

2. 预制墙连接段构造节点较复杂，支模和混凝土浇筑量较大

装配整体式剪力墙结构中，竖向接缝处后浇段为满足水平钢筋的搭接或锚固要求，通常后浇段较长，一般不低于 500mm，如图 1-3 所示，后浇段内的钢筋包括预制墙板水平钢筋、箍筋或水平连接钢筋、后浇段竖向钢筋等，现场钢筋密集，钢筋绑扎量大，绑扎难度大。以某“L”形节点为例，后浇段内需现场绑扎 40 道箍筋、8 根纵筋，箍筋与纵筋绑扎点繁多且较复杂，人工成本高，对现场施工速度影响较大。同时，连接后浇段较多，支模作业量大，因此混凝土浇筑量较大，对现场工人的需求量较大，装配式的优势难以充分体现。

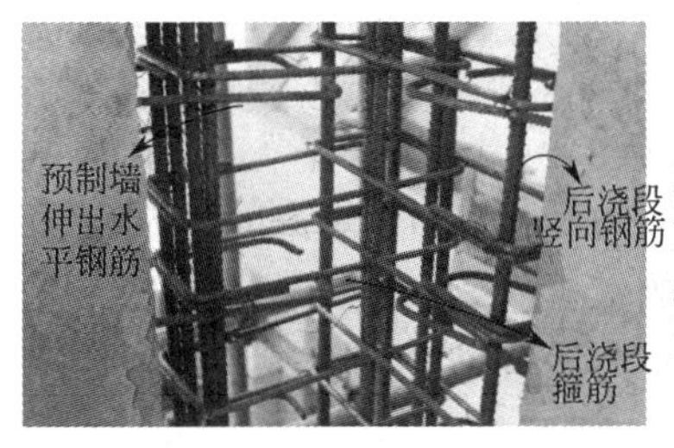

(a) L形竖向后浇段

(b) T形竖向后浇段

(c) 后浇段支模、混凝土浇筑

图 1-3　竖向后浇段钢筋绑扎、支模和浇筑

3. 装配整体式框架结构连接节点较复杂

装配整体式混凝土结构，抗震要求高，因此需要采用后浇段湿式连接，并需要设置框架柱纵向钢筋、框架梁纵向钢筋、节点核心区箍筋等，钢筋绑扎难度较大，各方向钢筋易于发生碰撞，总体施工难度较高。且后浇段支模、混凝土浇筑量均较大，现场用工量居高不下，如图 1-4 所示。

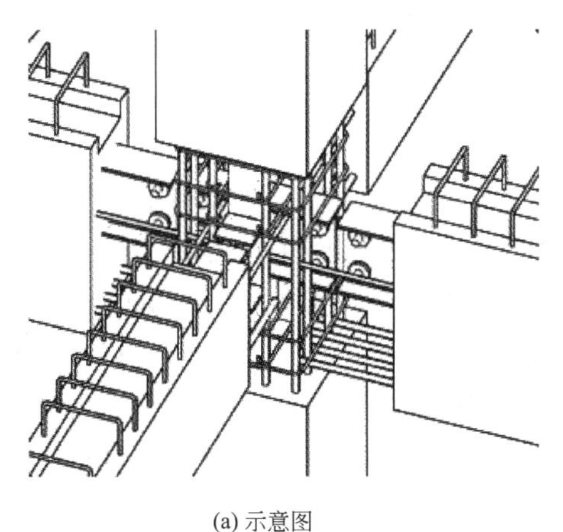

(a) 示意图

(b) 实际图片

图 1-4　装配整体式框架节点

1.2.3　外围护系统问题

近年来，传统外围护系统的构造不断优化更新，新型外围护产品和体系层出不穷。总体来讲，各类围护系统的建筑物理性能日益提升，但不同外围护板材、不同构造带来的防

水耐久性、防火性能、保温性能、气密性能、抗震性能、抗风性能仍存在较大差异。装配式建筑的外围护系统需要结合当地气候条件、建筑高度、结构体系等综合确定，未能因地制宜选择适宜的外围护系统及相关构造，将带来安全性、适用性、耐久性的问题。其中，防水问题和保温问题对住户的居住感受影响最大，性能提升最为紧迫。

一、保温性能问题

不同气候区对保温性能的要求差距较大，需要结合气候条件选择适宜的外围护板材。如严寒和寒冷地区，对外围护系统的保温性能要求较高，适宜采用夹心保温墙板等；夏热冬暖地区保温要求则相对较低，适宜采用非夹心保温墙板等。

外围护选型时不但要选择满足保温性能的外围护板材，也需要选择适宜的保温构造并进行合理的计算。目前来看，部分项目未结合温差变化、日照条件、风荷载、建筑高度、外围护系统自身特点选择适宜的保温系统构造并进行相应的计算，造成了开裂、冷桥等问题。以夹心保温墙板为例，保温拉结件是拉结夹心保温墙板内叶板和外叶板的受力件，其布置构造对夹心保温墙板的性能影响较大。若保温拉结件的布置间距、边距过大，或保温拉结件刚度偏小，恒荷载、风荷载、地震作用下可能造成外叶板开裂甚至局部脱落等严重问题；若抗侧保温拉结件的布置间距偏小，或保温拉结件的侧向刚度过大，温度作用下将产生外叶板开裂等问题。外叶板开裂将导致外墙面的水分渗入保温层，降低保温效果。

二、防水性能问题

不同地区外墙的防水要求有显著不同，需根据气候特点选择适宜的外围护板材和外围护节点。我国西北地区较为干旱，对外墙防水的要求偏低。东南沿海地区气候湿润，对外墙防水的要求有所提升；尤其是热带风暴地区，常常受到台风暴雨侵袭，其防水要求更高。目前来看未结合气候条件等进行外围护系统的节点防排水设计带来的问题较多。

外围护系统的防排水设计包括防水构造、排水构造、接缝宽度和变形能力设计等。

防水构造包括结构自防水、企口、槽口、空腔、密封胶、气密条等。企口、槽口与平口的防水性能有较大差距，密封胶与气密条的防水耐久性有明显不同，一道材料防水和两道材料防水的耐久性也有明显差距，未合理选择防水构造将显著降低外围护系统的防水性能。

排水构造包括导水管、排水孔等；若未采取排水构造措施，就容易在接缝内产生积水，加速密封剂材料的劣化，也会加速密封材料与基材粘合的劣化，更容易造成漏水。

外围护系统的接缝应设计有足够的可变形能力，适应接缝两侧外围护板材的相对位移。外围护板材变形主要包括主体结构层间变形引起的外围护板材之间的相对位移、温度变化引起的外围护板材之间的相对位移、湿气引起的外围护板材之间的相对位移、硬化收缩引起的外围护板材之间的相对位移等。未充分考虑足够的外围护板材间相对位移将引发密封胶开裂，甚至渗水漏水等事故。

1.2.4 加工和施工问题

随着装配式技术的应用日益频繁，加工和施工工艺日益成熟。但总体而言，构件的加工和施工效率仍偏低。除上述各节所述标准化、构件复杂等原因外，许多加工和施工的工艺落后、不成熟，加工施工的工业化、智能化程度不高等也是制约加工和施工效率的重要原因。

一、加工问题

首先，未完全按照设定的加工工艺进行加工是造成加工问题的重要因素。如夹心保温墙板构件加工时，常因为保温板拼接不严、保温侧面抹灰等产生各种不合理的冷桥，降低夹心保温墙板的保温性能等。

其次，许多加工仍采用较落后的加工工艺。如粗糙面加工工艺，许多构件厂仍采用人工水洗粗糙面等工艺，而未采用机器自动水洗粗糙面和水回收系统，浪费了人力和水资源，加工效率也难以提高。

再次，焊接封闭箍筋等成型钢筋的应用难以大范围推广。以焊接封闭箍筋为例，焊接封闭箍筋减少了现场绑扎等人工工作量，具有自动化程度高、用工少、质量可控等工业化特征。但由于许多项目采用的加工设备较落后，导致焊接封闭箍筋的实际受拉承载力不满足标准要求，严重制约了其应用。

最后，机器自动装模、脱模等自动化技术的应用偏少。高自动化的加工设备可显著提高加工效率、减少用工消耗、提升加工质量，但目前其成本偏高，应用过程中问题频发，加工自动化仍有较长的路要走。

二、施工问题

首先，未完全按照施工工艺要求进行施工是产生施工问题的关键因素。部分项目的施工单位由于对施工工艺了解不充分，发生了密封胶外抹灰、空腔填塞砂浆、随意弯折保温拉结件等低级错误，带来了安全和防水隐患。

其次，加工和施工精度不足问题。如装配式混凝土建筑的外围护系统采用密封胶封堵接缝，接缝宽度要求为 15～35mm。但由于预制构件加工和施工精度不足等原因，接缝实际宽度值往往与设计值差距较大。若接缝宽度较小，在温差作用下接缝密封胶易于破坏；若接缝宽度较大，密封胶较难施工，也容易引起接缝处密封胶开裂破坏。密封胶提早失效，将不可避免地给建筑带来渗水隐患。

再次，工具化工装系统应用偏少。跨度较大、重量较大的往往需要多点起吊，采用吊装平衡梁、平衡吊具等有利于保证各类预制构件在吊装过程中的安全，但目前应用偏少。

1.2.5　配套产品问题

随着装配式项目逐年增加，市场对灌浆套筒、配套的灌浆料、密封胶等配套产品的需求也日益增加，出现了一大批相关产品企业，其中不少企业正在不断开展新型的产品研发、试制工作，产品质量稳步提升。同时，为更好地管控产品质量，产品标准不断更新，产品标准要求稳步提升，如 2019 年更新了《钢筋连接用灌浆套筒》JG/T 398—2019、《钢筋连接用套筒灌浆料》JG/T 408—2019 等。但另一方面，产品仍有不少可优化和可提升之处，需要继续完善产品以进一步提升装配式建筑的施工效率和施工质量，降低装配式建筑造价。

一、灌浆套筒的问题

套筒内径和长度的绝对值偏小。由于我国的套筒主要用于剪力墙结构中的小直径钢筋，因此套筒的内径和长度绝对值方面都较小。我国的灌浆套筒在灌浆施工难度方面要高于国外，同时施工误差（如外伸钢筋进入套筒长度的尺寸偏差等）对接头性能影响较大，小直径套筒中灌浆料总量小，对灌浆质量控制要求也偏高，造成套筒内灌浆密实度控制难度大。

二、灌浆料的问题

钢筋连接用套筒灌浆料，借助套筒的围束作用以及灌浆料本身具有的微膨胀特性，增强了钢筋与套筒内侧间的正向作用力，加大钢筋与套筒内表面的摩擦力传递钢筋应力。灌浆料的初凝时间较短，灌浆施工的操作时间较短，根据目前大量装配式混凝土结构施工工艺和施工组织实际情况来看，灌浆施工经常因流动度不足出现操作困难等情况，影响了装配式建筑的施工质量。

三、保温拉结件产品问题

根据产品材质，保温拉结件可以分为金属类保温拉结件和 FRP 类保温拉结件。金属类保温拉结件受力明确，但保温性能略差。非金属类保温拉结件产品保温性能好，但产品参差不齐，部分产品存在锚固性能略差、破坏模式为脆性等问题。

四、密封胶问题

密封胶的使用寿命较短，一般不超过 15 年，因此夹心保温墙板需定期维护。若维护周期、维护费用等出现问题，超出密封胶的使用寿命，建筑将存在一定渗水风险。

1.3 国家课题研发的目标及实施

国家重点研发计划绿色建筑及建筑工业化重点专项，预制装配式混凝土结构建筑产业化关键技术项目（2016YFC0701900）在立项之初提出了以下 5 个方面的目标：

（1）形成高层住宅装配式混凝土结构产业化技术体系；

（2）形成低多层住宅装配式混凝土结构产业化技术体系；

（3）形成公共建筑装配式混凝土结构产业化技术体系；

（4）形成应用上述 3 种产业化技术体系不少于 260 万 m^2 工程示范成果；

（5）形成不同区域内预制工厂规划布局和典型工厂建设指南。

紧密围绕项目总目标设置课题研究目标，项目下属各课题的目标设置如图 1-5 所示。

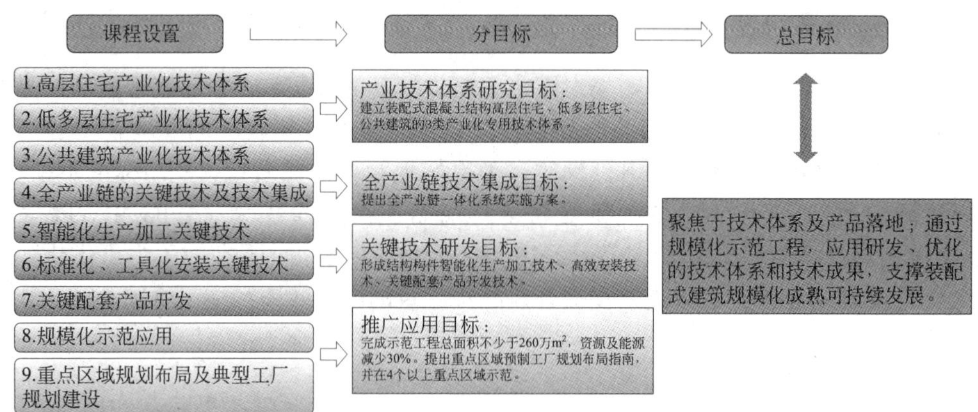

图 1-5　课题设置及课题目标对项目总目标的支撑

项目针对装配式建筑单项技术难以落地，技术集成度低，协同性差，设计、加工、装配脱节，工程建设难以高效组织的产业系统性问题，开展装配式混凝土结构建筑产业化关键技术研究。为保证项目顺利实施开展，强化事前策划、事中控制、事后总结。

首先，从组织管理上建立系列管理制度和项目组织机构，进行项目、课题、子课题的科学化管理，建立专家组，全过程指导。

其次，做好项目实施前的总体性策划，根据指南目标确定好本项目及其他项目的关系，做好项目之间沟通和分享，进行协同研发，实现一体化、系统化研发。

再次，做好项目实施中的过程管控，根据指南目标和项目目标，层层分解，制定项目、课题、子课题细化可操作的技术实施路线和阶段性细化、量化目标，加强阶段性成果控制。

最后，做好结合示范工程，做好项目技术体系的应用总结和推广，系统性完成既定目标。

同时，加强专项项目间协同和课题间协同，在项目间协同方面采取具体措施如下。

（1）建立协同攻关小组：建筑工业化方向的6个项目共同建立建筑工业化协同攻关小组，组员由项目负责人担任，负责统筹协调各个项目之间的合作交流、信息协同共享工作。

（2）中建项目协同：项目6.2、6.4和6.6共同组成中建国家项目攻关小组，组长由中建股份副总工叶浩文担任，各项目及课题负责人相互作为彼此内部评审专家，定期开会，利于研究过程中的协同。

（3）沟通协调机制：各项目之间应该保持密切沟通，定期联合开会，建立信息共享平台，通过项目联系人，实时发布信息，分享研究进展、经验和成果，相互借鉴，形成系统化的一体化研究。

在课题间协同方面采取措施如下：

（1）首先在技术体系总体研究阶段研发和优化装配式混凝土结构高层、低多层、公共建筑三种类型产业化技术体系，形成产业化技术体系的研究框架（课题1、课题2和课题3）。

（2）在产业化技术体系的研究框架下，围绕高层、低多层、公共建筑3种建筑类型，深入开展智能化生产加工（课题5）、标准化和工具化的安装（课题6）、结构关键配套产品开发（课题7）等关键技术研发。

（3）在产业化技术体系的研究框架下，结合课题5、课题6、课题7的关键技术，开展关键技术的协同研究，形成全产业链关键技术及技术集成（课题4）。

（4）综合以上技术研究阶段取得的成果，开展工程示范研究（课题8、课题9），进行工程示范应用（课题8）和预制工厂全国重点区域规划布局及典型工厂规划研究与示范（课题9），为进一步推广装配式混凝土结构建立可复制、易推广的应用模式。

第 2 章　装配式建筑技术体系

2.1　高层住宅结构技术体系

我国高层住宅主要采用的结构体系包括装配式剪力墙结构体系、装配式框架结构体系、装配式框架现浇剪力墙结构体系等。目前主体结构主要采用等同现浇的做法，预制剪力墙构件的竖向分布钢筋、水平分布钢筋的排布方式和钢筋间距与现浇结构基本相同，预制梁柱构件的箍筋、纵筋布置方式和钢筋间距等均与现浇结构基本相同。导致装配式混凝土结构存在如下问题：竖向钢筋连接存在套筒灌浆作业量大，小直径钢筋施工要求高；后浇段钢筋绑扎难度大，支模、混凝土浇筑量大；施工精度及节点连接质量难以保证、难以检测和修复。针对高层装配式住宅存在的一系列问题，本书提出了新型装配式混凝土剪力墙结构体系和装配式框架-剪力墙结构体系，从试验或数值仿真等方面对相关技术进行了详细的论证工作。

2.1.1　新型装配式混凝土剪力墙结构体系研发

竖缝采用分离式拼缝可减少竖向构件现浇与预制并存所带来的工序复杂的问题。底部加强部位采用水平缝型钢连接的预制墙体，可保证结构抗震性能；工序及现场湿作业减少、预制率提高后，可显著提高工效，具有较好的综合效益。《装配式混凝土结构技术规程》JGJ 1—2014 规定："楼层内相邻预制剪力墙之间应采用整体式接缝连接。"本技术体系竖缝采用分离式拼缝，超出了现行规范要求。《装配式混凝土结构技术规程》JGJ 1—2014 规定剪力墙结构底部加强部位宜现浇；拟通过对底部加强区的水平缝连接和边缘构件进行加强来保证剪力墙抗震性能，实现底部加强部位的预制。本技术体系目标：地上部分竖向构件全预制、水平构件叠合。与现浇剪力墙相比，竖缝采用分离式拼缝时，结构侧向刚度削弱不超过 25%；对于剪力墙结构，一定的刚度削弱是可以接受的；竖缝采用分离式拼缝时，结构各项整体指标受影响不太大。由于楼盖采用装配整体式楼盖，且剪力墙结构的楼盖传递水平力的需求较低，因此，对于楼盖规则的剪力墙结构，竖缝采用分离式拼缝时，结构整体性可满足要求。

一、剪力墙结构新型竖向干式连接节点

如图 2-1 所示，墙间连接键采用剪切型阻尼器，通过与预埋于墙体中的带栓钉钢板进行焊接，起到墙间干式连接的作用。为了达到设计中不同的连接强度，需改变所采用的剪切型阻尼器的尺寸和数量。在这里，仿照联肢墙的设计思路，采用"耦合比"的概念来指导设计。

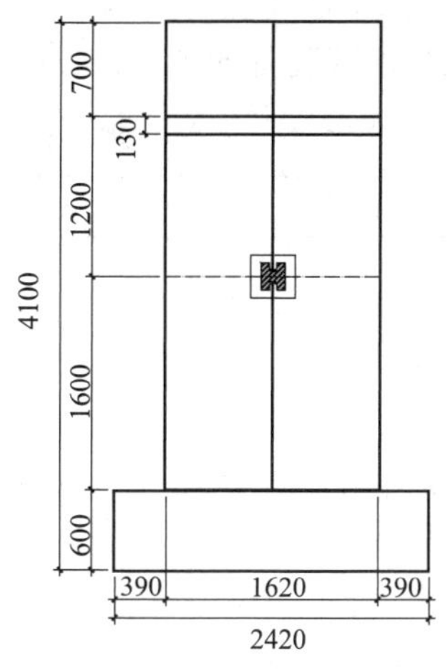

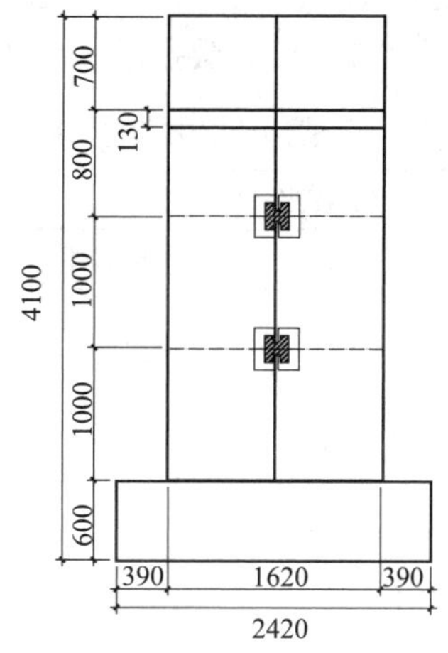

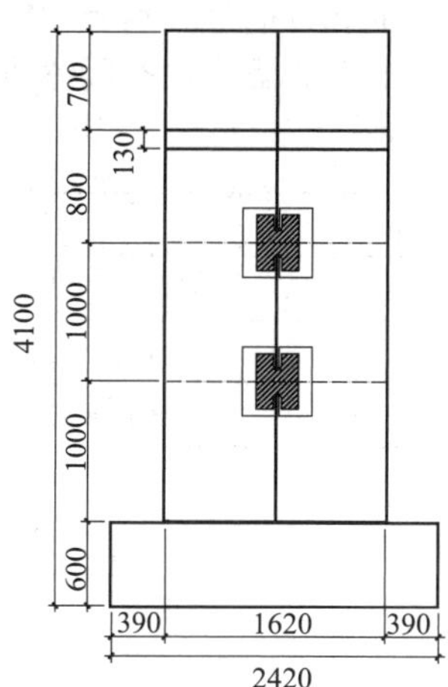

图 2-1　在缝间采用不同连接方案的试验墙片

耦合比的定义式为：

$$CR=Tl_{\mathrm{w}}/(Tl_{\mathrm{w}}+M_1+M_2) \tag{2-1}$$

其中，Tl_{w} 为连梁合力产生的耦合力矩；M_1、M_2 为墙肢倾覆力矩。

耦合比描述的是连梁（连接键）所起到的连接作用的大小，也可理解为墙体整体性的大小，耦合比越大，连梁（连接键）的耦合作用越大，墙体的整体性越好。而由于在实际结构中，不同构件的屈服、破坏顺序不同，耦合比会随之变化，为了更好地指导设计，采用“屈服耦合比”的概念进行实际设计。“屈服耦合比”定义为：当联肢墙形成机构，即连梁（连接键）全部屈服且底部墙肢也屈服时的耦合比。此时连接键作用到墙肢上的合轴力 T，墙肢的轴力 N_1、N_2 计算公式见式(2-2)、(2-3)，其中 $V_{i,y}$ 为第 i 个连接键的屈服剪力：

$$T=\sum V_{i,y} \tag{2-2}$$

$$N_1=N_{\mathrm{G}}-\sum V_{i,y} \tag{2-3}$$

$$N_2=N_{\mathrm{G}}+\sum V_{i,y} \tag{2-4}$$

采用屈服耦合比 CR_{p} 进行联肢墙设计的思路如下：

（1）设定 CR_{p} 的目标值，初选连接键截面，确定其屈服剪力 V_{y}；

（2）由式(2-2)、式(2-3) 确定连梁全部屈服时的左右墙肢轴力 N_1、N_2，并根据 N_{u}-M_{u} 相关曲线确定相应屈服弯矩 M_1、M_2；

（3）将 T、M_1、M_2 代入式(2-1) 得出 CR_{p} 计算值，检验计算值与目标值是否相等，若不相等则返回第（1）步，调整连接键截面重新计算，直至二者相等。

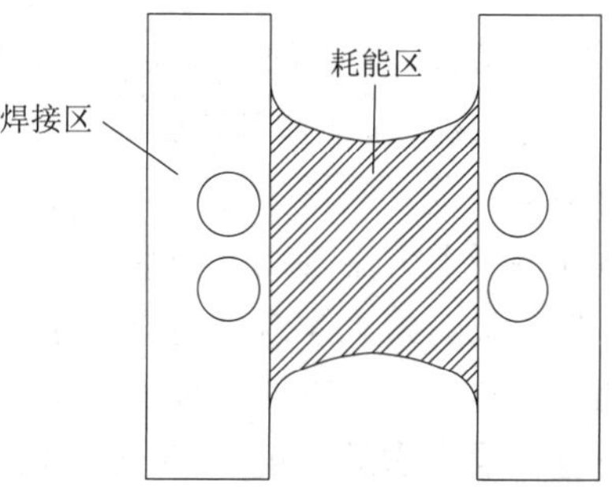

图 2-2　连接键示意图

连接键采用钢板剪切型阻尼器，钢材选用 Q345，厚度 $t=12$mm，构造如图 2-2 所示。其中，中间阴影部分为耗能区，边界采用以最小 EPS 为全局最优优化目标的模拟退火法进行优化，两端焊接区与墙体内预埋钢板进行焊接连接，并在中间区域开孔塞焊来保证连接强度。

为实现连接键与墙体的可靠连接，需在墙内预埋带栓钉钢板。楼板采用Φ8@200 的双层分布钢筋，暗梁采用4根600mm长的Φ12钢筋，并配以Φ8@50箍筋进行约束。一共设计了9个墙片，各墙体信息见表2-1，试验数据见表2-2，试验加载装置如图2-3所示。

试件分组方案　　表2-1

墙体编号		具体信息	抗剪键个数	作用
对照组	A1	整体墙，无楼板	—	对比试件
第1组	B1	缝间无连接，无楼板	0	研究楼板和暗梁的贡献
	B2	缝间无连接，带暗梁楼板	0	
第2组	C1	"弱连接"，无楼板	1	C1、C2、C3对比，研究不同连接程度下的墙体性能，提出不同耦合比情况下墙体的设计方法
	C2	"标准连接"，无楼板	2	
	C3	"强连接"，无楼板	2	
第3组	D1	"弱连接"，带暗梁楼板	1	D1、D2、D3对比，研究在不同连接程度和楼板的共同作用下，墙体的性能差异
	D2	"标准连接"，带暗梁楼板	2	
	D3	"强连接"，带暗梁楼板	2	

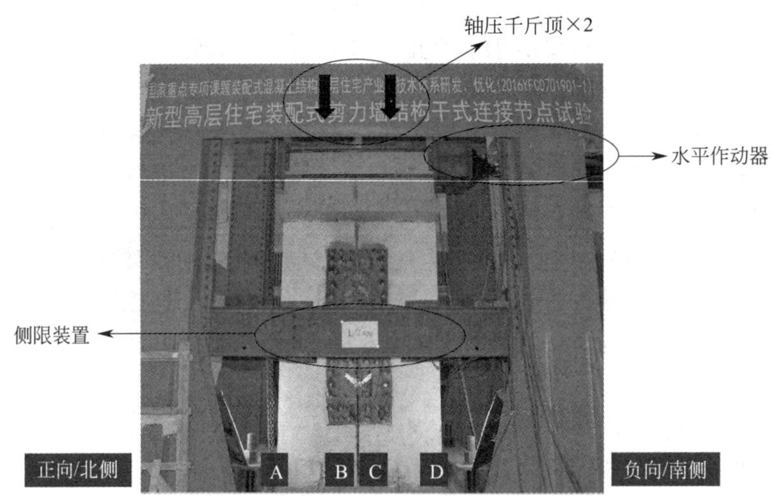

图2-3　试验装置示意图

以试件C1为例。在位移角达到1/800时，墙肢外侧边缘A、D端出现裂缝，裂缝宽度0.1mm。在位移角达到1/500时，A、D端最大裂缝宽度达到0.2mm，缝两侧B、C端出现裂缝，裂缝宽度0.1mm。在位移角达到1/300时，墙身最大裂缝宽度0.35mm；预埋钢板上方出现斜向剪切裂缝，裂缝宽度0.25mm。在位移角达到1/200时，墙身裂缝出现交叉，最大裂缝宽度0.5mm；预埋钢板周围出现新裂缝，最大裂缝宽度0.5mm。在位移角达到1/150时，墙身裂缝交叉明显，最大裂缝宽度0.8mm；预埋钢板周围出现新裂缝，最大裂缝宽度0.7mm。在位移角达到1/100时，A、D端墙角出现竖向压劈裂缝，墙身最大裂缝宽度1mm，锚固区周围最大裂缝宽度0.9mm。在位移角达到1/67时，B、C端出现明显竖向压劈裂缝，锚固区周围无新裂缝，原有裂缝未进一步发展。在位移角达到1/50时，墙角完全抬起，混凝土出现剥落；连接键于第二圈负向在耗能区角部出现断裂破坏，退出工作。在位移角达到1/40时，纵筋完全压屈露出。局部照片如图2-4所示。

初始刚度和峰值承载力对比　　表 2-2

试件编号	初始刚度(kN/mm)	峰值承载力(kN)
A1	65.93(1.000)	438(1.000)
B1	22.45(0.341)	303(0.692)
B2	43.32(0.657)	345(0.788)
C1	43.59(0.661)	396(0.904)
C2	55.71(0.845)	465(1.062)
C3	60.21(0.913)	494(1.128)
D1	52.16(0.791)	449(1.025)
D2	58.83(0.892)	503(1.148)
D3	63.16(0.958)	509(1.162)

注：括号中均为与整体墙 A1 试件的比值。

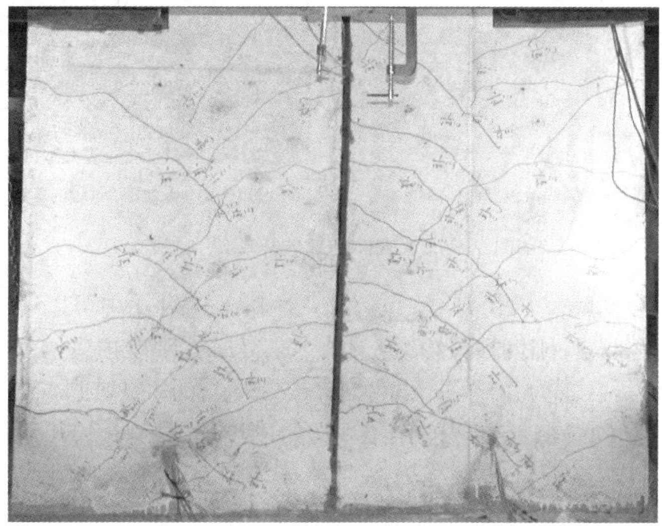

(a) 墙体裂缝分布

(b) 位移角达到1/300时预埋钢板上方出现裂缝

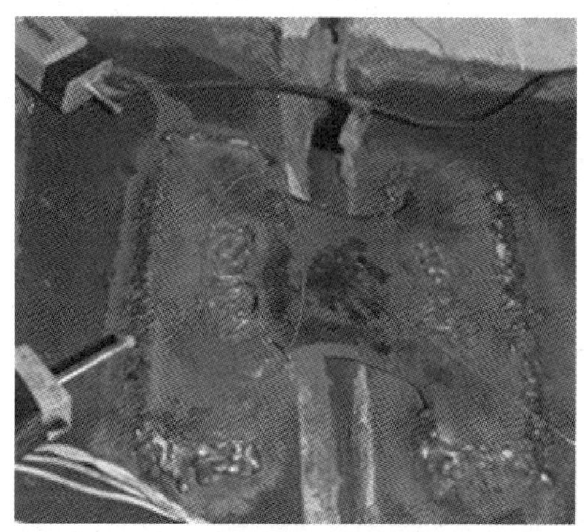

(c) 位移角达到1/50时连接键耗能区角部断裂

图 2-4　C1 试件局部破坏现象（一）

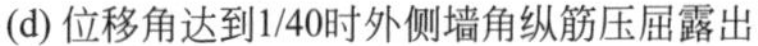
(d) 位移角达到1/40时外侧墙角纵筋压屈露出

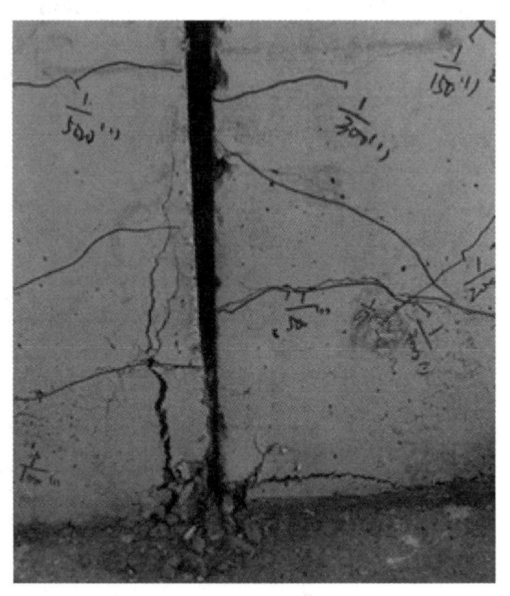
(e) 位移角达到1/40时缝两侧墙角出现压劈裂缝

图 2-4　C1 试件局部破坏现象（二）

试件的初始刚度和峰值承载力对比见表 2-2。从上述对比中可以看出：整体墙 A1 试件初始刚度最大，C2 试件刚度损失约为 15.5%，C3 试件刚度损失约为 8.7%，均满足设计要求（C2 为 25%，C3 为 15%）；试件随着连接键作用的增强，初始刚度逐渐增大（C1～C3，D1～D3），同时由于楼板的作用，初始刚度增大（C1&D1，C2&D2，C3&D3）；C2、C3、D1、D2、D3 试件峰值承载力高于整体墙 A1 试件，比例系数分布在 1.025～1.162 之间，考虑由于墙体开缝，边缘应变分布减小，墙体损伤减小，峰值位移角后移，峰值承载力增大。

骨架曲线如图 2-5 所示，可以看出：在位移角达到 1/150 前，A1 的骨架线均包络其

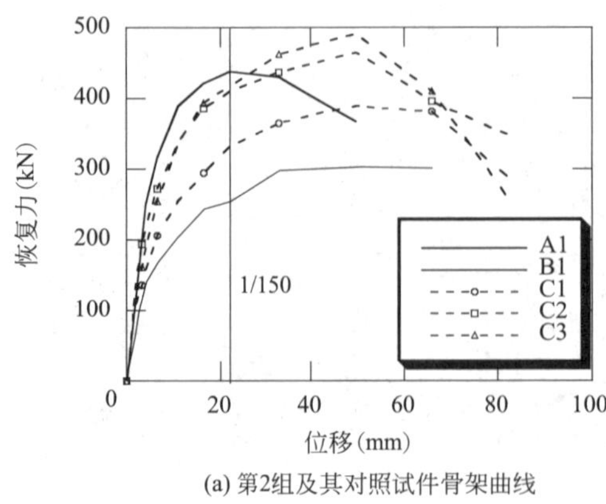

(a) 第2组及其对照试件骨架曲线

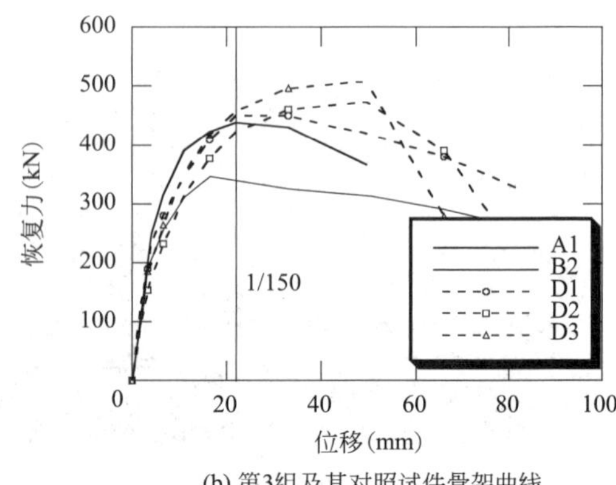

(b) 第3组及其对照试件骨架曲线

图 2-5　试件骨架曲线

余试件的骨架线，在位移角达到 1/150 时达到峰值承载力后出现下降；B2 试件的楼板在位移角达到 1/200 时受到破坏并逐渐退出工作，承载力下降；C2、C3、D2、D3 试件在位移角达到 1/67 时达到峰值承载力，且高于 A1 试件；从骨架线看，墙体开缝后骨架线峰值点均后移，平台段变长试件延性更好。

刚度退化曲线如图 2-6 所示，从中可以发现：A1 试件初始刚度最大，B1 试件初始刚度最小，其余试件刚度分布基本位于 A1 和 B1 试件之间；随着整体墙 A1 的最先破坏，刚度退化曲线在位移角达到 1/200 时之后下降较快，C2、C3、D2、D3 试件在后期等效刚度高于 A1 试件。

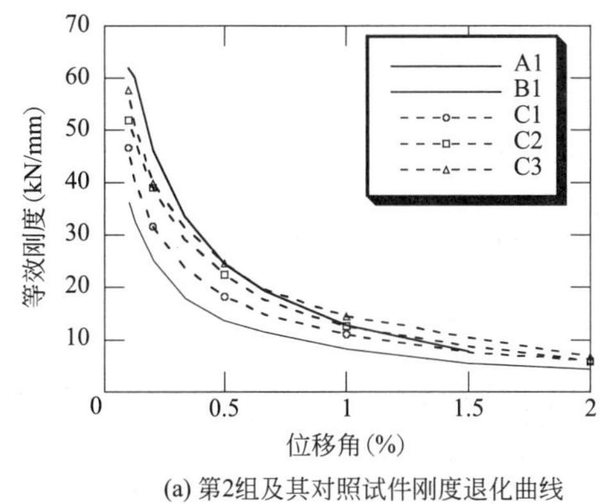

(a) 第2组及其对照试件刚度退化曲线

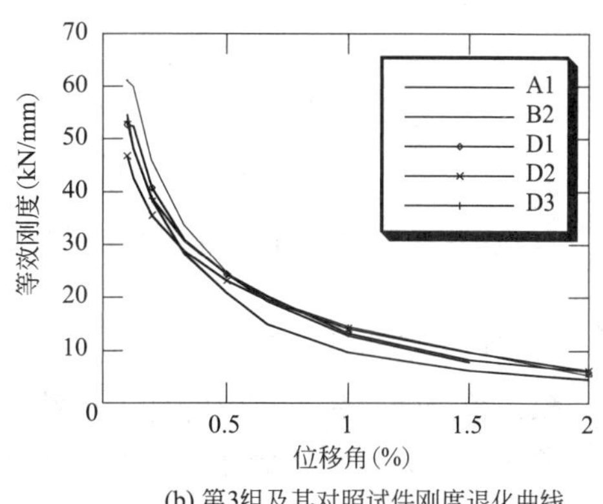

(b) 第3组及其对照试件刚度退化曲线

图 2-6 试件等效刚度退化曲线

9 个试件中，有 B2、D1、D2、D3 共 4 个试件带有楼板。其中，试件 B2 墙间无连接键，楼板破坏最为严重，试件 D1 由于连接程度较弱，在试验结束时同样发生了严重破坏。根据楼板在试验中的破坏现象，将其总结为 4 个破坏阶段：

（1）裂缝从缝内出现并延伸至楼板边缘，此阶段裂缝宽度一般小于 0.5mm；

（2）正负向裂缝继续延伸，并在楼板厚度方向出现交叉；

（3）交叉裂缝进一步扩展，导致两侧楼板出现错动抬起；

（4）交叉裂缝导致楼板上表面混凝土压碎，下表面混凝土脱落。

楼板典型破坏阶段对应位移角见表 2-3。

楼板典型破坏阶段对应位移角 **表 2-3**

破坏阶段	B2	D1	D2	D3
裂缝出现	1/500	1/300	1/200	1/150
裂缝交叉	1/200	1/150	1/100	—
楼板错动抬起	1/150	1/100	1/50	—
混凝土剥落	1/50	1/50	—	—

C1、C2 和 C3 构件的耦合比 *CR* 分别为 0.24、0.40 和 0.62，其随加载历程的变化如图 2-7 所示，C1、C2 实际耦合比在全过程中呈现下降趋势；C3 实际耦合比在全过程中呈

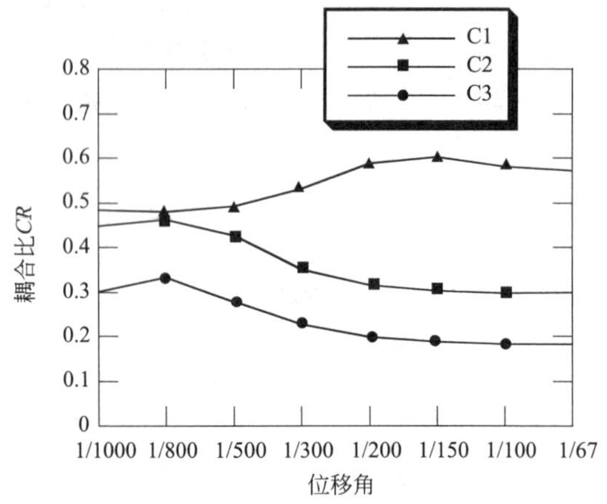

图 2-7 *CR* 随加载历程的变化

现上升趋势；C1、C2 连接键屈服时间点早于墙体纵筋；C3 连接键屈服时间点晚于墙体纵筋。

根据以上分析，可得如下结论：

(1) 墙身带缝后，有效降低了墙肢角部边缘峰值应变和混凝土损伤，峰值位移角和极限位移角均变大，延性变好，标准连接和强连接耗能能力优于整体墙；

(2) 标准连接初始刚度下降 16.5%，强连接初始刚度下降 9.7%，均满足设计目标；

(3) 标准连接，连接键小震水平不屈服，中震水平开始屈服耗能，满足设计目标，连接键的破坏位移角均为 1/50，满足大震下结构位移角限值；

(4) 锚固区工作良好，周围最大裂缝宽度不超过墙身最大裂缝宽度，保证了连接键和墙身的有效连接；

(5) 在无连接的情况下，带暗梁楼板在较早位移角下（1/200）发生破坏后，逐渐退出工作，在不同连接程度下，带暗梁楼板与连接键协同作用，在弱连接、标准连接下均发生不同程度的破坏，在强连接程度下只出现轻微裂缝；

(6) 选取墙体边缘纵筋屈服对应时刻，试件的实际耦合比与设计耦合比差值在 20% 以内，经分析是由于墙体纵筋屈服和连接键屈服顺序不同造成的；

(7) 基于不同的预期目标（初始刚度、耗能能力等）采用屈服耦合比的设计方法能够指导实际设计工作。

二、带有 HSK 的 T 形混凝土剪力墙研究

基于“模拟退火法”，在 ABAQUS 有限元软件中优化了 HSK（H-shaped Shear Key）的边界形状（图 2-8），并通过试验验证了 HSK 的耗能能力与其焊接构造的可靠性；将经过验证的 HSK 用于 T 形带竖缝混凝土剪力墙的足尺试件，通过大规模拟静力加载试验验证了不同构造的 T 形 HSK 剪力墙的抗震性能。通过数值模拟和试验验证得到了有理想的强度、抗疲劳性能与耗能能力的 HSK，将应用于 T 形装配式剪力墙的试验中。

试验共有 4 个 T 形剪力墙的足尺试件：W1、W2、W3 和 W4。其中，W1 为钢筋混凝土 T 形整体墙，该试件无任何 HSK 连接件或预埋钢板；试件 W2 为具有有利布局的带

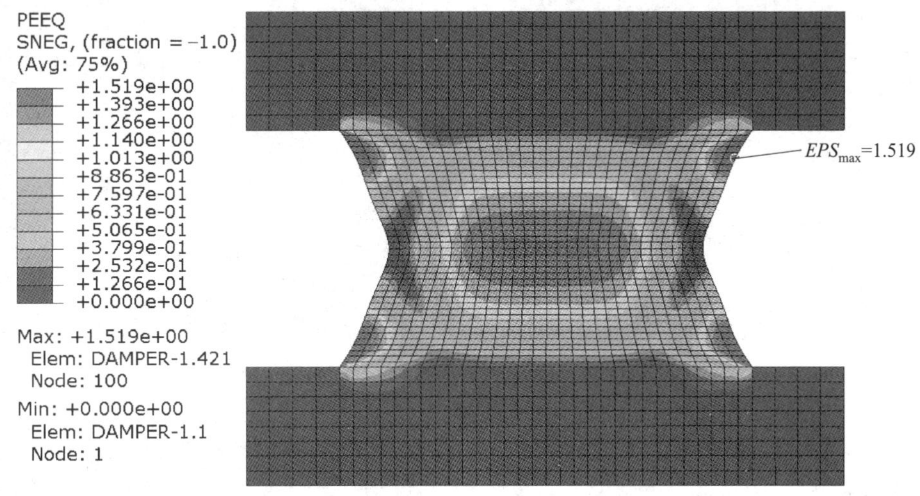

图 2-8　ABAQUS 中 HSK 的优化结果

竖缝 T 形剪力墙，3 个独立的墙肢排成了一个“T”字，并通过楼板连接在一起，且相邻的墙肢之间留有一定宽度的竖缝。与 W1 相同的是，试件 W2 也是纯钢筋混凝土结构，无任何 HSK 连接件或预埋钢板；试件 W3 为具有有利布局的装配式带竖缝 T 形剪力墙，该试件的墙体构造与 W2 完全相同，区别在于 W3 的墙体之间通过 B 型与 A 型的 HSK 连接在一起；试件 W4 为具有不利布局的带竖缝 T 形剪力墙，该试件的相邻墙肢之间通过 C 型 HSK 连接在一起；B 型抗剪键耗能段高度为 100mm，最大、最小宽度分别为 100mm 和 153mm，A 型和 C 型抗剪键耗能段与 B 型相同，与墙体连接方式略有不同。4 个试件的墙体和楼板均采用 C30 混凝土，地梁均采用 C40 混凝土；墙体的纵筋均为 HRB400 钢筋，墙体的箍筋和楼板的钢筋均为 HRB300 钢筋；试件 W2、W3 和 W4 的墙肢之间均设有竖缝，且缝宽均为 20mm。

试验结果如图 2-9 所示，从图中可以看出，试件的破坏主要集中于墙肢的底部和楼板。具体体现为，混凝土的开裂和压碎，以及钢筋屈曲和断裂。

从图 2-9(a) 中可以看出，试件 W1 的墙肢破坏程度最为严重，墙角有大面积的混凝土被压碎并逐渐剥落，同时，失去混凝土约束的剪力墙纵筋发生了屈曲和断裂。最终 W1 在位移角达到 1/63 时发生了破坏。

相比之下，W2 的墙肢破坏最轻，混凝土压碎区域的面积最小，且裂缝宽度最小，直到位移角达到 1/40 时才发生破坏。但试件 W2 的楼板破坏最为严重，在楼板和翼缘墙的交界位置有大量混凝土压溃、剥落，楼板的变形甚至达到了肉眼可见的程度。

试件滞回曲线如图 2-10 所示，在承载力方面，可以看出试件的正向屈服承载力和极限承载力都远大于对应的负向承载力，但正向的变形能力远不如负向的变形能力。T 形剪力墙的承载力设计值只能取正负向承载力的较低者，即“木桶效应”中的“短板”。

4 个试件中，W1 的正负向承载力比值最高，为 1.63～2.02。相比之下，W2、W3 和 W4 的正负向承载力比值为 1.22～1.65。说明开缝构造可以有效改善 T 形剪力墙正负向

(a) W1的墙肢底部

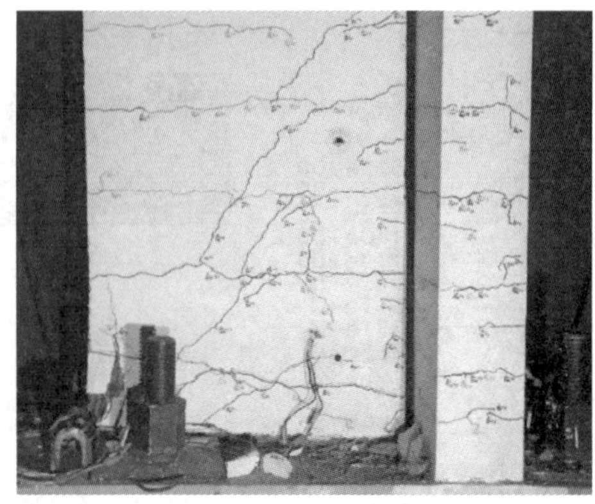

(b) W2的墙肢底部

(c) W3的墙肢底部

(d) W4的墙肢底部

(e) W3的HSK

(f) W4的HSK

图 2-9　试件的最终破坏状态

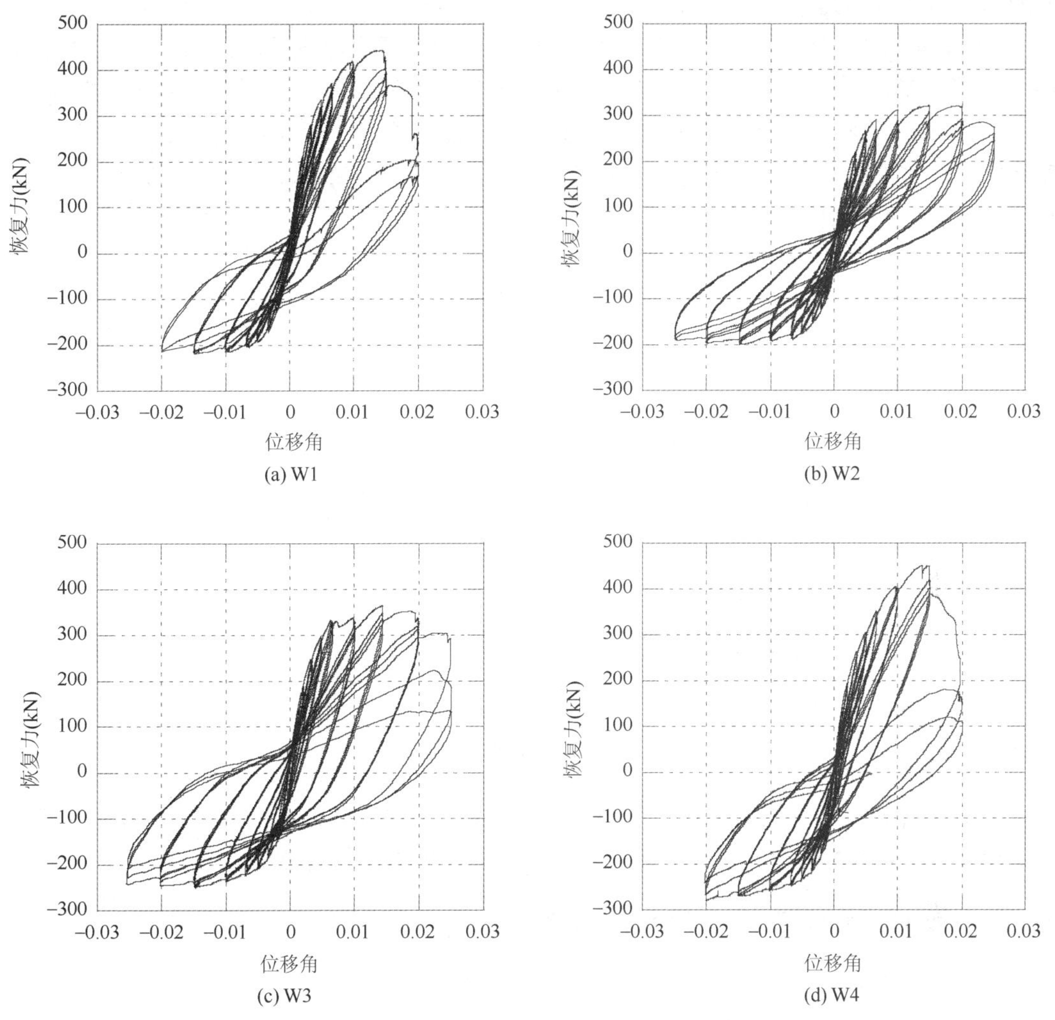

(a) W1　(b) W2　(c) W3　(d) W4

图 2-10　试件的滞回曲线

承载力相差悬殊的缺点。

在变形能力方面，W1 的墙肢在位移角达到 1/351 时就发生了屈服，在位移角达到 1/63 时彻底破坏；W2 的变形能力最佳，在位移角达到 1/218 时才屈服，在 1/40 时彻底破坏，但 W2 的刚度比 W1 低了 16%。相比之下，两种 T 形 HSK 剪力墙 W3 和 W4 的变形能力略低于 W2，但远高于 W1。

W3 和 W4 有着比 W2 高约 20%的屈服承载力和极限承载力。这说明 T 形 HSK 剪力墙既拥有了开缝剪力墙的变形能力强、正负向承载力较为均衡的优点，还拥有了整体墙的刚度大和承载力高等优点。

耗能曲线对比如图 2-11 所示，4 个试件中，W1 的总耗能最少，仅为 97.8kJ。这是因为 W1 的耗能仅依赖钢筋的塑性变形和混凝土的损伤，且墙体的变形能力不足，破坏较早；W2 的最终耗能为 132.9kJ，证明了剪力墙的开缝构造不仅可以有效增加变形能力，还能提升约 35.8%的耗能能力。相比之下，W3 的耗能为 212kJ，证明了 HSK 不仅可以增加墙体的承载力与刚度，还能够提升结构 116%左右的耗能能力。

W4 是具有不利布局的 HSK 剪力墙，其 C 型 HSK 直到位移角达到 1/212 时才屈服。相比之下，W3 的 B 型 HSK 在位移角达到 1/329 时就屈服了。这是因为在不利布局下，墙体的相对变形较小，HSK 产生的变形较小。与整体墙 W1 相比，W4 提升了 24.3%的耗能能力，这说明对于具有不利布局的带竖缝 T 形剪力墙，HSK 仍能有效提升剪力墙的刚度与强度，并提供有效的耗能。

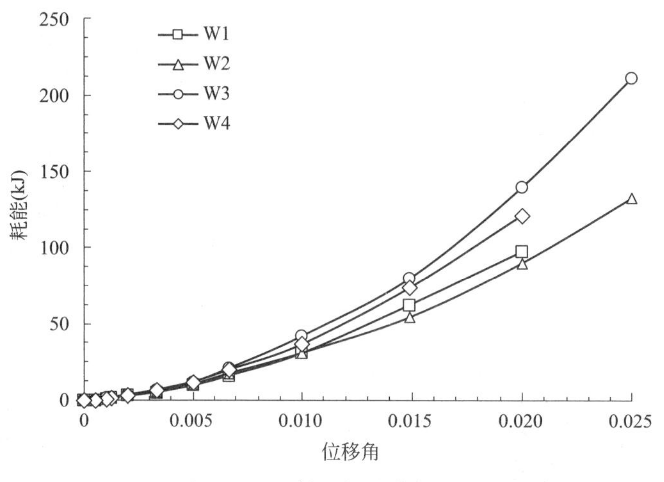

图 2-11　试件的耗能曲线对比

以上分析表明 HSK 在试验中展现出理想的强度、抗疲劳性能与耗能能力；两种构造的 HSK 剪力墙均在试验中表现出优良的承载力、变形能力与耗能能力。

2.1.2　新型装配式框架-剪力墙结构体系研发

新型装配式框架-剪力墙结构体系研发工作由清华大学完成。研究提出了一种新型装配式框架-开缝剪力墙结构体系，如图 2-12 所示。并分别对其中的装配式框架结构体系和装配式开缝剪力墙进行了理论分析，构造设计，试验验证，数值模拟等系统性的研究。针对装配式框架结构体系，提出了装配式自复位框架梁柱节点，并进行了构造优化，拟静力试验和数值模拟分析。针对所提出的全装配式梁柱节点，本书提出了新型低损伤楼板构造，使用抗拔不抗剪 U 形筋将楼板与梁相连，释放了楼板与梁之间的剪力传递，从而使得楼板与梁分开变形，大大降低了楼板应力。针对剪力墙变形能力与框架不协调的问题，提出了开缝组合钢板剪力墙，打破了剪力墙变形的平截面假定，有效控制了墙底损伤，并通过拟静力试验验证了其承载能力高，变形能力强，以及具有良好的耗能性能。

新型高层装配式框架-剪力墙结构技术体系（框架-开缝剪力墙）的框架节点连接为预应力全装配式连接、开缝剪力墙采用预制装配连接并可灵活布置，超出了现行规范体系的范围。通过新型体系的试设计，深化体系关键技术，如框架节点连接形式，开缝剪力墙构件形式，构件装配技术；通过对装配式框架连接节点（包含楼板）、装配式开缝剪力墙构件进行理论分析，试验研究和数值模拟考察节点、构件自

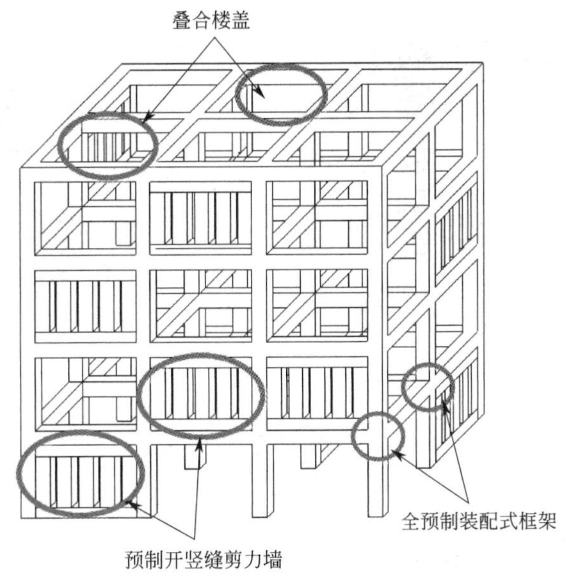

图 2-12　新型装配式框架-剪力墙结构体系简图

复位及耗能性能。

自复位装配式梁柱节点属于新型全装配式钢筋混凝土框架体系的重要部分。新型自复位装配式梁柱节点构造如图 2-13 所示。PC1 的梁和柱分开预制，通过施加贯穿梁的初始预应力来进行组装。组装完成后再后穿耗能钢棒。后穿耗能钢棒锚固在节点处梁的端头的钢套上。梁端头的钢套由钢结构厂加工，并在加工前，通过三维建模进行碰撞分析，避免钢套与钢筋发生碰撞。PC2 的梁和柱同样分开预制，通过施加贯穿梁的初始预应力来进行组装。组装完成后再后穿耗能钢棒。后穿耗能钢棒锚固在节点处的梁钢套上。PC3 对梁柱节点区域的梁柱构件分别增加局部钢套，以提高节点区局部承压能力。为尽量减少可更换耗能装置对建筑功能的影响，采用柱约束的可更换耗能钢棒构造。梁、柱钢套内侧布置焊钉，以满足梁、柱钢套与混凝土之间的锚固要求。梁纵筋与梁钢套端部采用塞焊锚固，同时加强了梁钢套和梁纵筋的锚固效果。在预制柱中预留后穿耗能钢棒的孔洞，混凝土柱本身及预埋套管可以约束耗能钢棒在受压的情况下发生的面外屈曲。耗能钢棒穿过柱内预留孔洞，其两端分别锚固在两侧梁端，锚固构造应保证其方便震后更换。预制梁构件在截面中心处，柱在节点区中心部位为后穿预应力钢绞线预留孔洞。预应力钢绞线穿过预留孔洞，在一侧梁端锚固，在另一侧梁端施加初始预应力，将梁柱构件装配成整体。预应力钢绞线与梁柱构件无粘结。梁底部角钢用于在节点装配时进行定位，并为节点提供额外的受剪承载力。该梁柱节点处受弯承载力由耗能钢棒和预应力钢绞线共同提供。受剪承载力由梁柱交界面摩擦力及抗剪角钢共同提供。节点自复位性能由预应力钢绞线提供，耗能性能由耗能钢棒提供。通过该构造配合合理设计，将实现节点在大震下主要梁柱构件和预应力钢绞线不发生损伤，仅需更换耗能钢棒即可实现节点震后功能快速恢复。

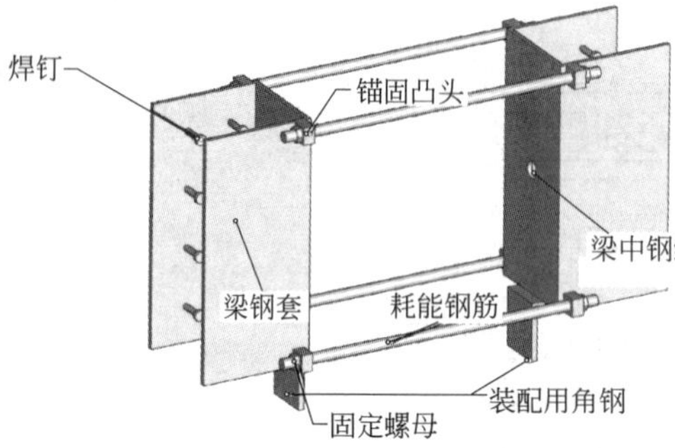

(a) PC1节点钢套构造

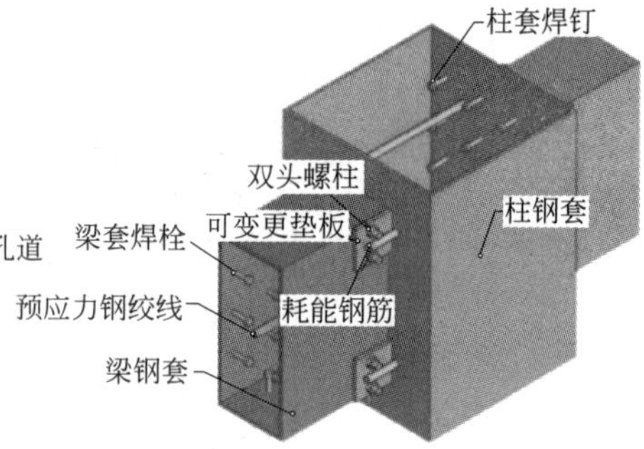

(b) PC2节点钢套构造

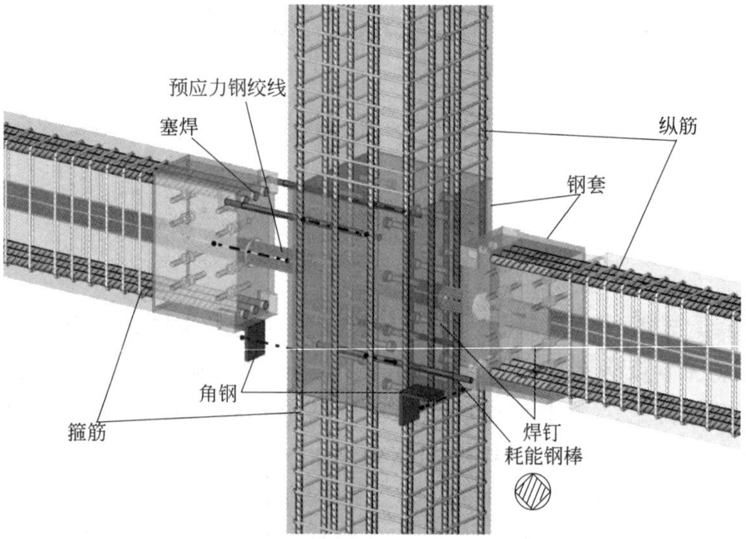

(c) PC3节点构造

图 2-13　自复位装配式梁柱节点构造

一、装配式梁柱节点研究

1. 拟静力试验论证

本试验在清华大学土木工程系新实验大厅 20000kN 多功能空间加载装置上进行。共设计了现浇节点 IC1 和装配式节点 PC1、PC2-1、PC2-2 共 4 个节点。使用竖向作动器控制框架柱轴压比为 0.6，采用力控制对框架柱顶施加 1514kN 恒定轴压荷载；梁端作动器采用位移控制对梁左右两端施加等大反向的位移。

现浇节点 IC1 在加载幅值达到 1/550 时节点处梁端出现竖向裂缝，在加载幅值达到 1/400 时，南北梁正负加载裂缝贯穿，并继续发展，裂缝宽度达到 0.1mm，裂缝开展情况如图 2-14 所示。滞回曲线和节点破坏情况分别如图 2-15 和图 2-16 所示。在加载幅值达到 1/300 时，裂缝继续发展，宽度达到 0.15mm。在加载幅值达到 1/100 时，柱出现竖向裂缝，裂缝最大宽度达到 0.4mm。在加载幅值达到 1/18 时混凝土大量剥落，承载力下降到峰值承载力 80%以下。

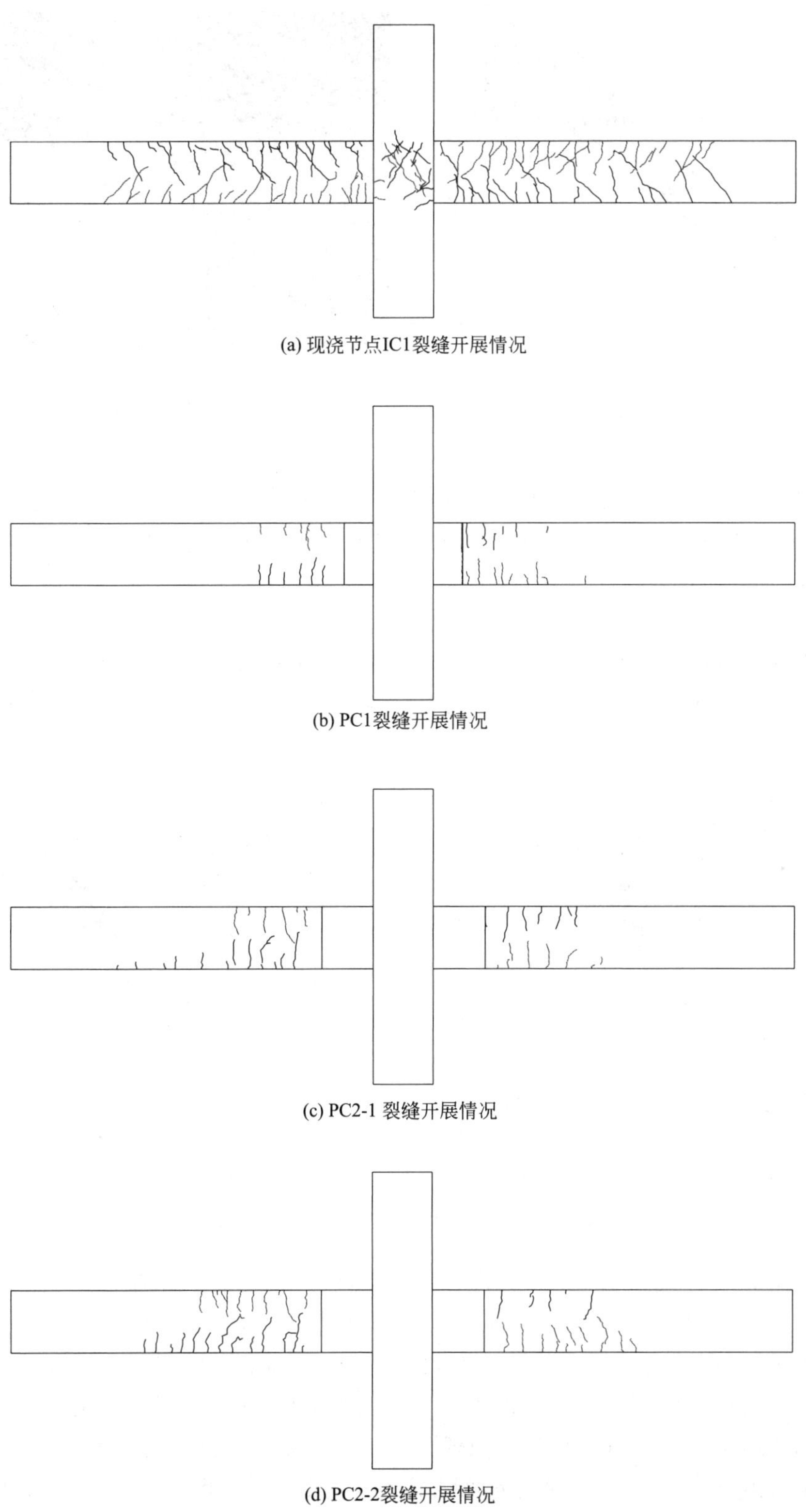

(a) 现浇节点IC1裂缝开展情况

(b) PC1裂缝开展情况

(c) PC2-1 裂缝开展情况

(d) PC2-2裂缝开展情况

图 2-14　各节点裂缝开展情况示意图

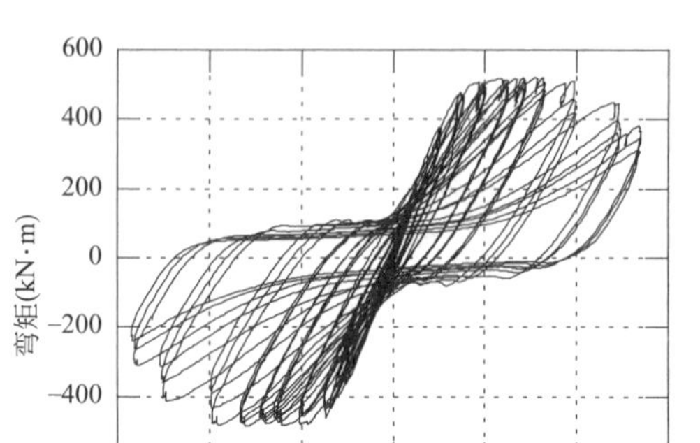

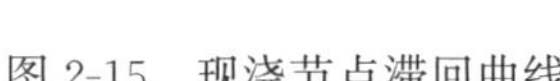

图 2-15　现浇节点滞回曲线

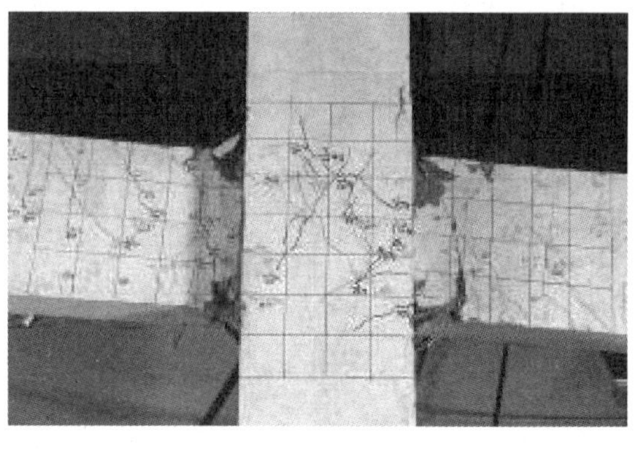

图 2-16　加载幅值达到 1/18 时现浇梁柱节点破坏情况

装配式梁柱节点 PC1 在加载幅值达到 1/550 时，梁端出现裂缝，最大裂缝宽度 0.03mm，在加载幅值达到 1/400 时，灌浆区与梁端交界处出现裂缝，最大裂缝宽度达到 0.05mm；在加载幅值达到 1/200 时，钢套与梁端交界处开裂，最大裂缝宽度达到 0.7mm；在加载幅值达到 1/100 时，钢套与梁端交界处开裂缝变大，最大裂缝宽度超过 1.5mm。梁底与梁顶在角钢外侧出现裂缝，并与钢套与梁端交界处裂缝贯通，裂缝宽度随加载幅值增大而逐渐增大。转角逐渐集中于钢套与梁端交界处，并出现混凝土受压破坏和剥落现象，如图 2-17 及图 2-18 所示。

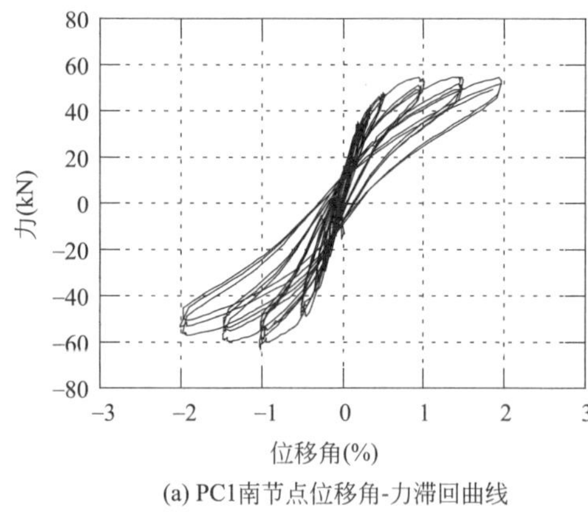

(a) PC1南节点位移角-力滞回曲线

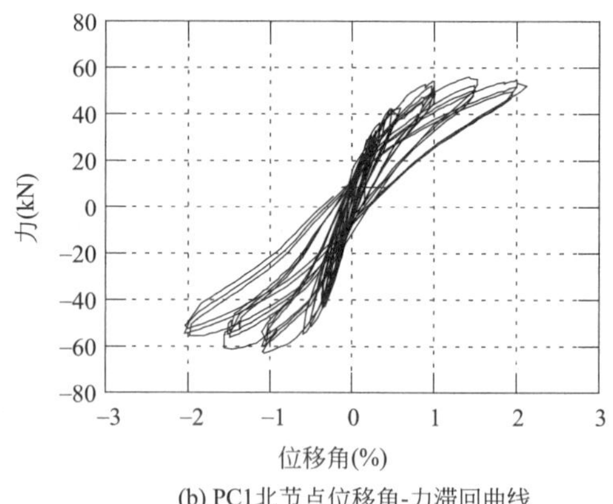

(b) PC1北节点位移角-力滞回曲线

图 2-17　PC1 节点位移角-力滞回曲线

PC2-1 南北两侧节点的位移角-力滞回曲线如图 2-19 所示。由图可见，南北两侧节点滞回性能有较大不同，这主要受到节点构造的影响：PC2-1 节点在装配的过程中，由于钢套加工精度的偏差，导致梁不能垂直与柱进行装配，因此在装配时，在南端梁柱交界面上垫钢板以矫正偏差，钢板的存在导致梁柱节点的转动中心的位置从梁上下边缘，转到钢板边缘，导致初始刚度下降。北端节点正向极限承载力 91.9kN，正向残余变形 1mm；北端节点负向极限承载力－104.4kN，负向残余变形 6mm；南端梁的正向极限承载力 87.8kN，正向残余变形 13mm；南端节点负向极限承载力－93.73kN，负向残余变形－1mm。PC2-1 节点在位移角达到 1/20 时，承载力未发生下降。装配式节点 PC2-1 在加载幅值达到 1/550 时，

(a) 南端梁钢套与梁开缝　　(b) 北端梁底裂缝情况

图 2-18　PC1 节点试验现象照片

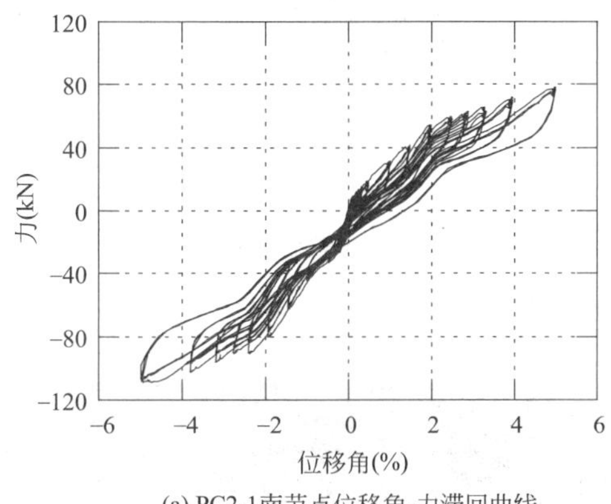

(a) PC2-1南节点位移角-力滞回曲线

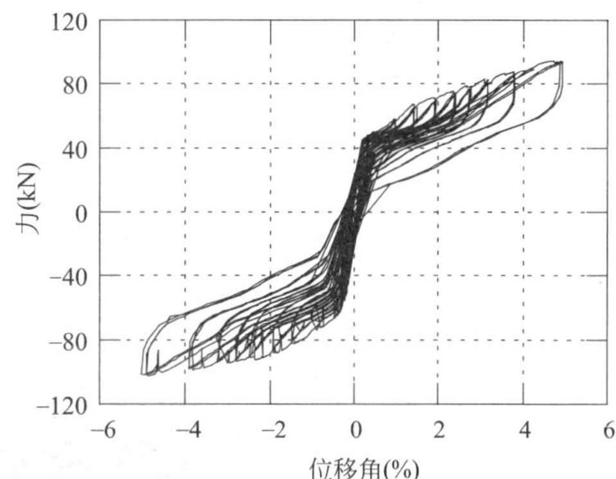

(b) PC2-1北节点位移角-力滞回曲线

图 2-19　PC2-1 节点位移角-力滞回曲线

(a) 加载幅值达到1/30时南端梁与柱开合情况

(d) 加载幅值达到1/18时北端梁与柱开合情况

图 2-20　PC2-1 节点试验现象照片

梁出现裂缝；加载幅值达到 1/400 时，钢套与柱张开。在加载幅值达到 1/18 时，梁端承载力不下降。混凝土柱未出现明显破坏现象，如图 2-20 所示。

PC2-2 南北两侧节点的位移角-力滞回曲线如图 2-21 所示。由图可见，南北两侧节点滞回性能基本相同，在重新安装时，南端节点处梁与柱间的缝隙用钢板填满，保证了南北两节点的性能一致性。北端节点正向极限承载力 91.9kN，正向残余变形 1mm；北端节点负向极限承载力−104.4kN，负向残余变形 6mm；南端梁的正向极限承载力 87.8kN，正向残余变形 13mm；南端节点的负向极限承载力−93.73kN，负向残余变形−1mm。PC2-1 节点在位移角达到 1/15 时，承载力未发生下降。由于预应力钢绞线在整个加载过程中均保持弹性，且预应力损失很少，主要构件保持弹性，因此节点承载力始终未下降。节点破坏情况如图 2-22 所示。

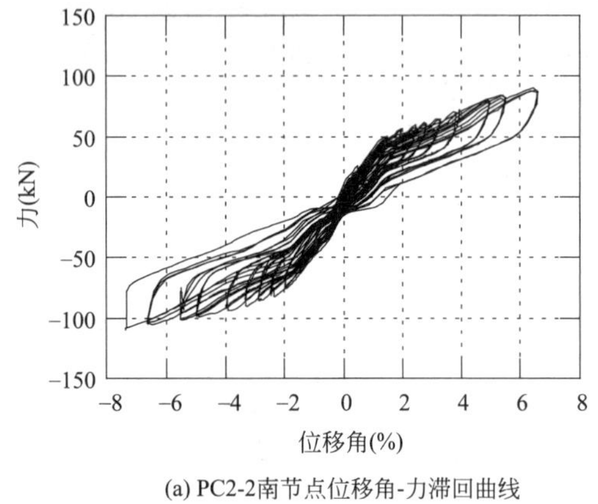

(a) PC2-2南节点位移角-力滞回曲线

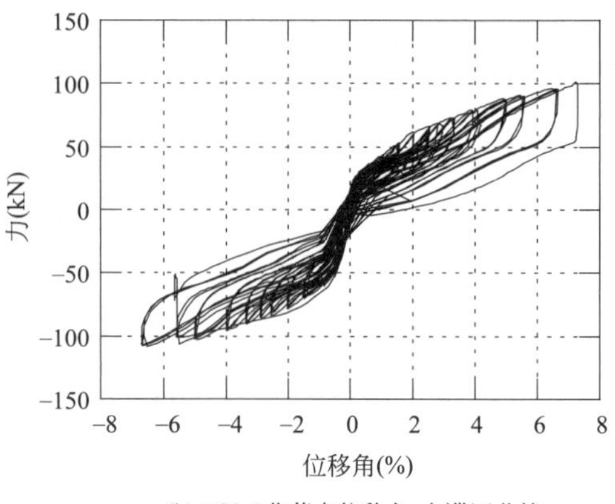

(b) PC2-2北节点位移角-力滞回曲线

图 2-21　PC2-2 节点位移角-力滞回曲线

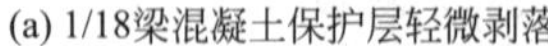
(a) 1/18梁混凝土保护层轻微剥落

(b) 1/15梁混凝土保护层轻微剥落

图 2-22　PC2-2 节点破坏情况

2. 关键参数确定

如图 2-23 所示，为框架节点在地震作用下的变形简图。图中 θ 表示在地震某时刻作用下楼层的层间位移角，θ_b 表示此时的梁端转角。则 θ_b 与 θ 的关系可由式(2-5) 表示，其中 h_c 为柱宽，l 为梁跨度，E_b 为梁弹性模量，I_b 为梁的截面惯性矩。M_u 为该位移角下梁端的受弯承载力。

$$\theta_b=\frac{\theta}{(1-h_c/l)}-\frac{M_u l}{6E_b I_b} \tag{2-5}$$

梁端弯矩由预应力钢绞线和耗能钢棒共同提供，由预应力钢绞线提供的弯矩值设为 $M_{u,sc}$，由耗能钢棒提供的弯矩值设为 $M_{u,ed}$。弯矩值由以下公式表示：

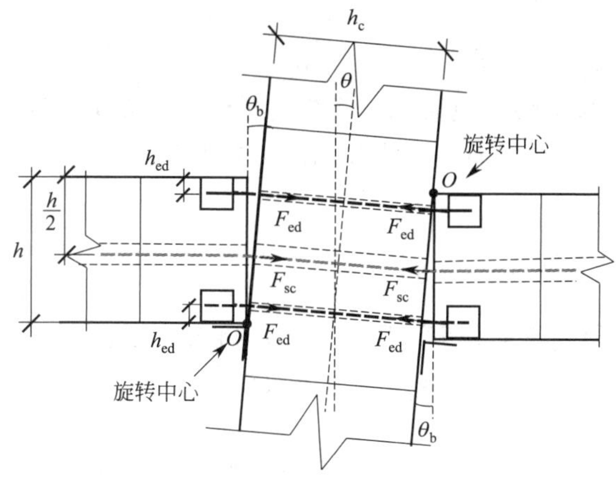

图 2-23　节点变形简图

$$M_u = M_{u,sc} + M_{u,ed} \tag{2-6}$$

$$M_{u,sc} = F_{sc} \cdot \frac{h}{2} \tag{2-7}$$

$$M_{u,ed} = 2F_{ed}(h - h_{ed}) + 2F_{ed}h_{ed} = 2F_{ed}h \tag{2-8}$$

其中 h 为梁高，h_{ed} 为耗能钢棒焊接位置距梁顶或梁底距离，F_{ed} 为单根耗能钢棒承载力，F_{sc} 为钢绞线预应力。O 为梁端转动中心。

设此时梁端剪力承载力为 V_u，通过将交界面处耗能钢棒和钢绞线产生的正压力求和再乘以摩擦系数，即可由下式求得：

$$V_u = \mu(4F_{ed} + F_{sc}) \tag{2-9}$$

从梁构件弯矩平衡的角度，在特定位移角下剪力还可以通过以下公式求得：

$$V = \frac{2M_u}{l} \tag{2-10}$$

为保证剪力满足承载力需求，V_u 应大于 V，设该两部分力的比值为 α，则：

$$\alpha = \frac{V_u}{V} = \frac{l}{h}\mu > 1 \tag{2-11}$$

由式(2-11) 可得，该节点是否能够满足抗剪条件只取决于梁的跨高比与交界面摩擦系数的比值。

设该两部分弯矩对比值为 λ，则：

$$\lambda = \frac{F_{sc}}{4F_{ed}} \tag{2-12}$$

假定预应力钢绞线的初始预应力为 F_{in}，为达到自复位效果，初始预应力应大于 4 根钢棒所能提供的承载力，则设该两部分力之比值为 ω，则：

$$\omega = \frac{F_{in}}{4F_{ed}} \tag{2-13}$$

假定钢绞线总横截面面积为 A_{pt}，单根钢绞线弹性极限承载力为 $f_{y,pt}$ 和节点所需的钢绞线预应力为 F_{sc}，则在设计范围内，钢绞线的弹性极限承载力应大于节点所需的钢绞线预应力，设该两部分力之比值为 γ，则：

$$\gamma=\frac{A_{\mathrm{pt}}f_{\mathrm{y,pt}}}{F_{\mathrm{sc}}} \tag{2-14}$$

假定梁纵筋弹性抗弯极限弯矩为 M_{eu}，节点在设计位移角下的极限弯矩为 M_{u}，则为保证在设计位移角下，梁纵筋保持弹性，M_{eu} 应大于 M_{u}，设该两部分弯矩之比值为 β，则：

$$\beta=\frac{A_{\mathrm{s}}(h-2\alpha)f_{\mathrm{y}}}{M_{\mathrm{u}}} \tag{2-15}$$

其中 A_{s} 为受拉区纵向钢筋截面面积；f_{y} 为钢筋的抗拉强度设计值。

通过大量的参数化分析，关键参数 ω 建议取为 1.2，从而为节点提供足够的耗能能力和自复位能力。关键参数 β 建议取为 1，从而可保证梁纵筋不发生屈服，在设计地震作用下，不需修复。关键参数 γ 建议取为 1.4，从而保证预应力钢绞线不发生屈服，且在极罕遇大震情况下，该节点梁纵筋将进入屈服，从而保证了预应力钢绞线不发生断裂，避免节点突然失效，导致结构倒塌。采用优化参数的数值仿真结果如图 2-24 所示。

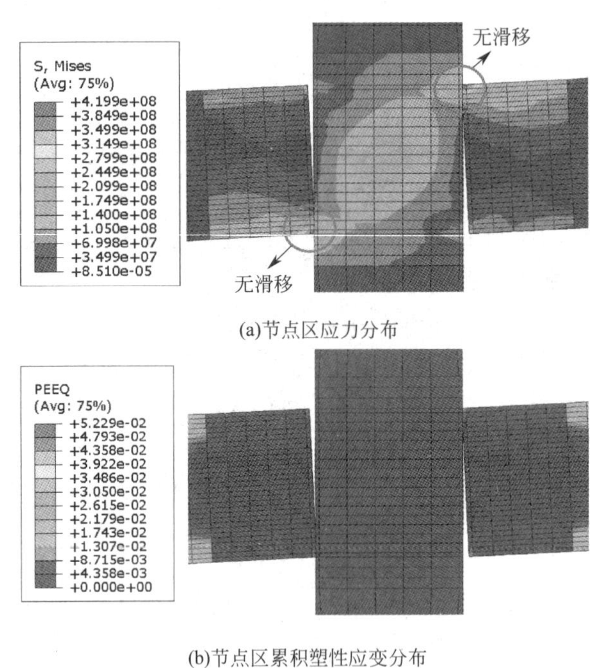

(a)节点区应力分布

(b)节点区累积塑性应变分布

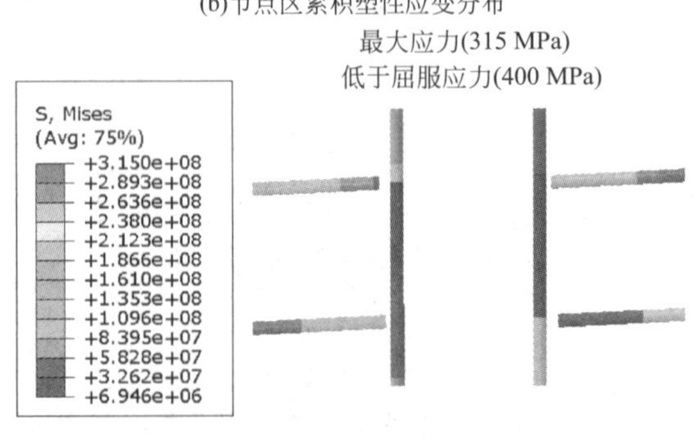

(c)梁纵筋应力分布

图 2-24　优化参数后节点性能（一）

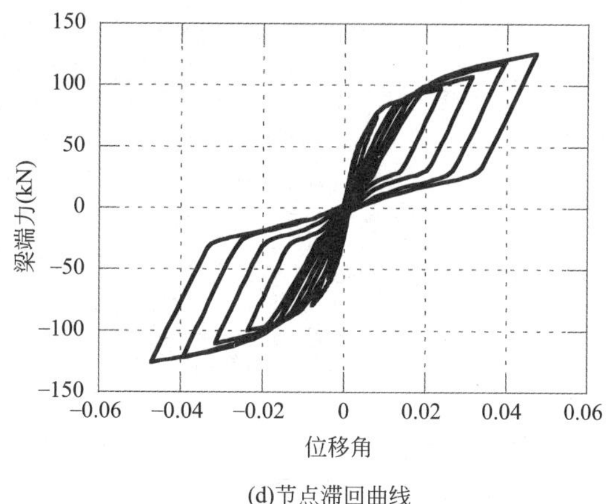

(d)节点滞回曲线

图 2-24　优化参数后节点性能（二）

二、装配式框架低损伤楼板研究

由于全装配式梁柱节点变形区域主要集中于梁柱接缝处，因此接缝处上部楼板在地震时产生集中变形，极易发生楼板损伤，且楼板在震后难以修复，影响了建筑的震后功能快速恢复能力。本书提出了一种低损伤楼板连接构造，经过变形分析，得到楼板易发生梁转动而造成的剪切变形和弯曲变形。剪切变形通过在梁柱接缝处一定范围内不设置连接筋进行释放。对于弯曲变形，通过在梁柱交界面上设置抗拔不抗剪连接筋，从而使得梁和楼板各自发生弯曲变形，极大降低了楼板应力，保证了楼板在地震作用下的低损伤。同时为了避免楼板与柱在地震作用下发生挤压，在楼板与柱交界区域填充泡沫塑料，释放挤压应力。该构造的三维示意图如图 2-25 所示。

1. 试验论证

为了进一步验证所提构造的有效性，探究楼板对节点承载力及变形能力的影响。本书设计了两个 0.6 大比例缩尺的梁柱中节点（带楼板）试件，并对其进行了拟静力循环往复加载。该试验与之前完成的梁柱节点试验为同一系列试验，因此可有效对比楼板对节点性能的影响。试件 S1 为全装配式梁柱节点＋传统构造楼板。该楼板与梁柱节点的连接采用传统的 U 形筋进行连接，两边分别设置为全长连接和 1/3 长度连接。试件 S2 为全装配式梁柱节点＋抗拔不抗剪连接件＋楼板。该试件楼板与梁之间采用抗拔不抗剪 U 形筋进行连接，两边均设置 1/3 长度连接，柱与楼板交界处垫 2cm 泡沫塑料。该试件的构造简图如图 2-26 所示。

对于试件 S1，在位移角为 1/550 时，楼板出现裂缝，且最大裂缝宽度为 0.15mm，裂缝沿柱周围呈 45°向外延伸。位移角为 1/400 时，楼板新增若干裂缝，最大裂缝宽度增长为 0.2mm。位移角为 1/300 时，部分裂缝贯穿楼板。随着位移角的继续上升，楼板出现分布式裂缝，且间距越来越小。位移角为 1/50 时，楼板最大裂缝宽度为 0.2mm。当位移角为 1/35 时，最大裂缝宽度超过 0.6mm，裂缝发展基本完成。当位移角为 1/20 时，楼板混凝土压碎鼓起，楼板与柱间接触导致楼板混凝土挤压破碎，且柱与楼板间产生较大空隙，空隙达 1cm；当位移角为 1/18 时，楼板继续发生损伤，此时楼板与柱间空隙扩大为 2cm。楼板与柱交界处，楼板分布筋由于混凝土受压损伤剥落而露出。图 2-27 为楼板

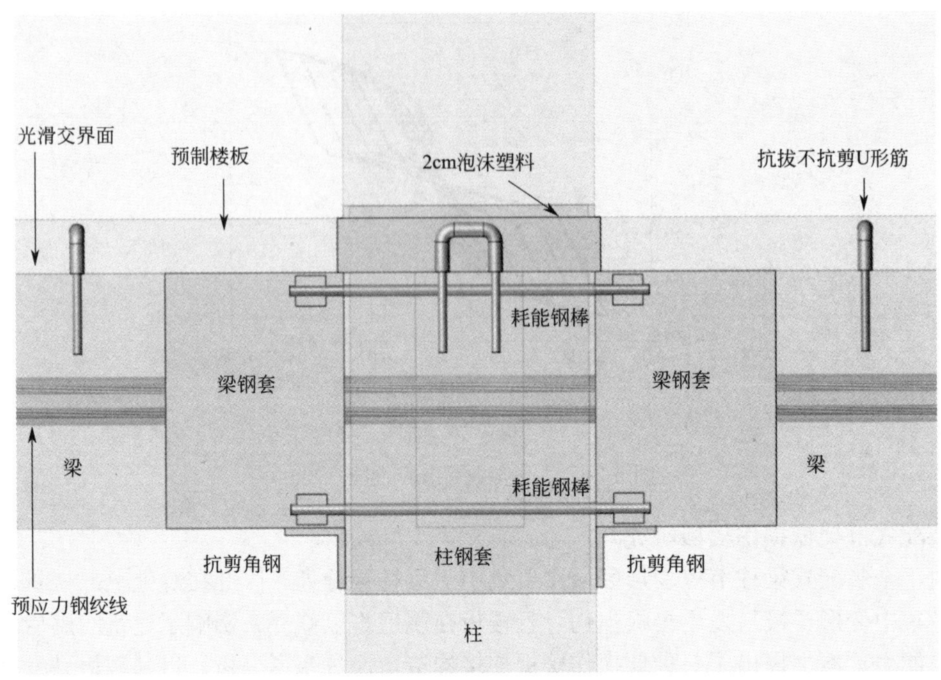

图 2-25　梁柱节点带楼板构造示意图

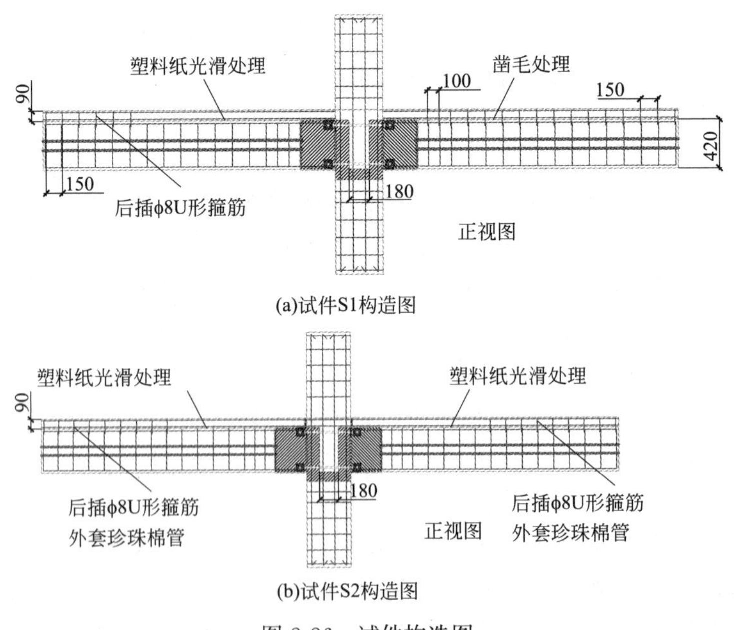

图 2-26　试件构造图

最终的裂缝发展图，可见楼板在柱附近损伤严重，为柱限制楼板变形导致。由于南端楼板与梁全长连接，故其裂缝分布较北端更为细密。

图 2-28 为楼板在加载结束后的破坏状态。可见楼板损伤严重，且难以修复，将严重影响建筑的震后功能可恢复性。

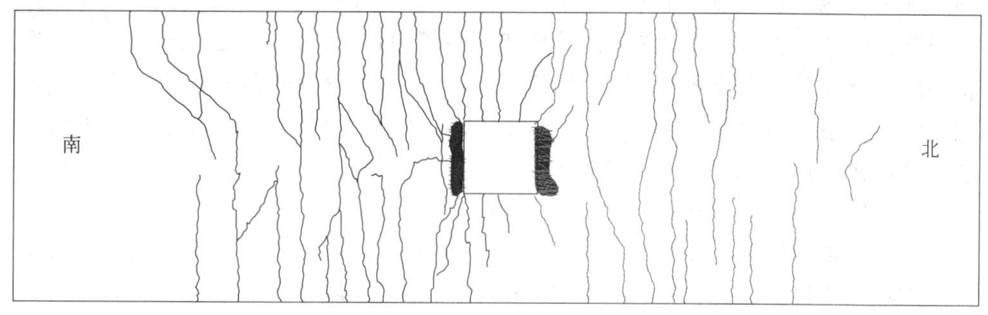

图 2-27　S1 楼板裂缝分布情况

(a)在加载位移角为1/20时S1柱周围楼板受压破坏

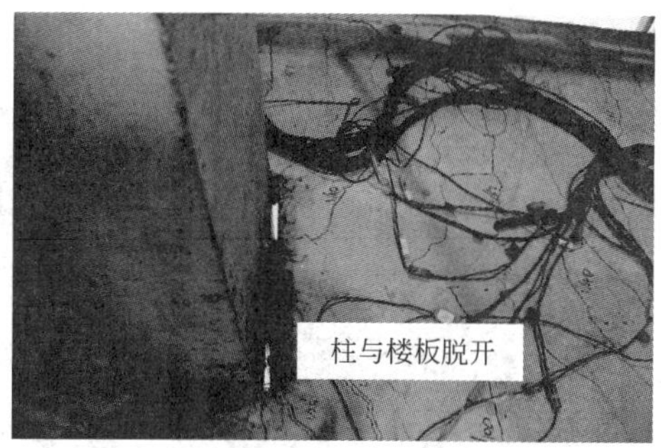

(b)在加载位移角为1/20时S1柱与楼板脱开

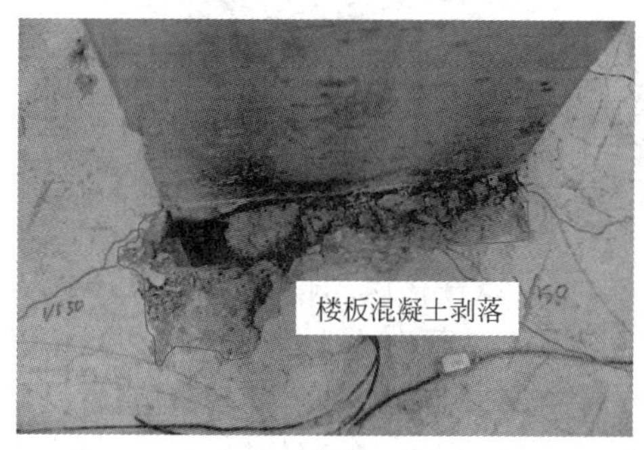

(c)S1板顶混凝土损伤

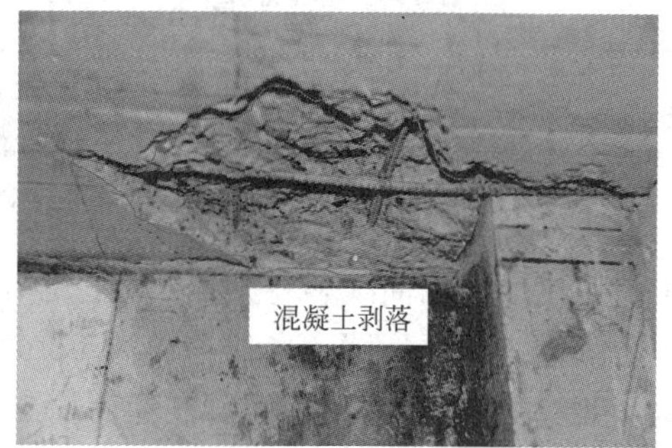

(d)S1板底混凝土剥落

图 2-28　S1 楼板损伤情况

2. 低损伤楼板有限元数值模拟

对楼板进行了有限元参数化分析，参数化分析的目的在于探索连接件的合理布置方法和连接件类型对节点性能的影响。对于抗拔不抗剪连接件，该连接件的布置长度在 1/3～1/1.7 梁总长范围内可得到较为良好的连接效果而不至于使楼板发生较大损伤。对于普通连接，连接件布置范围应在 1/3 梁总长范围，从而避免楼板较大损伤，避免产生强梁弱柱现象。

三、装配式开缝剪力墙抗震性能研究

装配式剪力墙采用钢-混凝土组合墙肢，墙肢间通过软钢连接件进行连接，试验结果表明，墙体在位移角为 1/40 时开缝剪力墙承载力不下降，滞回性能饱满，具有很强的耗能能力和变形能力。传统的框架剪力墙结构震后残余变形大，修复费用高，修复时间长，无法满足震后功能快速恢复的要求。为此，研发了装配式开缝剪力墙，在预制墙肢之间设有多个竖缝，每个竖缝分别沿预制墙肢的厚度方向贯通。通过在混凝土预制墙板设置减震缝，将墙体划分为若干个高宽比更大的墙肢，从而增强了建筑物的抗变形能力和延性。此外，预制墙体上下层可灵活布置。减震缝内可填充黏弹性耗能材料或安装剪切型阻尼器等，地震时墙体变形，减震缝也随之变形，从而增大了墙体耗能能力。针对此新型结构体系，进行了开缝剪力墙试验研究。

开缝式耗能钢管混凝土墙体，墙肢采用钢管混凝土，以增大其变形能力和承载力；并在钢管的间隙中增设软钢连接件，以提高墙体的承载力、刚度与耗能能力，共设置 8 个软钢抗剪耗能连接件。端板采用开有螺孔的钢板，以实现装配式施工。剪力墙的尺寸为 1800mm×1800mm，墙肢宽度分为 280mm、200mm 和 380mm 三种，墙肢厚度为 120mm，整个试件为 1：2 缩尺模型。试验加载装置如图 2-29 所示。

图 2-29 试验的加载装置

剪力墙试验滞回曲线和骨架曲线如图 2-30 所示。试件在层间位移角为 1/100 工况下，钢管组合墙体表面无裂缝，在位移角为 1/50 工况下，承载力不下降，滞回曲线饱满，位移角为 1/40 时承载力达到峰值。在经历 1/100 层间位移角往复加载 3 个周期后卸载，残余变形为 1/347。开缝剪力墙各层层间位移角如图 2-31 所示，分布较为均匀，最大层间位移发生在剪力墙中部。由此可见，试验剪力墙受力性能达到设计要求。

在层间位移角为 1/100 时，高性能剪力墙墙体表面无裂缝，试件耗能稳定。在层间位移角为 1/100 时高性能剪力墙承载力处于上升阶段，在层间位移角为 1/50 时承载力不下降，在层间位移角为 1/40 时达到峰值荷载，满足层间位移角为 1/100 时承载力不下降的设计要求。在经历 1/100 层间位移角往复加载 3 个周期后卸载，残余变形为 1/347，满足残余层间位移角不超过 1/300 的设计要求。

2.1.3 小结

本节通过梳理装配式混凝土结构高层住宅技术体系发展现状，指出现有体系的不足，并从既有技术优化升级、新型结构体系等角度开展了一系列理论和试验研究。主要工作如下。

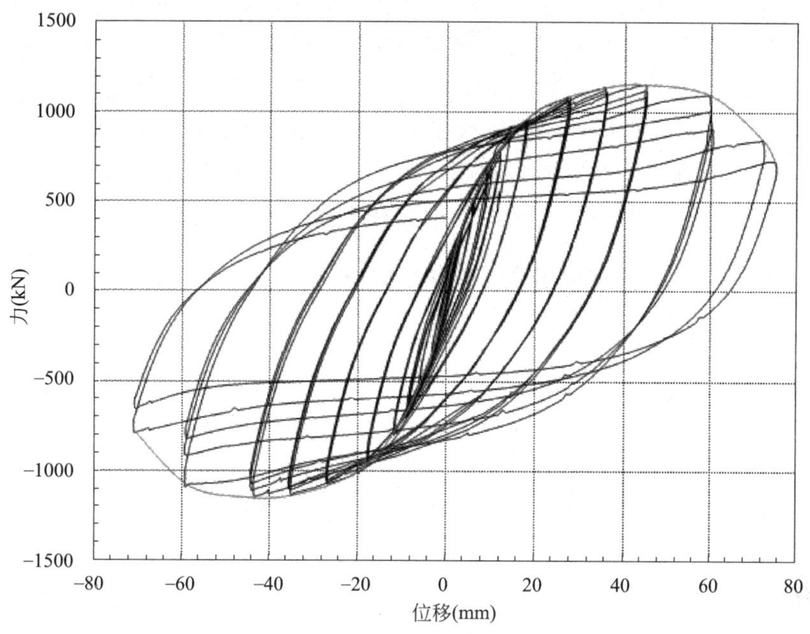

图 2-30　高性能剪力墙滞回曲线及骨架曲线

(1) 系统的优化工作可以有效解决当前装配式混凝土结构高层住宅存在的技术体系不完善、技术标准不健全、技术集成度低、协同性差、质量难以得到保证的问题，达到预制率 50%以上，实现高层住宅高质、高效的目标。

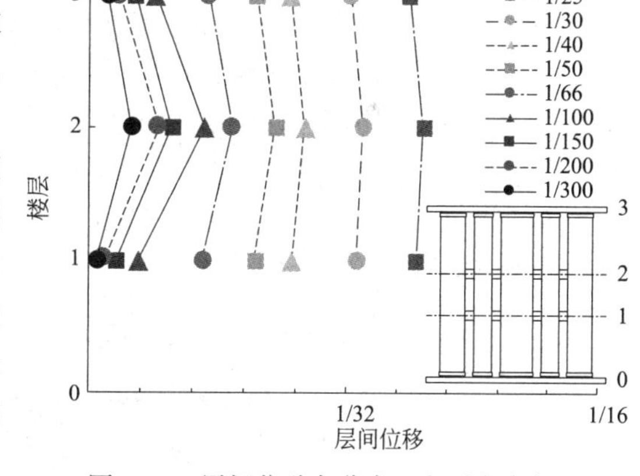

图 2-31　层间位移角分布（主要在中部）

(2) 采用高性能连接节点和消能减震装置、适用于预制率 50%以上的新型高层住宅装配式混凝土剪力墙结构体系研发；提出了适用于预制剪力墙的高效配筋构造技术，开展了剪力墙大间距等效配筋构造试验研究，优化形成了高工效、高质量装配式混凝土剪力墙结构高层住宅技术体系。

(3) 采用高性能连接节点和新型耗能构件、适用于预制率 70%以上的新型高层住宅装配式框架-混凝土剪力墙结构体系研发；研发了一种采用干式耗能连接件的装配式带竖缝剪力墙和具有自复位能力的装配式耗能梁柱节点，可适用于高层住宅的装配式混凝土结构。

2.2　低多层住宅结构技术体系

常规的装配式混凝土结构通过采取可靠的构造措施及施工方法，保证预制构件之间或者预制构件与现浇构件之间的节点或接缝的承载力、刚度和延性不低于现浇钢筋混凝土结构，使装配整体式钢筋混凝土结构的整体性能与现浇钢筋混凝土结构基本相同，此类装配整体式结构称为“等同现浇”装配式混凝土结构，这就带来了装配式混凝土结构构造要求高、节点做法复杂、产业化效率不高、施工困难等一系列问题。

低多层装配式混凝土住宅结构（框架结构）体系中，直接采用高层装配整体式框架结构的设计要求显然是不合理的，也是不经济的。根据低多层装配式混凝土住宅框架结构的特点和优势，在装配整体式框架结构的基础上进行简化，形成结构安全、构造简单、经济适用、方便施工、适合低多层住宅建筑的装配式结构技术体系。

2.2.1 低多层住宅装配式框架结构的连接技术

一、低多层住宅与框架结构

一般来说，适用于低多层住宅的装配式框架结构所采用的连接件需要符合以下要求：(1) 为了保证住宅结构的美观，在梁柱外侧不能有凸出的部件，例如螺栓，同时不宜采用牛腿；(2) 采用装配式连接后的框架结构，其抗震性能应当符合既有规范的规定。

常用于装配式框架结构构件的连接方式大致可以分为两大类，第一类是灌浆套筒式连接，第二类是螺栓式连接，装配式构件的连接方式与结构部件的拆分、组合原则是构建低多层装配式框架结构体系的重要元素。

二、灌浆套筒技术在框架结构住宅中的应用

对于框架结构来说，灌浆套筒是最常见的构件连接技术。常见的灌浆套筒有两种，一种是半灌浆套筒，一种是全灌浆套筒（图 2-32）。

但是目前灌浆套筒在我国的应用状态却不甚理想，主要原因还是前文提到的施工人员素质的问题。我国施工现场长期存在管理混乱，农民工培训程度较低，施工操作不合规等问题，这些因素最终会提高套筒内部灌浆料不密实、甚至部分脱空等情况发生的概率。在竖向连接上，灌浆套筒是隐藏在混凝土构件内的，如果出现灌浆套筒连接不牢的问题，整个结构都会面临极大的危险，这就需要进行套筒灌浆质量的检测。目前已知的灌浆套筒检测手段有工业 CT 检测法、冲击回波法等，但都需要受过培训的专业人员、设备和较为冗长的检测程序，总体而言比较复杂。

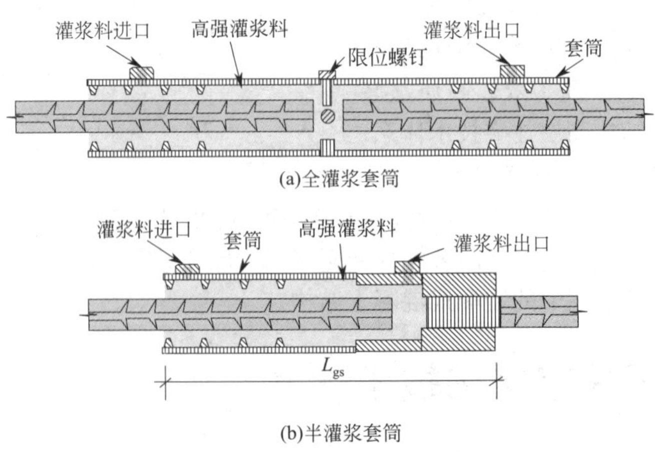

图 2-32 两种常见灌浆套筒类型

灌浆套筒的柱-柱连接方案和梁-柱节点连接如图 2-33 所示。一般来说灌浆套筒用于框

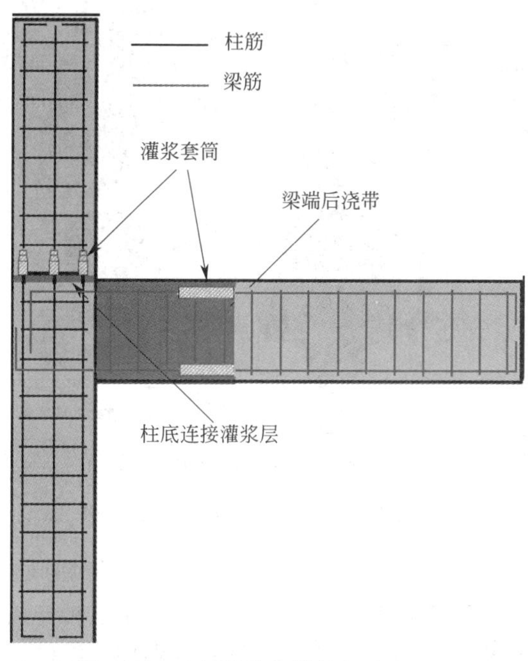

图 2-33　采用灌浆套筒框架节点设计

架结构时，在柱-柱连接上会使用半灌浆套筒，原因在于其成本更低，占据的空间更小，而在进行梁-柱连接和梁-梁连接时则更多地使用全灌浆套筒。

三、螺栓连接技术在框架结构住宅中的应用

和灌浆套筒连接一样，螺栓连接技术也分为柱-柱连接与梁-柱连接两种。目前市面上较为成熟的且适用于住宅建筑的柱-柱连接可以参考柱靴连接件方案（图 2-34），而梁-柱连接可以参考延性杆加螺栓连接方案（图 2-35）。其中，柱靴连接件方案解决了过去的柱体螺栓连接方案凸出柱身以及无法实现零件标准化的缺点，而延性杆与螺栓用于梁-柱连接时则提供了一种高延性与干法连接方案。

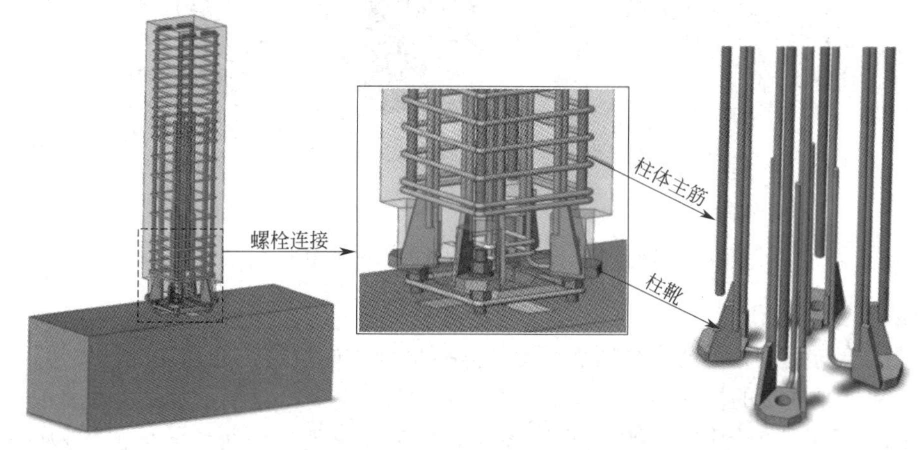

(a) 采用柱靴连接的预制柱

图 2-34　用于柱-柱连接的柱靴连接件方案（一）

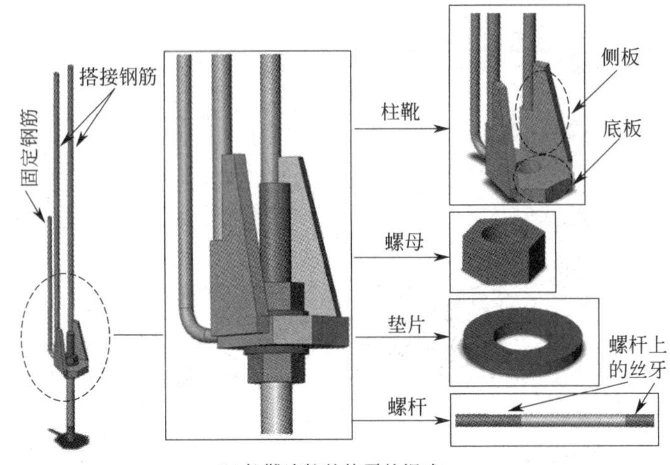

(b) 柱靴连接件的零件组成

图 2-34　用于柱-柱连接的柱靴连接件方案（二）

采用延性连杆的装配式节点，这种连接所用的延性连杆屈服强度较低，但延性很高，非常适合于节点区强柱弱梁耗能机制的实现。同时，由于这种连接方式不需要牛腿，螺栓也不会外凸，能够保证结构的美观，因此适用于低多层住宅结构。

该连接中的螺孔预制在延性连杆上，而预制梁上的螺栓通过和预埋在柱体节点区的延性连杆相连从而完成梁上纵筋的传力。这种节点连接的梁柱交界面处需要通过灌浆来找平，因此这种连接对于安装精度的要求较小。此外，在连接完成后，灌浆料会把梁端钢构件一侧的空间填平从而起到对钢构件的遮盖保护作用。在地震作用下，预制柱内预埋的延性连杆会发生塑性变形，从而避免其他构件损坏。

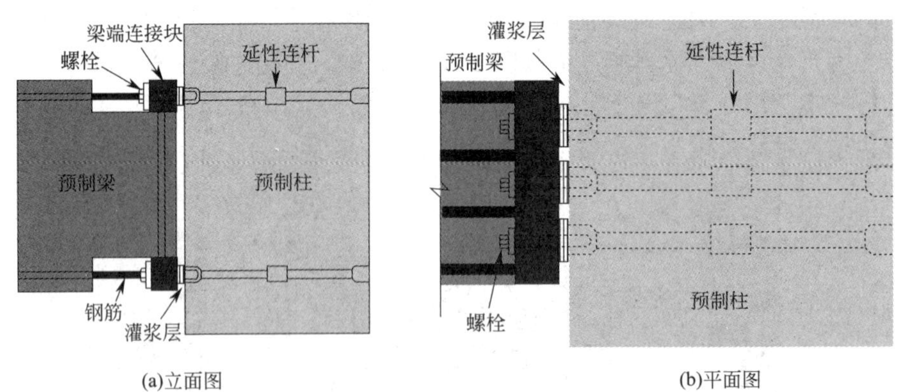

(a)立面图　　(b)平面图

图 2-35　采用延性连杆的装配式节点

四、性能对比与分析

通过试验与模拟分析证明采用灌浆套筒连接的柱体的抗震性能和现浇柱体接近，优于采用螺栓和柱靴连接的柱体。

图 2-36 展示了现浇柱、灌浆套筒连接预制柱和柱靴连接预制柱的数值模拟对比结果（建模软件：Seismostruct），根据滞回曲线比较 3 种柱体的耗能能力，也能得出类似的结果，即现浇柱略优于灌浆套筒连接预制柱，这二者的抗震性能又优于柱靴连接预制柱。

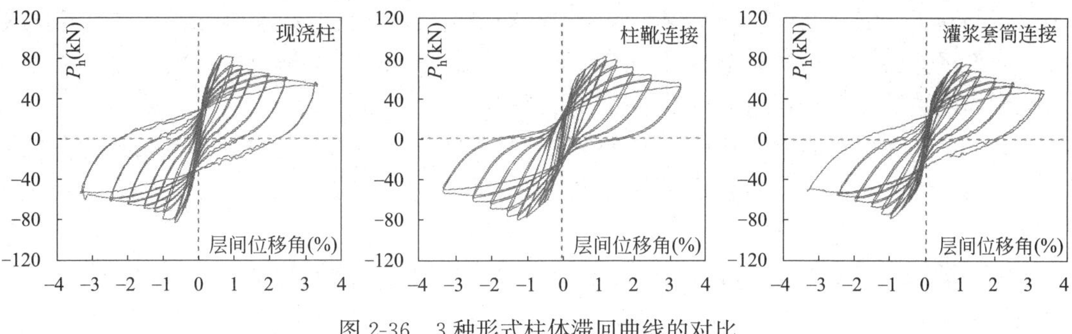

图 2-36　3 种形式柱体滞回曲线的对比

2.2.2　低多层住宅装配式框架结构的构件拆分与半高连接技术

一、传统装配式框架结构的连接方案

过去的研究中，虽然装配式混凝土框架结构有多种技术体系，但是其中最常见的仍然是图 2-37(a) 所示的后浇整体式。郭正兴等人在专著《装配整体式混凝土结构研究与应用》中也提到“我国普遍采用梁柱节点区现浇的装配式混凝土框架结构”。同样地，我国的装配式结构规范中成体系列举的装配式框架只有后浇整体式框架体系。其原因主要有 3 点：(1) 考虑到梁-梁连接和柱-柱连接在节点处交汇，在节点后浇可以为梁筋和主筋的搭接施工留出操作面，一次性地解决装配式结构的连接问题；(2) 后浇整体式框架目前是我国最常见，也最成熟的装配式框架技术体系；(3) 规范中有“等同现浇”这一原则，而后浇整体式框架在力学性质上最接近于现浇结构。

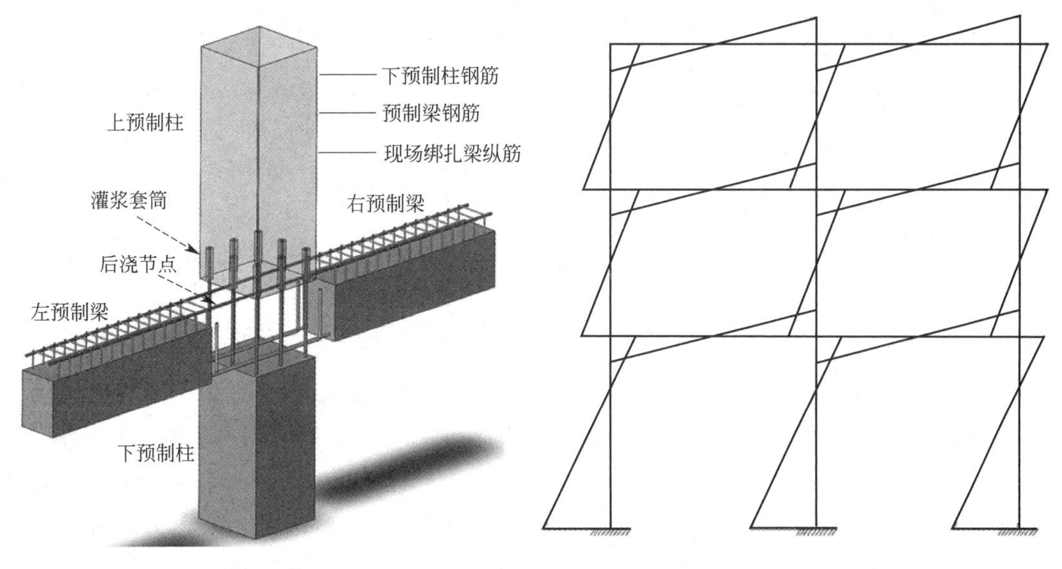

(a)后浇整体式装配式框架节点　　(b)框架在侧向荷载时所受弯矩图

图 2-37　后浇整体式装配式框架节点与框架弯矩图

相比现浇框架，后浇整体式框架从力学原理上来说更难实现“强柱弱梁”机制。图 2-37(a) 中柱-柱连接采用弹性模量低于对应钢筋的灌浆套筒，且位于柱体承受弯矩最大的柱底截面处［图 2-37(b)］。因此，在后浇整体装配式框架中，柱体的抗震性能被削弱

了，这不利于“强柱弱梁”的实现。同样地，如果连接件用的是抗震性能更弱的螺栓连接件，当连接件作用于柱底和梁端时，其对于结构抗震性能的负面影响会更大。

二、半高连接装配式框架结构技术的提出

为了避免性能较弱的零部件作用于受力较大的部位，研究人员提出了半高连接装配式框架结构［图 2-38(b)］。与传统装配式框架连接相比［图 2-38(a)］，这种连接体系主要有三个特点：

（1）将装配柱连接这个薄弱点从弯矩最大处移动到柱中弯矩较小处，提高了装配式框架的抗震性能；

（2）梁-梁连接移动到柱体外侧，变成梁-柱连接，这样柱体在节点处不必留空，预制率和装配柱的整体性都有所提高；

（3）柱-柱连接每 2～3 层连接一次，减少连接次数以及相关的工作量，提高了装配柱的整体性。

这样的连接方案就是“半高连接装配式框架”，从理论上来说半高连接方案更符合“强柱弱梁”的力学原则，但这样的连接体系需要有相应的连接技术来支撑。

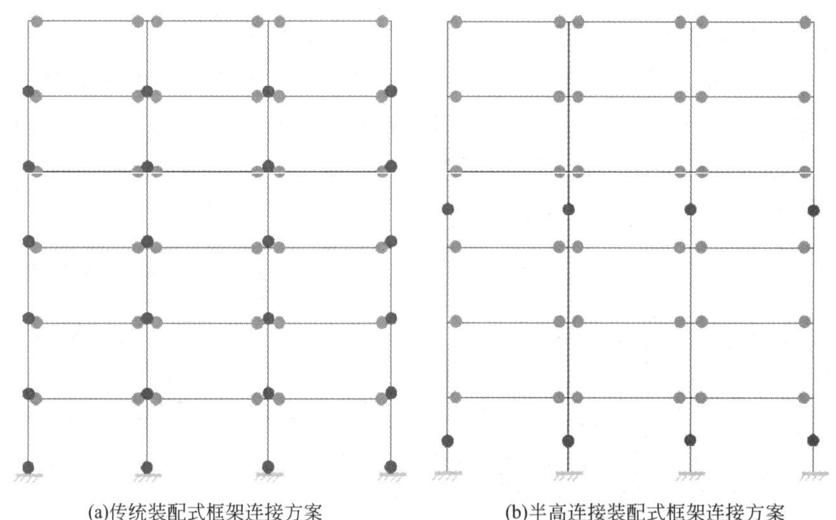

(a)传统装配式框架连接方案　　(b)半高连接装配式框架连接方案

图 2-38　传统装配式框架和半高连接装配式框架连接/拆分方案对比

在这种连接体系中，装配柱在预制时柱身不应包含一定长度的梁端。因为尺寸的关系，在大货车中仅能放下一根这样的预制柱（图 2-39），这样的预制柱运输成本较高，难以在市场中推广。以一根横截面尺寸 500mm×500mm 的柱子为例，如果梁端突出柱边缘的长度为 300mm，再加上梁端外凸的 200mm 长的钢筋，那么构件放平以后的宽度为 1500mm（500mm＋2×300mm＋2×200mm＝1500mm），因此一辆大货车（宽度 2300mm）只能运输一个这样的零件，这无疑会降低运输的效率。

2.2.3　采用半高连接的框架结构的地震易损性分析

一、框架模型计算的有效性验证

为了量化考察半高连接和传统连接方案装配式框架结构的抗震性能，需要通过数值模

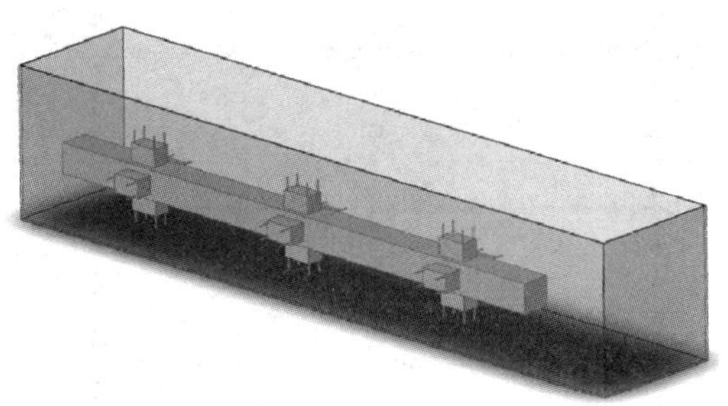

(a)四周带梁端的预制柱在货车车厢中的状态

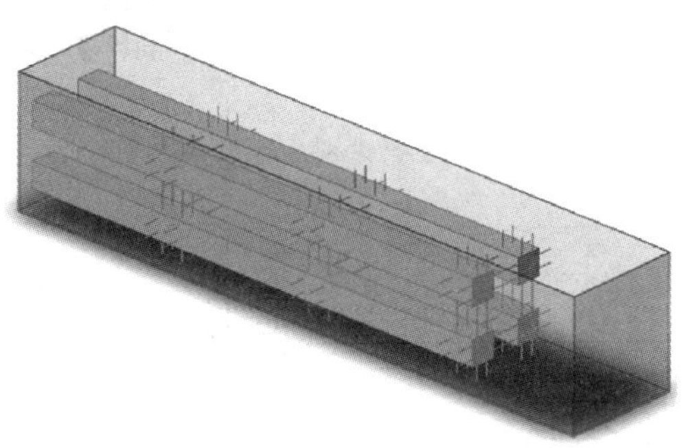

(b)四周不带梁端的预制柱在货车车厢中的状态

图 2-39　不同形式预制柱的运输空间

拟分析对这两种框架结构以及传统的现浇框架进行易损性分析和性能对比。

在进行易损性分析前，需要通过模拟既有的试验来验证模拟方法的有效性。本书选取了清华大学在 2011 年进行的 3 层框架低周往复试验的相关数据来验证研究中建模方法的有效性，建模软件选用 Seismostruct，模型的尺寸和配筋如图 2-40 所示，对应的模型单元划分如图 2-41 所示。

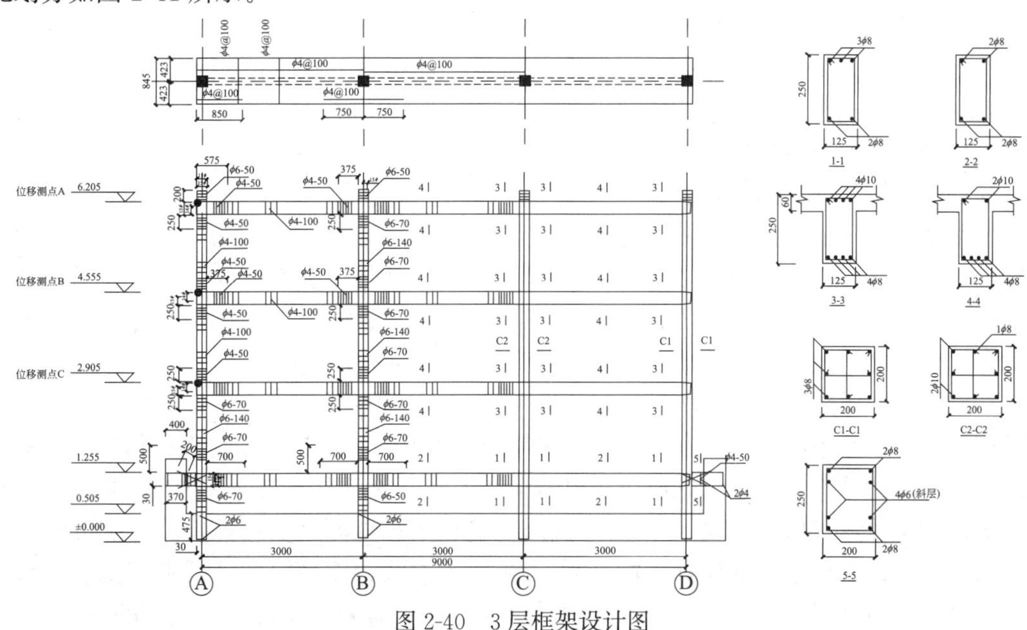

图 2-40　3 层框架设计图

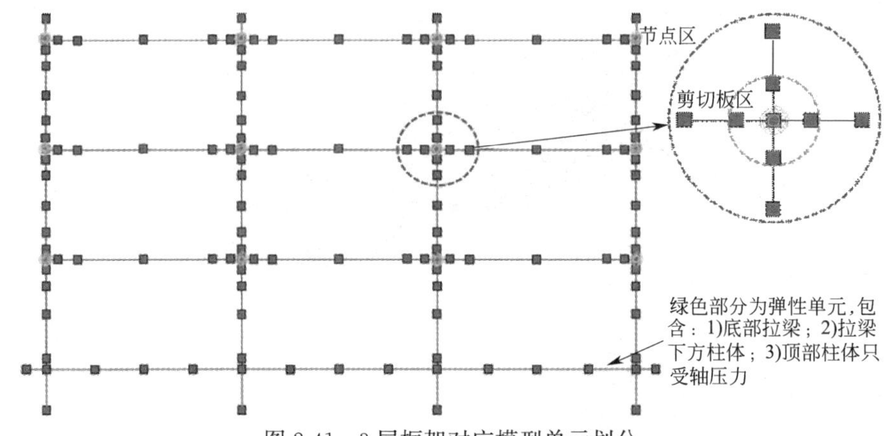

图 2-41　3 层框架对应模型单元划分

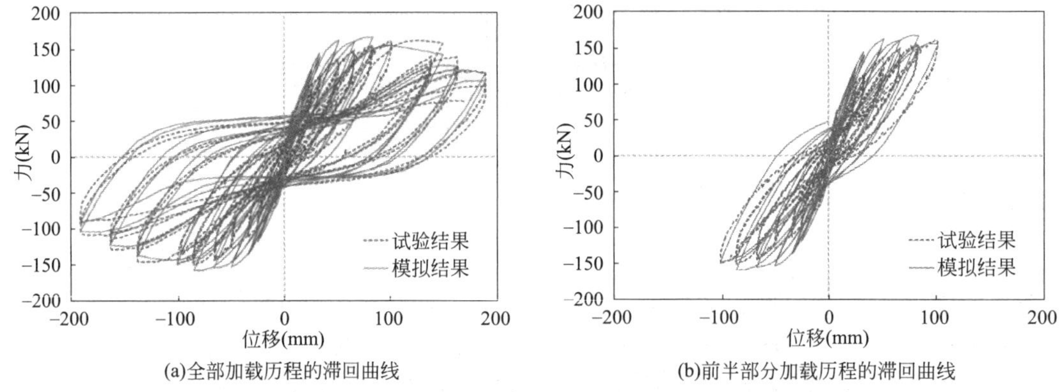

图 2-42　3 层框架结构低周往复试验结果与模拟结果对比

建模完成后对模型进行计算，得到的模拟结果与试验结果对比如图 2-42 所示。可以看出数值模拟得到的滞回曲线与试验得到的滞回曲线符合得较好，并且可以看到，在这个 3 层框架结构的模拟中，结构达到了极大的塑性，其中第一层的层间位移角超过了 5%（层高 1650mm，第一层侧向位移最大 96mm），因此可以进行下一步的半高连接装配式框架抗震性能模拟弹塑性分析的工作。

二、易损性分析与增量动态分析

易损性分析中，要得到易损性曲线首先需要对结构进行大量的计算，随后对这些原始计算结果/震害数据进行对数处理，最后得到相应对数的累计分布曲线，也就是易损性曲线。简单来说，易损性分析需要获得结构抗震响应的“大数据”，当选用动力弹塑性分析来积累“大数据”时，则需要采用基于动力弹塑性分析的 IDA 方法。

相较于静力弹塑性分析，增量动态分析（IDA）模拟的是结构在地震作用下的动力响应过程，它可以克服静力分析中存在的诸多问题。因此，在结构建模合理的情况下，通过输入足够数量的地震波能够全方位地获得结构在地震下的动力响应。这样，易损性分析在大量 IDA 曲线的基础上就可以对结构的抗震性能作出最全面真实的评价。这种方法的缺点是研究人员需要通过大量计算才能获得一条 IDA 曲线，而易损性分析则需要至少十几条 IDA 曲线，因此在这一过程中需要耗费大量的时间，计算机也需要有足够的性能。

将增量动态分析得到的数据代入式(2-16）中进行计算，可以得到相应的易损性分布函数。式(2-16) 中 $F_R(IM)$ 是基于地震动强度 IM 的结构易损性，IM 可以根据 PGA、PGV、S_a（T1，5%）等地震动强度指标来对地震波进行逐级放大，m_R 和 β_R 表示地震易损性函数的中位值和对数标准差，式(2-16) 右侧的符号 Φ 表示标准正态累积分布。更多的易损性分析方法的研究，可以参考既有文献。

$$F_R(IM)=\Phi\left[\frac{\ln(IM/m_R)}{\beta_R}\right] \tag{2-16}$$

此外，在进行易损性分析时，本书选择层间位移角作为结构损伤指标，而《建筑抗震设计规范》GB 50011—2010（2016 年版）中层间位移角的限值（2%）则是本书判定结构受到极大地震损害的标准。

三、模型算例设计与地震动输入

本书通过盈建科软件设计了一个横向三跨竖向两跨的 6 层框架结构，设计地震分组为第一组，设防烈度 7 度 0.1g，Ⅱ类场地，特征周期 0.35s，楼板厚度 120mm，楼板恒荷载为 2kN/mm^2，周期折减系数为 1，具体的设计图见图 2-43。

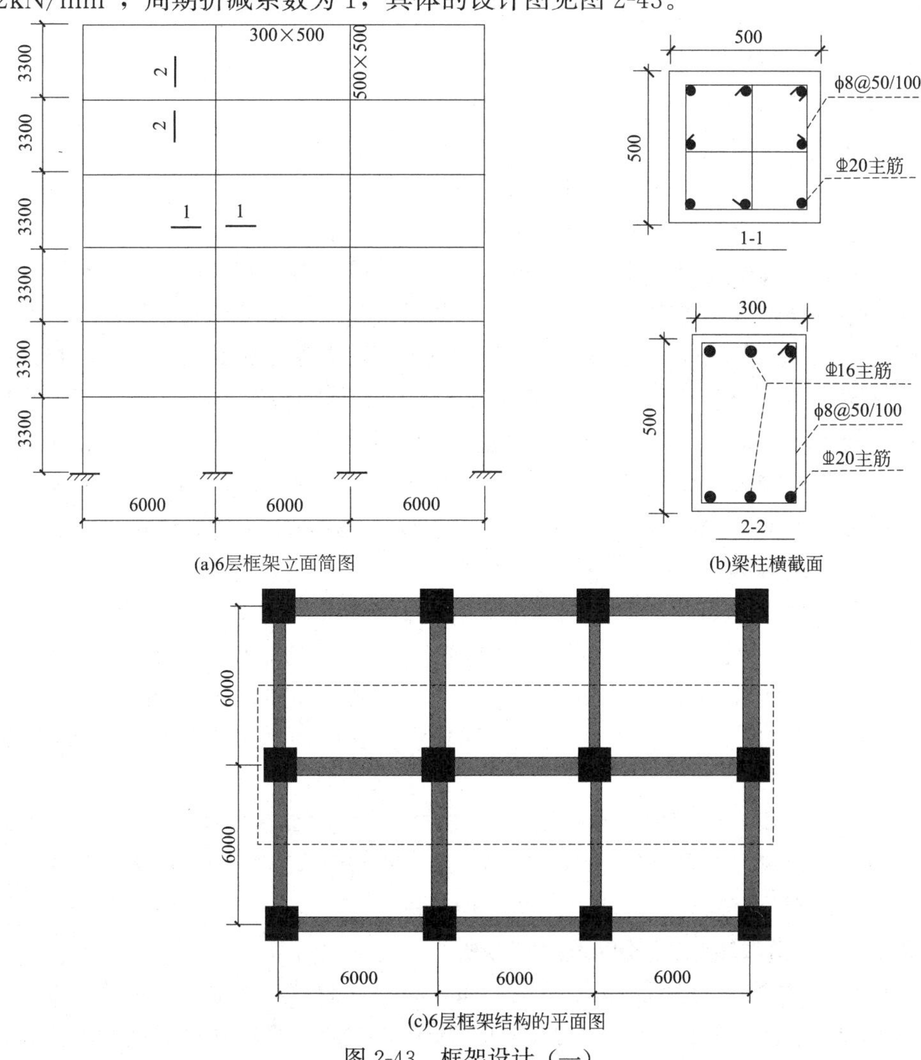

(a)6层框架立面简图

(b)梁柱横截面

(c)6层框架结构的平面图

图 2-43　框架设计（一）

模型	结构形式	柱-柱接	梁-柱连接
F1	现浇	无	无
F2	柱底连接装配式	半灌浆套筒	全灌浆套筒
F3	柱底连接装配式	柱靴加螺栓	螺栓加延性连杆
F4	半高连接装配式	半灌浆套筒	全灌浆套筒
F5	半高连接装配式	柱靴加螺栓	螺栓加延性连杆

(d) 5 个用于易损性分析的模型

图 2-43 框架设计（二）

在现浇框架基础上，本书又设计了 4 个用于易损性分析的装配式框架模型，其配筋和现浇模型相同，只是连接部位换成对应的装配式连接。共计 5 个模型用于初步的易损性分析。

随后本书采用双频段选波法从数据库中选取了 20 条地震波用于增量动态分析和易损性分析的计算，在选取后还对这 20 条地震波进行了统一处理，保证地震波的持时、间隔、单位相同，且用这些地震波计算后，结果不会出现基线漂移的情况。

四、计算结果与对比

通过对 5 个模型的计算，可以得到易损性曲线如图 2-44 所示。

其中图 2-44(a) 展示了易损性曲线的全局，而图 2-44(b) 则展示了 $IM<0.4g$ 时的易损性曲线细部。之所以要展示易损性曲线的局部，原因在于对于设防烈度为 7 度 $0.1g$ 的结构模型来说，其所遭受的地震在设防上考虑的范围最多就到“极罕遇地震”为止，也就是说易损性曲线最重要的部分在图 2-44(a) 的左下角一小部分位置，即图 2-44(b)。

从图 2-44 中可以看出：(1) 采用柱底连接的装配式结构模型 F2 和 F3，其易损性概率明显大于现浇结构模型 F1 和采用半高连接的装配式结构模型 F4 与 F5；(2) 采用干式螺栓连接的模型 F3 和 F5，其易损性概率略高于采用灌浆套筒连接的模型 F2 和 F4；(3) 当结构采用半高连接时，无论是采用灌浆套筒进行柱体连接的模型 F4，还是采用柱靴进行柱体连接的模型 F5，相比对应的模型 F2 和 F3，其易损性概率都得到了明显减小，但是仍然高于现浇结构模型 F1。

根据《建筑结构抗倒塌设计标准》CECS 392—2021 第 5.4.2 条的规定，通过易损性分析计算得到的丙类建筑在罕遇地震和极罕遇地震下的结构倒塌概率分别不能超过 5%和 10%。对比图 2-44 和规范条文可知，采用柱底连接的装配式框架结构模型 F2、F3 在极罕遇地震条件下，不满足上述规范的规定，其中使用螺栓连接的模型 F3 的抗震性能最差。

从图 2-44(b) 中可以看出，在采用了半高连接后，模型 F4 和 F5 的易损性概率虽然符合上述规范的要求，但是其易损性概率仍然高于现浇结构。因此，如果要考虑“等同现浇”这一设计原则，就需要进一步对结构进行改进。

五、低多层住宅装配式框架结构的改进与分析

如果单纯地只是为了提高结构的抗震性能，在设计时简单地提高柱端弯矩放大系数即可，最终到构件层面有两种手段，一是增加配筋率，二是提高柱体截面尺寸。但是对于本书探讨的多层结构来说，除了保证结构的抗震性能，还需要控制结构的建造成本，这样才

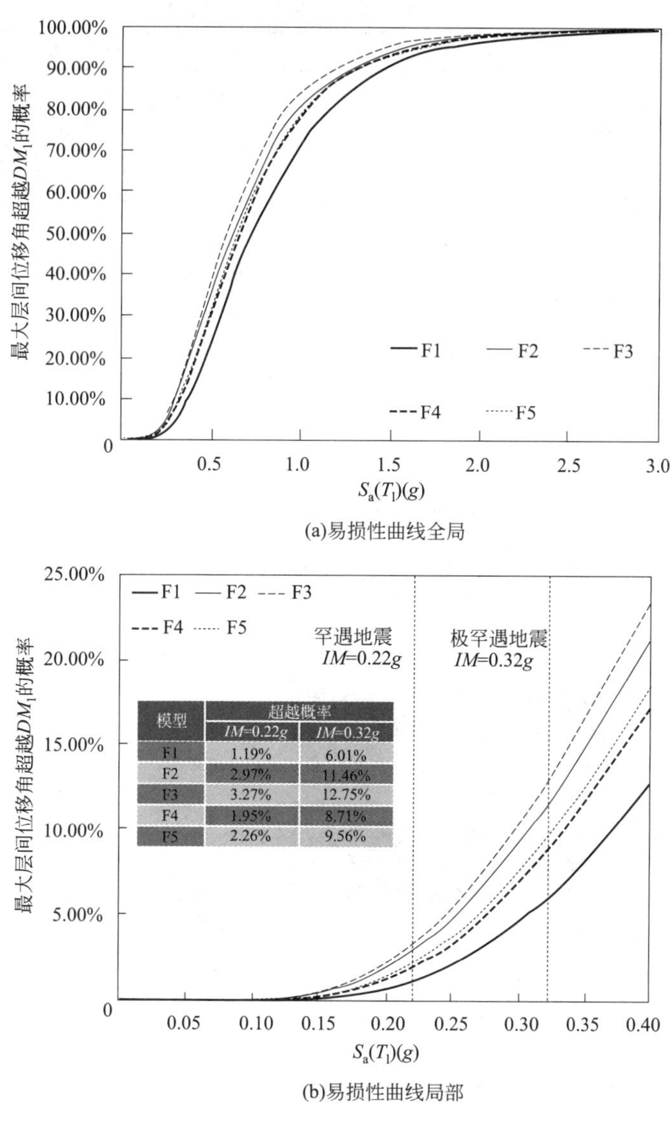

(a)易损性曲线全局

模型	超越概率	
	IM=0.22g	IM=0.32g
F1	1.19%	6.01%
F2	2.97%	11.46%
F3	3.27%	12.75%
F4	1.95%	8.71%
F5	2.26%	9.56%

(b)易损性曲线局部

图 2-44　5 个模型 F1～F5 的地震易损性曲线

有实际意义。

如果采用增大柱截面的方案，会较明显地提高柱体混凝土的使用量，还必然会减少结构的使用空间。如果本书中 500mm×500mm 的柱体横截面增大到 550mm×550mm，那么其截面面积和柱身混凝土用量就要增大 21%，且每根柱子就要多占 0.0525m^2 的空间，在房屋售价高昂的今天，这显然是不划算的，因此本书中模型的改进方案不会考虑增大柱体横截面的方案。

本书提出了 4 种改进装配式框架结构的技术手段：(1) 提高柱体混凝土强度，这样能提高柱身强度也能降低柱体的轴压比；(2) 提高柱体的纵筋配筋率；(3) 提高柱体纵筋强度；(4) 提高柱体塑性铰区的配箍率。4 种改进方案的具体措施、对应模型和成本测算见表 2-4。

一榀框架改进方案的新增花费测算 表 2-4

	模型	改进措施	模型一榀框架新增花费
方案一	F4-1	将柱体混凝土强度从 30MPa 提高到 40MPa	混凝土含税价格提高了 35 元/m^3，模型柱体混凝土约有 19.455m^3，费用增加 681 元
方案二	F4-2	将柱体四角的 4 根纵筋直径从 20mm 提高到 22mm，柱体截面纵筋面积增加 10.5%	HRB 400 钢筋含税报价 5200 元/t，柱体钢筋多用 0.164t，费用增加 853 元
方案三	F4-3	将柱体 8 根纵筋强度等级提高到 HRB500	HRB 500 钢筋含税报价比 HRB 400 多 220 元/t，一榀框架内柱体纵筋 1.559t，费用增加 343 元
方案四	F4-4	将柱体塑性铰箍筋加密区的箍筋直径由 8mm 提高到 10mm	箍筋用量增加 0.128t，费用增加 666 元

注：混凝土 C30 单价为 505 元/m^3，C40 为 540 元/m^3，由此可知混凝土强度提高 10MPa，其单价要提高 35 元/m^3。

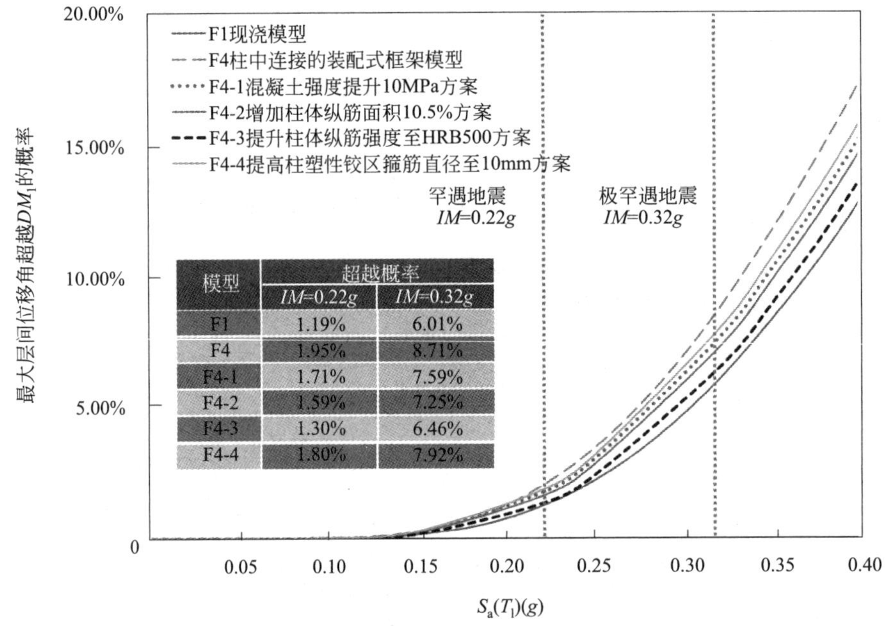

图 2-45 4 个改进模型和 2 个基准模型易损性曲线的比较

4 个模型 F4-1、F4-2、F4-3、F4-4 分别进行计算后，得到了图 2-45 的易损性曲线。可以看出，4 种改进方案 F4-1、F4-2、F4-3、F4-4 对于半高连接装配式框架 F4 的抗震性能都有所改善，但是其对应的易损性曲线都仍然处于模型 F1 的易损性曲线的左侧，也就是说，模型 F4 采用这 4 种改进方案之后的抗震性能不及现浇结构，当然也无法满足《建筑结构抗倒塌设计标准》CECS 392—2021 的要求。同时，提升柱体主筋至 HRB500 的方案 F4-3 效果最好，模型 F4-3 在罕遇地震和极罕遇地震下的易损性概率也非常接近现浇结构，此外，该方案额外增加的费用也是最低的。

2.2.4 小结

通过对半高连接装配式框架结构进行计算和分析后，可以得到如下结论：

（1）过去常见的采用柱底连接的装配式框架结构，无论是采用灌浆套筒还是柱靴来连接柱体，都会明显地降低结构的抗震性能，在罕遇和极罕遇地震条件下，现浇结构的易损性概率明显低于柱底连接装配式结构；

(2) 将柱体连接点移动到柱中部，并且每 2～3 层连接一次的方案能有效地改善装配式框架结构的抗震性能，但是即便如此，装配式框架的抗震性能仍然弱于对应的现浇框架；

(3) 为了改善框架结构的性能，本章提出了 4 种方案，分别是增加柱体主筋面积，提高柱体主筋强度，提高柱体混凝土强度，增加柱体箍筋加密区箍筋直径，在进行成本测算后可以发现，在现有的条件下，提高柱体主筋的强度是经济性最高的；

(4) 除了提高柱体主筋强度的方案，增加柱体主筋面积的方案也能明显提高结构抗震性能，而剩余两个方案的本质是提高混凝土强度或者混凝土的延性，这两种方案带来的性能改善有限，不推荐在实际应用中采用；

(5) 由于《混凝土结构设计规范》GB 50010—2010（2015 年版）中规定的钢筋等级最高只有 HRB 500，而原始模型中结构的主筋为 HRB 400，因此结构主筋强度只能提高一级，如果装配式框架结构在使用了 HRB 500 钢筋后抗震性能仍然不满足要求，本书推荐的方案是提高柱体钢筋的配筋率。

2.3　公共建筑结构技术体系

装配式混凝土结构公共建筑按结构体系分类，常用的有以下几种：装配整体式框架结构、干式连接框架结构、预应力装配式排架结构、装配整体式框架-现浇剪力墙结构、装配整体式框架-现浇核心筒结构。涵盖的预制混凝土构件为预制梁、预制柱、预制板、预制楼梯、预制阳台板及其他。节点构造分为干式连接、湿式连接、混合连接及其他。

依据国家现行规范的要求，装配整体式结构可采用与现浇混凝土结构相同的方法进行结构分析。然而现浇混凝土结构与装配式混凝土结构在构件制作、施工安装等方面又有很大的区别，这就意味着装配式混凝土结构设计必须要考虑策划、制作、施工等方面的因素，才能实现全局的利益最大化。

2.3.1　装配式混凝土铰接框架-屈曲约束支撑结构体系

一、概述

高烈度地区的框架结构梁柱构件配筋较多从而造成节点区钢筋密集、施工复杂、效率低下。被着重研究的几大类公共建筑，特别是外廊式教学楼，由于规范规定不能采用单榀框架而往往需要设计成大小跨框架。为了满足结构刚度指标，而又不占用过多建筑使用面积，本书编写组研发了装配式混凝土框架-屈曲约束支撑结构体系（节点如图 2-46 所示，BRB 为 Buckling restrained brace 的缩写，指屈曲约束支撑。），屈曲约束支撑能够提供抗侧刚度、增加结构耗能、减少结构主体在地震中的损坏且支撑布置较灵活、震后容易修复或更换，同时这种结构体系还能显著减少非屈曲约束支撑所在框架的配筋，改善节点区域钢筋密集的情况，从而提高施工质量与效率。

但引出的问题是屈曲约束支撑所在框架配筋明显增加，且屈曲约束支撑与装配式混凝土框架连接节点位于预制梁与预制柱交接处，安装施工时支撑预埋件的锚筋易与预制柱内的套筒碰撞，影响灌浆口设置，节点施工质量难以保证。因此我们提出了改进方案，即装配式混凝土铰接框架-屈曲约束支撑结构体系。将与屈曲约束支撑相连的框架梁设置为铰

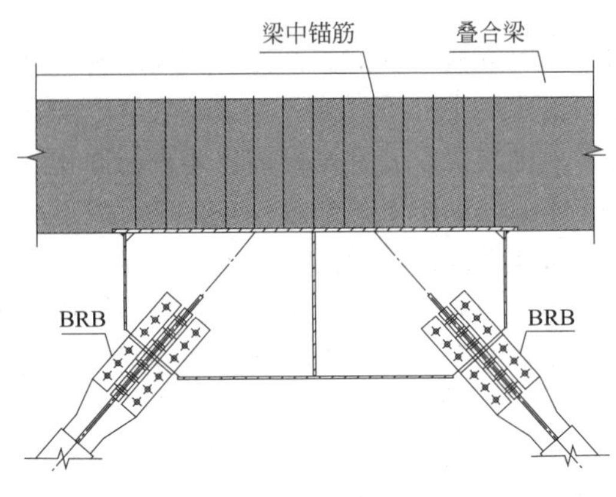

(a) 屈曲约束支撑与预制梁连接节点

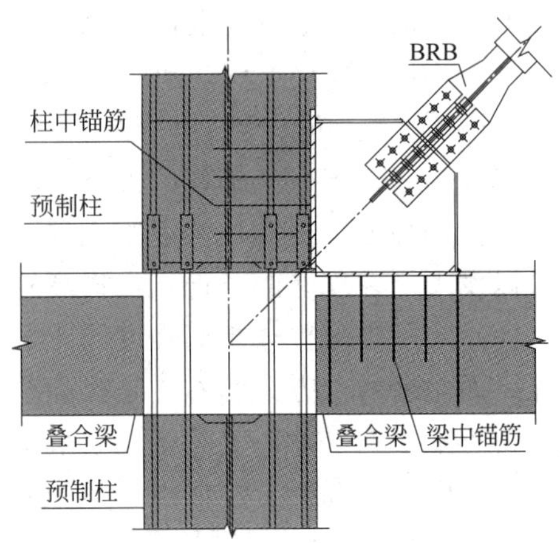

(b) 屈曲约束支撑与框架节点区连接节点

图 2-46　装配式混凝土框架-屈曲约束支撑结构连接节点

接，采用销轴连接从而避免梁内纵筋伸入节点区域；同时增高节点现浇区域，将预制柱内的灌浆套筒或钢筋连接套筒提升至支撑预埋件以上，这样大大减少了节点区域的钢筋，方便预制柱、预制梁施工的同时也能保证支撑预埋件的准确定位（图 2-47）。

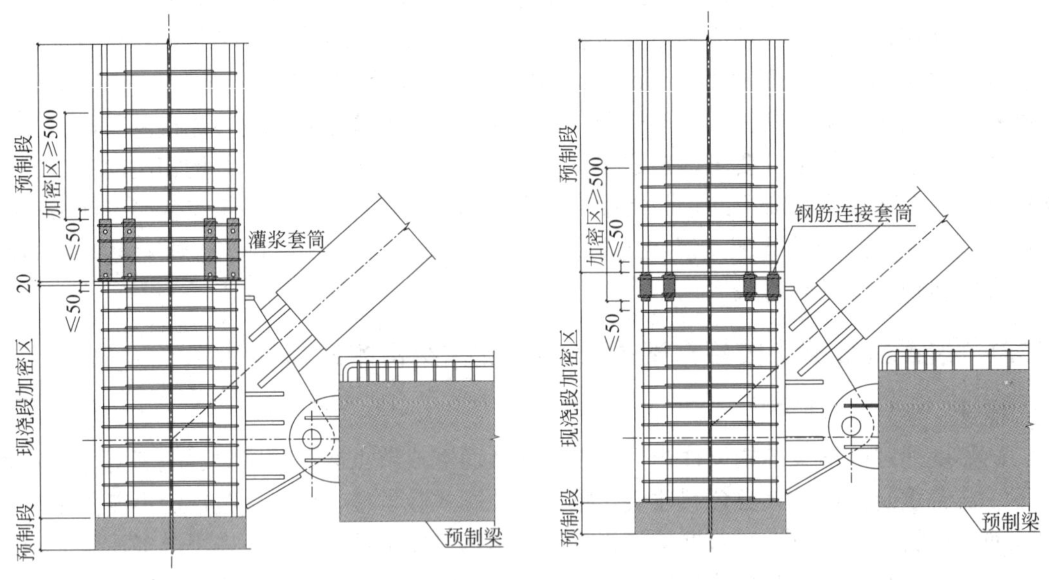

(a) 预制柱采用灌浆套筒连接

(b) 预制柱采用现浇段钢筋连接套筒连接

图 2-47　装配式混凝土铰接框架-屈曲约束支撑结构连接节点

二、试验及分析

1. 试件设计

该试验设计了 3 榀缩尺比例为 1/2 的双层单跨混凝土框架试件，层高 2.4m，跨度 4.8m，包括 2 榀配置屈曲约束支撑的装配式混凝土框架试件 PF1 和 PF2，以及 1 榀配置屈曲约束支撑的现浇混凝土框架试件 RF，其中试件 PF1 的 1 层梁柱采用销轴连接，试件 PF2 和试件 RF 的 1 层梁柱采用刚接连接，对照参数为结构类型以及 1 层梁柱连接形式。

试件的主要参数见表 2-5。

试件的主要尺寸参数　　　　表 2-5

试件编号	所在层数	柱截面(mm)	梁截面(mm)	BRB 布置形式	BRB 倾角	1 层梁柱连接形式	结构类型
PF1	1	350×350	250×400	人字形布置	45°	销轴连接	装配式试件
	2	350×350	250×250/150	人字形布置	45°		
PF2	1	350×350	250×250/150	人字形布置	45°	刚接	装配式试件
	2	350×350	250×250/150	人字形布置	45°		
RF	1	350×350	250×400	人字形布置	45°	刚接	现浇试件
	2	350×350	250×400	人字形布置	45°		

2. 试验破坏现象

各试件的试验的破坏现象如图 2-48 所示。

(a) PF1试件　　(b) PF2试件　　(c) RF试件

图 2-48　试件破坏阶段的整体试验现象

由图 2-48 可知，3 榀试件表现出的破坏模式有所差异。装配式铰接试件 PF1 的破坏集中在 1 层梁跨中预埋件左侧，而且 1 层梁身以预埋件左侧边缘为界，整体发生弯折；装配式刚接试件 PF2 的破坏集中在 2 层梁跨中预埋件左侧，整体发生较大程度的断裂，1 层梁端预埋件边缘混凝土也有较大程度的剥落；现浇刚接试件 RF 的破坏集中在 1 层梁端预埋件边缘，混凝土发生大块剥落，1 层两侧的 BRB 和节点板间焊缝拉脱。

各试件的荷载-位移骨架曲线如图 2-49 所示，现浇刚接试件 RF 的承载力要高于装配式刚接试件 PF2，主要是因为装配式试件的叠合面和结合面出现了开裂和滑移；装配式铰接试件 PF1 的承载力要低于装配式刚接试件 PF2，主要是因为销轴连接相比于刚接的结构刚度较低。

2.3.2　大跨度楼盖体系

一、概述

装配整体式混凝土结构的楼盖常采用预制叠合楼板，而在大跨度公共建筑中采用叠合

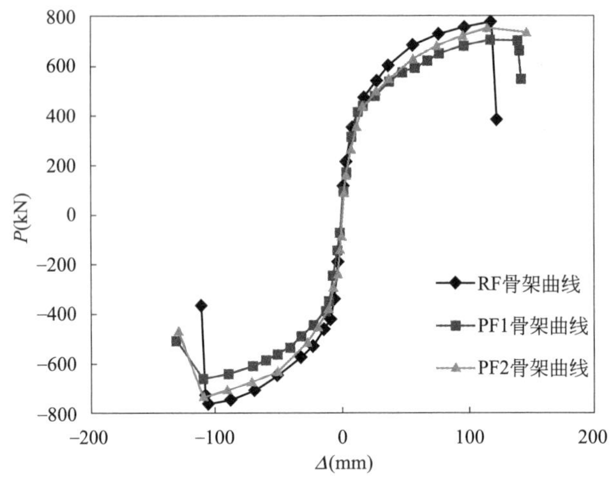

图 2-49　试件荷载-位移骨架曲线

楼板在施工过程中有以下 3 个不利之处：（1）采用传统的满堂脚手架，造成支撑太多；（2）叠合楼板下部出筋会带来制造和施工上的不便；（3）过多的次梁与主梁连接，施工复杂。

为了进一步简化施工难度，本书编写组将现浇空心楼盖与预制叠合楼板相结合，研究了一种大跨度空心带肋叠合板，展开了大跨度空心带肋叠合板受弯承载力试验研究，总结了相应的设计方法。

二、大跨度空心带肋叠合板

1. 大跨度空心带肋叠合板概述

大跨度空心带肋叠合板是一种新型楼盖体系，其主要技术特点是：将空腔内填充体、预制底板以及纵向密肋合成一体，在工厂规模化生产，形成带单向密肋和填充体的底板，预制底板安装就位后浇筑横向密肋和顶板，形成整体性良好的密肋空腔楼板。大跨度空心带肋叠合板的一个柱网由几块预制底板＋现浇带构成，由于不做次梁，大大减少了主次梁节点连接构造，现场节约了底模；预制底板和肋一起在工厂预制，形成了较好的刚度，可减少支撑数量、吊装次数，运输便捷，节约了成本；预制底板采用不出筋构造，现场安装更加方便（图 2-50）。

图 2-50　大跨度空心带肋叠合板示意图

本书编写组提出一种密拼大跨度空心带肋叠合板连接构造，节点是通过现浇部分的钢筋与预制底板弯起钢筋进行搭接（图 2-51）。该节点通过试验验证，可有效进行传力。

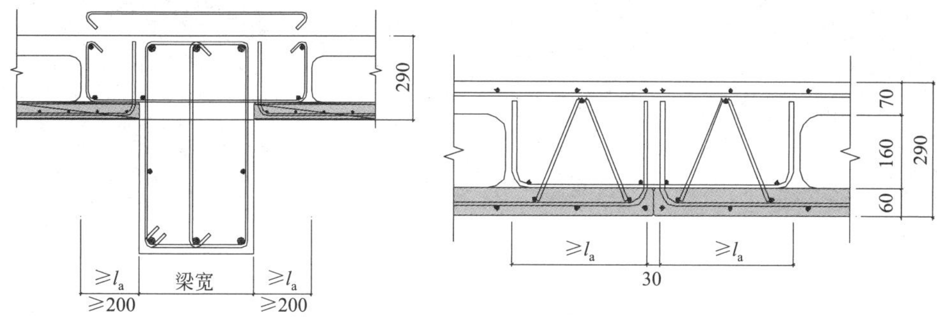

图 2-51　密拼大跨度空心带肋叠合板节点连接构造

l_a—钢筋锚固长度。

2. 大跨度空心带肋叠合板受弯承载力试验

共设计了 1 个现浇试件 CS1 以及 4 个叠合试件 PS1、PS2、PS3、PS4，其中 2 块采取密拼的形式。根据浇筑方式的不同，又可分为直接浇筑和分段浇筑。底板混凝土和上部混凝土的强度等级均为 C30，底板钢筋、上部网片钢筋及钢筋桁架的上弦、下弦钢筋采用 HRB400 钢筋，钢筋桁架腹板钢筋采用 HPB300 钢筋。试件详细信息见表 2-6，试件破坏模式如图 2-52 所示。

试件详情表　　**表 2-6**

项目编号	制作方式	拼接钢筋	伸入桁架	横向钢筋	尺寸(mm)
CS1	全现浇	×	×	×	3800×1400×280
PS1	预制底板+后浇	√	√	√	3800×1400×280
PS2	预制底板+后浇	√	×	√	3800×1400×280
PS3	预制底板+后浇	√	×	×	3800×1400×280
PS4	预制底板+后浇	×	×	×	4000×1400×280

破坏后底部裂缝图

板底右侧图

板底左侧图

(a) 现浇板CS1

图 2-52　试件破坏模式图（一）

跨中裂缝图

破坏后整体图

弯剪区裂缝图

(b) 空心带肋叠合板PS1

跨中裂缝图

破坏后整体图

纯弯区裂缝图

(c) 空心带肋叠合板PS2

跨中裂缝图

破坏后整体图

底部裂缝图

(d) 空心带肋叠合板PS3

跨中裂缝图

破坏后整体图

破坏后侧面分层图

(e) 空心带肋叠合板PS4

图 2-52 试件破坏模式图（二）

结果表明钢筋伸入桁架对空心叠合板抗弯性能影响不大；钢筋搭接处两侧的横向钢筋对空心叠合板抗弯性能有较大影响；底板纵筋对空心叠合板抗弯性能有显著影响，板底纵筋配筋面积越大，空心叠合板抗弯性能越好，试件 PS4 较试件 PS1 抗剪性能更好。试件荷载-位移曲线如图 2-53 所示。

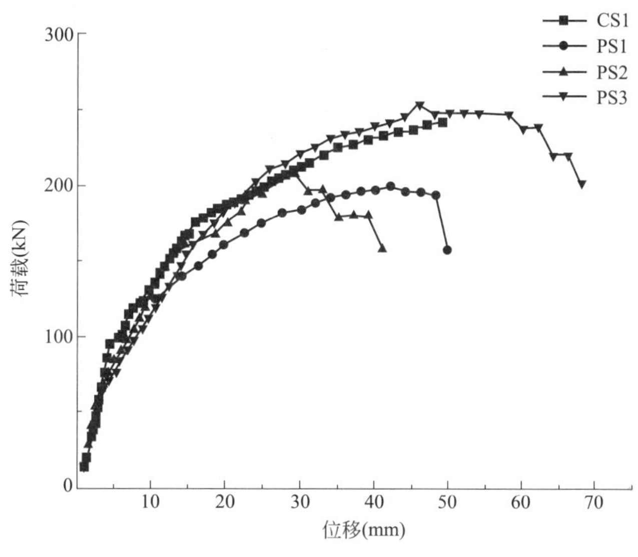

图 2-53　试件荷载-位移曲线图

图 2-53 为试件荷载-位移曲线，结果表明现浇空心板承载力高于空心叠合板，增幅为 17.77%。因而我们可以得出以下结论，在密拼板试件边缘增加桁架钢筋时，与现浇板试件相比，其承载力和变形都大致相当，在保证搭接钢筋有效传力时，大跨度空心带肋叠合板采用不出筋构造是可行的。

3. 大跨度空心带肋叠合板设计方法

共设计了 1 个现浇试件 CS1 以及 4 个叠合试件 PS。

（1）内力分析

对于周边刚性支撑的现浇混凝土空心楼板，其计算分析根据《现浇混凝土空心楼盖技术规程》JGJ/T 268—2012 采用拟板法或者拟梁法。当采用拟梁法计算时，梁刚度需考虑板的正交各向异性。对于密拼大跨度空心带肋叠合板，除同现浇空心板一样，因填充体布置方式导致板两个方向存在刚度差外，由于底板进行密拼连接，会削弱垂直拼缝方向的刚度，进一步加大空心板两个方向的刚度差。本书编写组采用有限元软件 ABAQUS，选用 C3D10M 单元对比分析了大跨度空心带肋叠合板（带拼缝）和现浇空心板（板底 Mises 应力如图 2-54 所示）。

从应力分布情况来看：梁与柱子相交处应力较大，设计时对该位置采用实心加强；底板应力分布整体相似，拼缝位置存在明显的应力集中现象，设计时在拼缝位置附加搭接钢筋。由于存在拼缝，可能影响楼板导荷，故对边梁的剪力分布进行了统计，其中横坐标为各支座反力对应点相对边梁的位置，由图 2-55 可知，二者边梁剪力分布十分接近，故可以认为密拼空心叠合板和现浇空心楼板的导荷方式相同。

（2）横向肋梁平面外受剪承载力验算

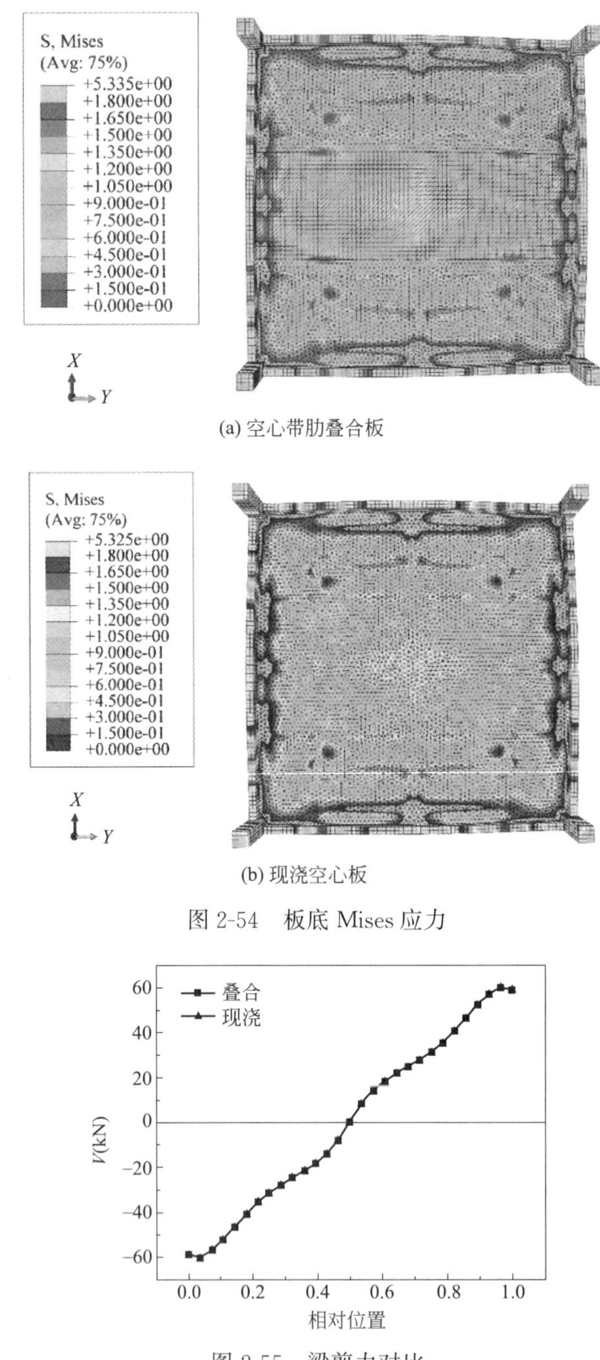

(a) 空心带肋叠合板

(b) 现浇空心板

图 2-54　板底 Mises 应力

图 2-55　梁剪力对比

密拼空心叠合板正截面受弯承载力验算按照《混凝土结构设计规范》GB 50010—2010（2015 年版）进行，斜截面受剪承载力验算同《现浇混凝土空心楼盖技术规程》JGJ/T 268—2012。密拼空心叠合板由于竖向肋梁少，在竖向肋梁有效翼缘范围外的翼缘板形成了“二”字形截面，受力特性如同空腹桁架，因此横向肋梁存在平面外剪切破坏的可能（图 2-56），依照《现浇混凝土空心楼盖技术规程》JGJ/T 268—2012 中圆形填充体

肋梁平面外受剪承载力验算公式，推导出方形填充体肋梁平面外受剪承载力验算公式，见式(2-17)。

$$V \leqslant \frac{(h+D_h)(0.5bt_w f_d + 0.3f_{yv}A_{sv})}{(t_w+D_w)} - 0.5qb(t_w+D_w) \tag{2-17}$$

式中 V——“二”字形横截面竖向剪力设计值，取拟梁法求得的梁端剪力设计值；

b——拟梁法计算时梁宽；

h、t_w——肋梁截面高度、宽度；

D_h——填充体高度；

D_w——填充体宽度；

f_d——肋梁结合面处名义抗剪强度设计值，取0.4MPa，偏保守，计算截面可取肋梁腹板中部；

f_{yv}——横向钢筋抗拉强度设计值；

A_{sv}——穿过结合面的钢筋横截面面积；

q——楼面活荷载设计值。

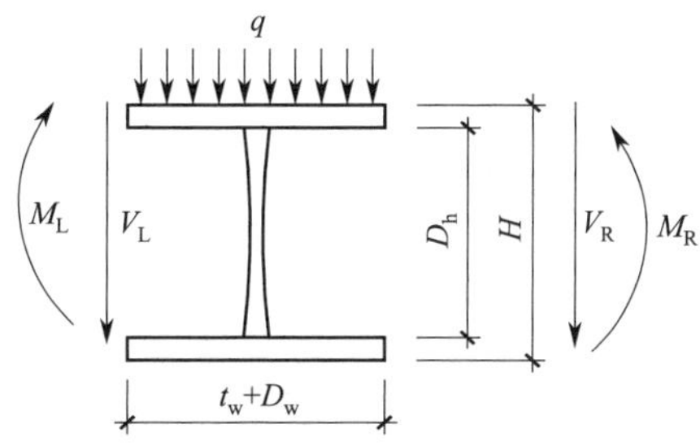

图2-56 横向肋梁力学分析示意图

V_R—梁右端剪力设计值；V_L—梁左端剪力设计值；M_R—梁右端弯矩设计值；M_L—梁左端弯矩设计值；H—截面高度

(3) 结合面纵向受剪承载力验算

为实现现浇部分和预制部分整体受力，结合面需满足一定的纵向受剪承载力，以避免二者产生水平相对滑移。空心叠合板结合面面积小（图2-57），需考虑结合面骨料之间的受剪承载力和桁架钢筋腹筋受剪承载力。

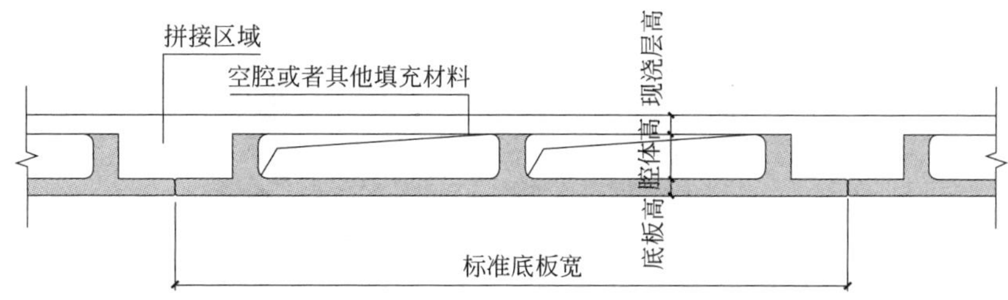

图2-57 空心叠合板剖面图

结合面纵向受剪承载力验算，参考《混凝土结构设计规范》GB 50010—2010（2015年版）第H.0.4条，按照式(2-17)对工字形截面结合面进行纵向受剪承载力验算：

$$V \leqslant 1.2f_t bh_0 + 0.85f_{yv}\frac{A_{sv}}{S}h_0 \tag{2-18}$$

式中 S——桁架钢筋上、下弦钢筋的焊点中心间距；

h_0——截面有效高度；

f_t——混凝土轴心抗拉强度设计值。

A_{sv} 按照式(2-19) 计算。

$$A_{sv}=4A_{sv1}\sin\alpha\sin\beta \tag{2-19}$$

式中 A_{sv1}——单根腹筋的截面面积；

α——桁架钢筋腹筋纵向夹角；

β——桁架钢筋腹筋横向夹角。

式(2-18) 右侧受剪承载力由结合面骨料和桁架钢筋腹筋提供的受剪承载力两部分组成。计算示意图如图 2-58 所示。

(a) 截面参数　(b) 桁架钢筋参数

图 2-58　空心带肋叠合板计算示意图

b_f—翼缘计算宽度。

(4) 节点设计

密拼空心叠合板构造要求详见《现浇混凝土空心楼盖技术规程》JGJ/T 268—2012，不同之处在于拼接节点和板端节点（图 2-59、图 2-60）。拼缝处应设置垂直于拼缝的附加钢筋，按照受拉搭接设计。附加钢筋直径不小于 8mm，且不大于 14mm，附加钢筋采用 90°弯钩。垂直于附加钢筋的方向应设置横向分布钢筋，在搭接范围内不宜少于 3 根，间距不宜大于 250mm。附加钢筋的配置应满足：B-B 截面处（拼缝处）的受弯承载力不宜小于 A-A 截面处（非拼缝处）的受弯承载力，B-B 截面承载力计算时截面高度取现浇层截面高度。

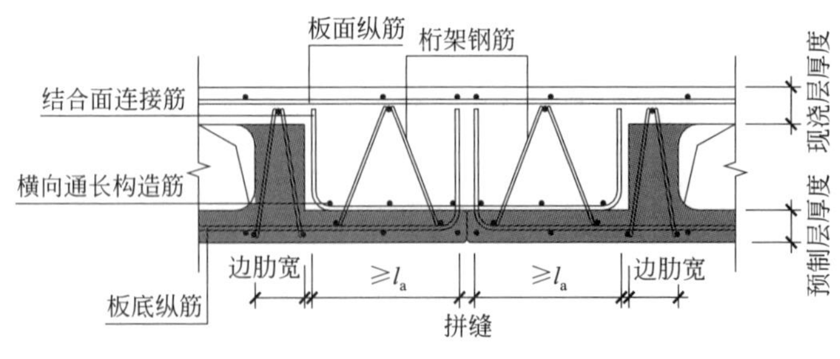

图 2-59　拼接节点

板端支座利用空心叠合板的截面高度，预留弯折钢筋和附加 U 形钢筋搭接，搭接区域混凝土浇实，满足板端承载力要求。上述拼缝和板端节点不仅可以实现双向传力，有效协调竖向构件间变形，满足刚性楼板假定，而且侧面不预留胡子筋，给构件制作、安装提供了便利。

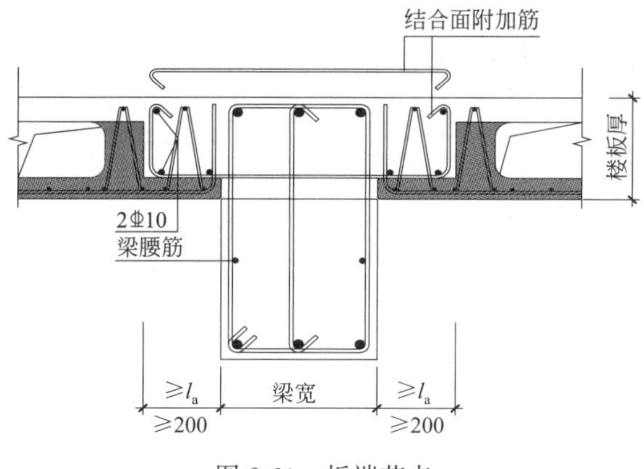

图 2-60　板端节点

（5）施工阶段验算

需要考虑脱模起吊、运输堆放和浇筑叠合层混凝土等阶段。本工程经验算，除了两端支撑在预制梁上外，仅需要在中间加一道支撑即可满足施工阶段承载力要求。由此可见，密拼大跨度空心带肋叠合板相比普通钢筋桁架叠合板具有底板刚度大，可实现免支模、免支撑或少支撑，提高安装效率等优点。

2.3.3　节点优化

一、概述

本书编写组针对装配整体式混凝土结构的特点，从便于施工的角度出发，研发、优化了一系列装配整体式框架节点配筋形式，并通过了试验验证，如装配式混凝土结构框架顶层端节点抗震性能试验研究，装配式混凝土结构框架中间层中节点抗震性能试验研究，大直径高强钢筋半灌浆套筒连接预制柱试验，螺栓连接预制混凝土柱抗震性能试验，钢筋套筒灌浆接缝抗剪性能试验等。

二、试验及分析

1. 研发、优化装配式混凝土结构框架节点配筋形式——顶层端节点

（1）所遇问题及拟解决方案

对框架顶层端节点，《装配式混凝土结构技术规程》JGJ 1—2014 中采用图 2-61 中的两种做法。

上述规范推荐的两种节点构造均有其缺点：

图 2-61(a) 中预制柱及叠合梁框架顶层端节点构造顶部短柱头一般不受力，没有弯矩传入节点，无法保证节点区作为 90°折梁有效传递负弯矩，且节点上翻最小 500mm，往往影响建筑功能，在实际工程中应用很少；

图 2-61(b) 中预制柱钢筋弯折难以施工，且叠合板从上至下吊装时易与梁柱外侧钢筋碰撞导致施工困难，且当梁、柱负弯矩受拉钢筋数量过多时，会导致柱顶钢筋拥挤，不利于从上向下浇筑混凝土，目前，《装配式混凝土建筑技术标准》GB/T 51231—2016 中已删除该类节点做法。

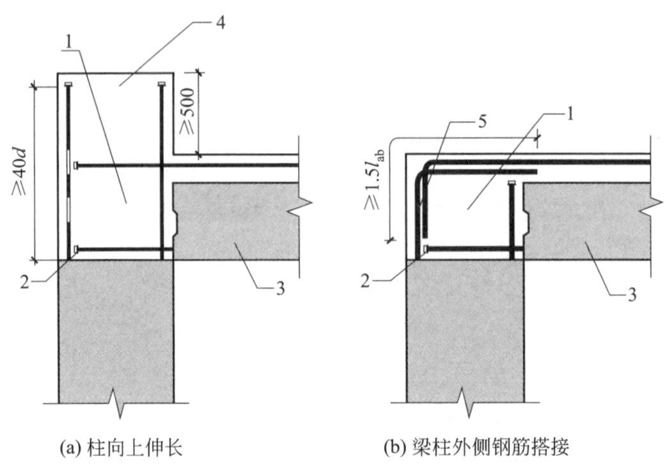

图 2-61　规范中预制柱及叠合梁框架顶层端节点构造示意

1—后浇区；2—梁下部纵向受力钢筋锚固；3—预制梁；4—柱延伸段；5—梁柱外侧钢筋搭接；d—钢筋直径；l_{ab}—钢筋基本锚固长度

为避免《装配式混凝土结构技术规程》JGJ 1—2014 中装配式顶层端节点两种做法的局限性，本书采用一种改进后的节点构造如图 2-62 所示，梁上部钢筋与梁宽范围内柱纵向钢筋在节点区搭接，搭接长度不小于 1.5l_{ab}。

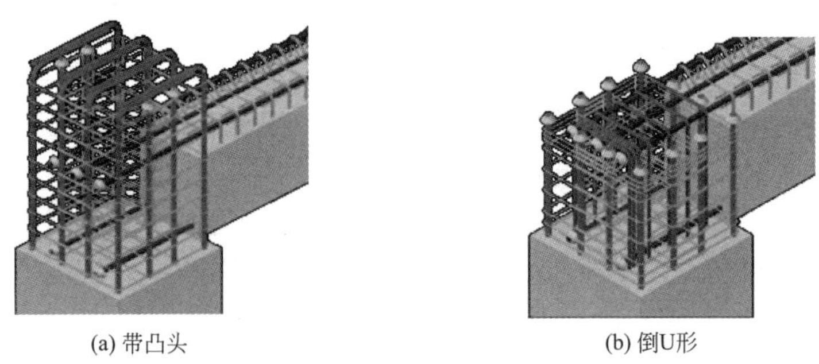

图 2-62　改进后预制柱及叠合梁框架顶层端节点构造示意

（2）装配式混凝土结构框架顶层端节点抗震性能试验

试验设计 5 个足尺的框架顶层端节点试件，包括 4 个装配式节点试件和 1 个现浇节点试件。为了便于比较，5 个试件的梁、柱配筋均相同，截面尺寸一致。柱身截面为 600mm×600mm，柱底到梁底距离为 1500mm，剪跨比为 3.27；梁截面为 350mm×600mm，梁端支座处到柱边距离为 2100mm，剪跨比为 3.78。采用低周反复加载试验。试件的破坏图如图 2-63、图 2-64 所示。

（3）结论

试验结果表明，配置倒 U 形插筋试件能有效提高节点区的受弯承载力，加强节点区的整体性，并能有效控制节点外角处外推裂缝；带凸头节点试件加强了对节点区顶部混凝土的局部约束，但箍筋和纵筋的强度均没有得到充分利用，同时更容易造成梁顶混凝土保护层受压起拱引起的破坏，因而建议选用倒 U 形插筋的节点区构造。

(a) 试件PK-1

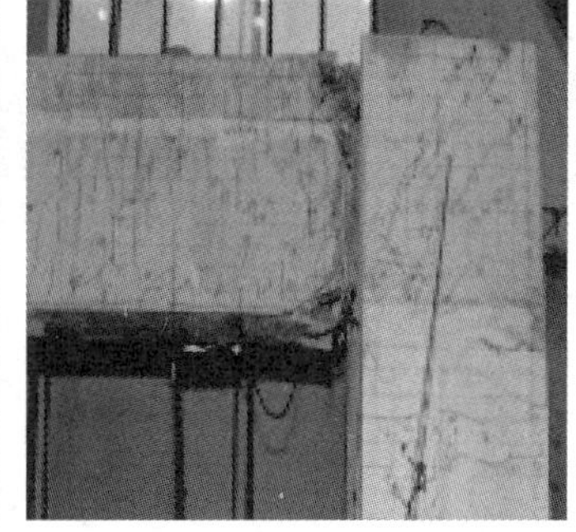

(b) 试件PK-2

(c) 试件PK-3

(d) 试件PK-4

(e) 试件RK-1

图 2-63　试件破坏形态

(a) 梁端顶部混凝土保护层破坏严重(试件PK-1)

(b) 梁端底部混凝土保护层破坏严重(试件PK-1)

(c) 梁底纵筋弯折严重(试件PK-1)

(d) 梁端顶部混凝土保护层压坏拱起(试件PK-3)

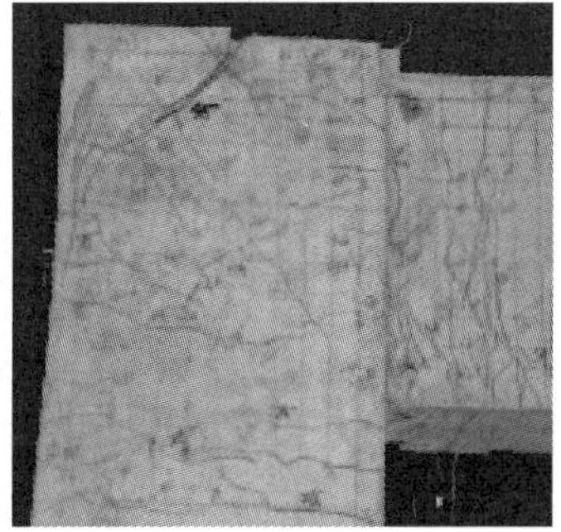

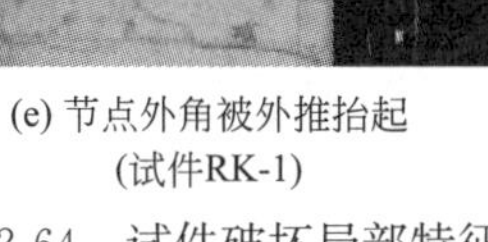

(e) 节点外角被外推抬起(试件RK-1)

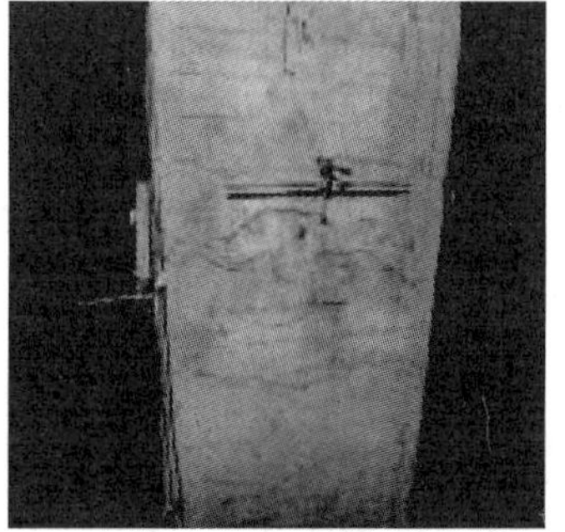

(f) 节点外侧面中部混凝土受压起拱(试件RK-1)

图 2-64　试件破坏局部特征

2. 研发、优化装配式混凝土结构框架节点配筋形式——中间层中节点

(1) 所遇问题及拟解决方案

对框架中间层梁柱节点，《装配式混凝土结构技术规程》JGJ 1—2014 中采用图 2-65 中的两种做法。

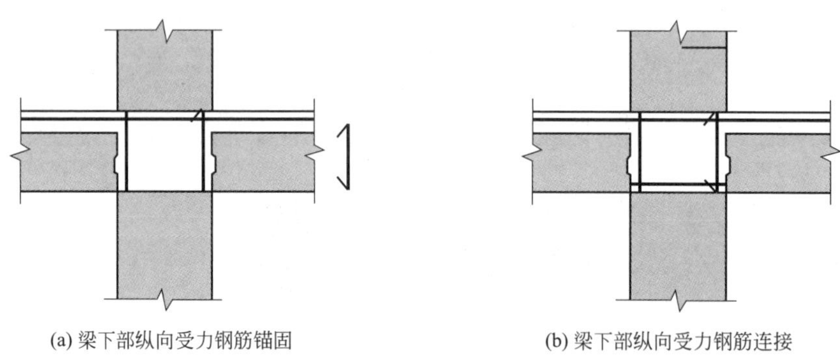

(a) 梁下部纵向受力钢筋锚固　　(b) 梁下部纵向受力钢筋连接

图 2-65　规范中预制柱及叠合梁框架中间层中节点构造示意

改进后的中间层中节点构造如图 2-66 所示。

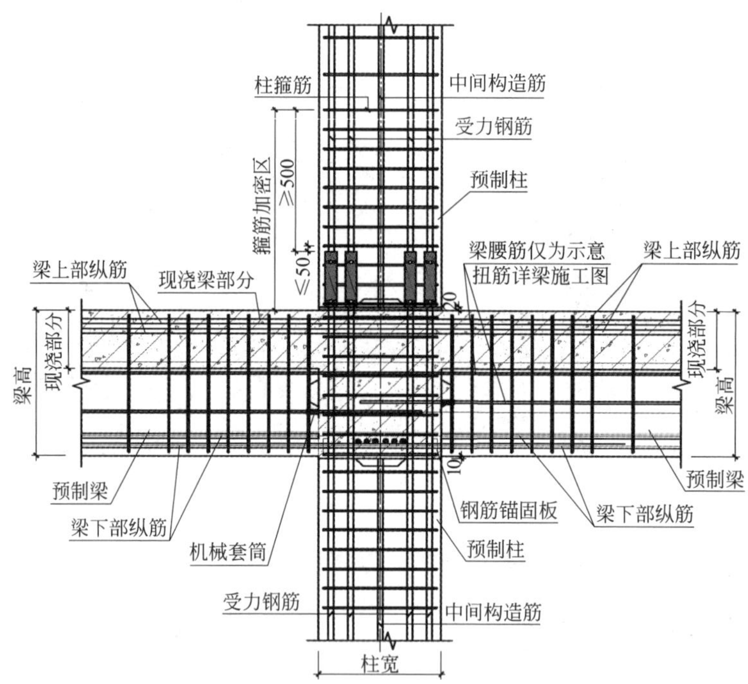

图 2-66　优化预制柱及叠合梁框架中间层中节点构造示意

梁柱节点是保证框架结构实现其抗震设防目标的关键部位。目前，国内工程应用中主要采用的是装配整体式框架结构，其特点为框架柱采用灌浆套筒连接，框架梁采用叠合梁，节点区采用后浇混凝土。《装配式混凝土结构技术规程》JGJ 1—2014 推荐的装配式框架梁柱节点构造，存在节点区域钢筋密集，现场施工困难，影响工程质量的问题。因此我们提出，在框架柱中采用大直径高强钢筋，在梁宽范围内不设置纵向受力钢筋，在框架

梁中采用组合封闭箍以及在节点中采用并箍等构造措施，以改善施工条件、提高施工效率。

（2）装配式混凝土结构框架中间层中节点抗震性能试验

共设计了 4 个装配整体式的中间层中节点，并对其进行低周反复加载试验。试验主要研究试件的受力性能，包括破坏模式、滞回性能、耗能能力、刚度退化规律等，讨论装配整体式中间层中节点特有的构造措施对其抗震性能的影响，为装配整体式框架结构设计提供依据。

节点试件中，预制柱截面尺寸为 600mm×600mm。试验轴压比为 0.2。叠合梁截面尺寸为 350mm×600mm，各节点梁端支座中心至柱边距离取梁高的 2.5 倍，为 1.5m，剪跨比为 2.7。试验节点基本情况见表 2-7，试件破坏情况如图 2-67 所示。

试验节点基本情况　　**表 2-7**

试件编号	试验轴压比	柱截面尺寸(mm)	梁截面尺寸(mm)	上柱长度(mm)	下柱长度(mm)	梁长度(mm)
PCJ-1～4	0.2	600×600	350×600	1400	900	1700

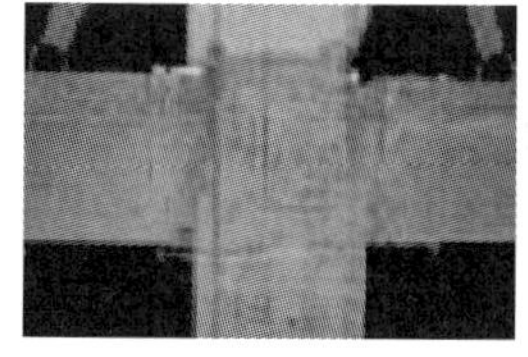
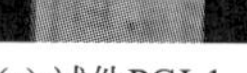
(a) 试件PCJ-1

(b) 试件PCJ-2

(c) 试件PCJ-3

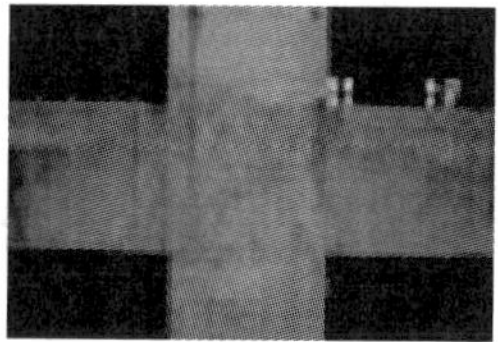
(d) 试件PCJ-4

图 2-67　各试件的破坏形态

（3）结论

试验结果表明，该节点构造具有良好的抗震性能，解决了上述技术难点。为了提高梁端拼缝结合面性能，增加其抗震延性，预制梁端设计为缺口。缺口采用现浇混凝土，不仅解决了梁端结合面抗剪及梁抗扭的问题，且节点区域的支模可以在此对拉固定，简化了节点区域的支模过程，施工方便。

3. 研发、优化装配式混凝土结构框架节点配筋形式——大直径高强钢筋预制混凝土柱试验

（1）所遇问题及拟解决方案

《装配式混凝土结构技术规程》JGJ 1—2014 推荐的装配式框架梁柱节点构造，存在节点区域钢筋密集，现场施工困难，影响工程质量的问题。针对以上技术难点，本书编写组对框架梁柱节点配筋形式进行了优化改进，预制柱采用大直径高强钢筋套筒灌浆连接并且将预制柱的纵筋放在角部（图 2-68）。该节点构造突破了规范要求，《建筑抗震设计规范》GB 50011—2010（2016 年版）中要求框架柱箍筋加密区肢距三级不宜大于 250mm。采用此类预制柱的受力纵筋间距与箍筋肢距将会加大，为了保证节点区域的抗震性能良好，我们进行了采用不同连接形式的大直径高强钢筋装配式混凝土结构框架半灌浆套筒连接、全灌浆套筒连接、螺栓连接预制柱试验，分析各种连接形式的优缺点，为预制结构连接形式的选择打好基础。

（2）大直径高强钢筋全灌浆套筒连接、半灌浆套筒连接、螺栓连接预制柱抗震性能

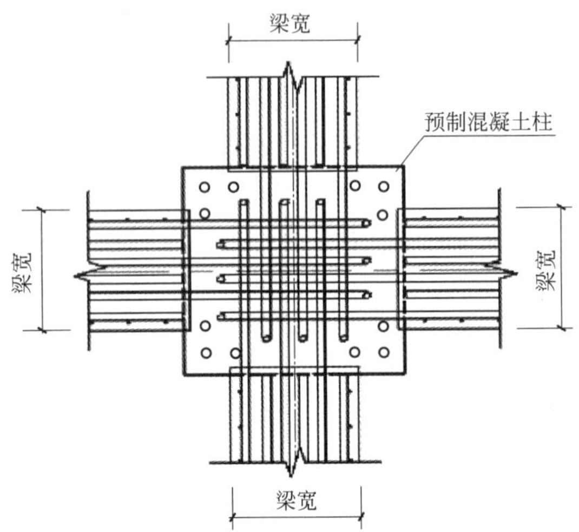

图 2-68 改进后梁柱节点构造示意

试验

试验中设计了12个大直径高强钢筋预制混凝土柱，主要考虑连接形式、轴压比、剪跨比和纵筋直径等参数，试件的截面尺寸均为600mm×600mm，柱高分别为1800mm和2700mm，对应的剪跨比λ分别为3.0和4.5。混凝土强度等级为C40，纵筋和箍筋均为HRB500E高强钢筋，Φ^E32和Φ^E36两种，箍筋为Φ^E10。大直径钢筋锚固长度较大，因此在纵筋端部配置了锚固板，以减少纵筋锚固长度。试件FPC1、FPC2、FPC3、FPC4采用全灌浆套筒连接，试件HPC1、HPC2、HPC3、HPC4采用半灌浆套筒连接，试件BPC1、BPC2、BPC3、BPC4采用佩克公司生产的螺栓连接，灌浆时采用与相应连接相配对的灌浆料。各试件纵筋均布置在柱四角，纵筋间距达到464mm，远大于《混凝土结构设计规范》GB 50010—2010（2015年版）对纵筋间距的要求，于是通过在两根受力纵筋间附加2Φ14架立筋并配置复合箍的方式来控制纵筋间距和箍筋肢距。架立筋与纵筋外表面平齐，箍筋保护层厚度为40mm（试件参数见表2-8）。

试件主要参数 **表 2-8**

试件编号	n	λ	N(kN)	f_{cu}(MPa)	f_c(MPa)	单侧纵筋	连接形式
FPC1	0.20	3.0	2270	41.8	31.6	$2\Phi^E36$	全灌浆套筒
FPC2	0.50	4.5	5590	41.0	31.1	$2\Phi^E36$	全灌浆套筒
FPC3	0.20	3.0	2270	41.8	31.6	$2\Phi^E32$	全灌浆套筒
FPC4	0.50	3.0	5680	41.8	31.6	$2\Phi^E32$	全灌浆套筒
HPC1	0.20	3.0	2270	41.8	31.6	$2\Phi^E36$	半灌浆套筒
HPC2	0.50	3.0	5680	41.8	31.6	$2\Phi^E36$	半灌浆套筒
HPC3	0.20	4.5	2230	41.0	31.1	$2\Phi^E36$	半灌浆套筒
HPC4	0.50	4.5	5590	41.0	31.1	$2\Phi^E36$	半灌浆套筒
BPC1	0.20	3.0	2100	38.5	29.3	$2\Phi^E32$	螺栓连接
BPC2	0.50	3.0	5260	38.5	29.3	$2\Phi^E32$	螺栓连接

续表

试件编号	n	λ	N(kN)	f_{cu}(MPa)	f_c(MPa)	单侧纵筋	连接形式
BPC3	0.20	4.5	2100	38.5	29.3	2Φ^{E}32	螺栓连接
BPC4	0.50	4.5	5260	38.5	29.3	2Φ^{E}32	螺栓连接

试件破坏时的主要试验现象见图 2-69，各试件的破坏荷载介于 339～996kN 之间。全灌浆套筒连接试件（其中试件 FPC2 和 FPC4 由于灌浆缺陷，破坏较早）和大轴压比条件下的半灌浆套筒连接试件，其结合面裂缝贯通，柱根部混凝土剥落严重，形成塑性铰区；小轴压比条件下的半灌浆套筒连接试件结合面打开，塑性铰区主要集中在结合面；螺栓连接试件柱根部杯型灌浆部分大幅剥落，形成塑性铰区，柱靴水平铁板与竖向铁板之间形成剪切裂缝（图 2-69）。

(a) 试件FPC1

(b) 试件FPC2

(c) 试件FPC3

(d) 试件FPC4

(e) 试件HPC1

(f) 试件HPC2

图 2-69　试件破坏时的主要试验现象（一）

(g) 试件HPC3　(h) 试件HPC4　(i) 试件BPC1

(j) 试件BPC2　(k) 试件BPC3　(l) 试件BPC4

图 2-69　试件破坏时的主要试验现象（二）

（3）结论

试验结果表明，无论是在大轴压比条件下还是在小轴压比条件下，螺栓连接试件的耗能能力较半灌浆套筒连接试件更好。轴压比较大的半灌浆套筒连接试件和螺栓连接试件，其耗能能力较好；而剪跨比较大的半灌浆套筒连接试件和螺栓连接试件，其耗能能力较差。为了满足《建筑抗震设计规范》GB 50011—2010（2016 年版）中截面边长大于 400mm 的柱，纵向钢筋间距不宜大于 200mm 的构造要求，在柱边中间附加一根构造钢筋，该钢筋不伸入节点区域。

4. 研发装配式混凝土结构框架结合面抗剪机理——钢筋套筒灌浆接缝抗剪性能试验

（1）所遇问题及拟解决方案

钢筋混凝土结合面是结构荷载传递的关键环节，与结构安全密切相关。汶川地震中，现浇混凝土柱端部施工缝（新旧混凝土结合面）破坏非常明显，且以直剪破坏为主。因

此，预制构件间的连接技术是装配整体式混凝土结构中最为关键的技术，结合面的抗剪性能，对于结构的整体性、连续性、延性以及承载力至关重要。装配式混凝土结构中主要包含两大类结合面：新旧混凝土结合面和钢筋套筒灌浆接缝。已有的研究主要集中在新旧结合面，取得了大量的成果，提出了较完善的抗剪机理和承载力计算方法，而对于灌浆接缝则鲜有研究。另外，我国行业标准《装配式混凝土结构技术规程》JGJ 1—2014 虽然已对灌浆接缝作出规定，但仍是参考新旧混凝土结合面，并没有对其进行充分的研究。因此，有必要对灌浆接缝的抗剪性能进行研究，探究其与新旧结合面在抗剪机理、破坏模式、承载力计算方法以及恢复力模型上的异同。

（2）钢筋套筒灌浆接缝抗剪性能试验

试验共设计了 8 个灌浆接缝试件，4 个新旧结合面试件。试件采用 C40 混凝土，配置 HRB400 钢筋，结合面配置 HRB500 抗剪钢筋。试验参数为结合面抗剪钢筋直径、接缝厚度、结合面类型以及加载方式。考虑到装配式混凝土结构工程中常见的使用钢筋套筒灌浆接缝连接的预制柱和预制剪力墙的配筋形式，采用了Φ16 和Φ25 两种钢筋作为结合面抗剪钢筋；《装配式混凝土结构技术规程》JGJ 1—2014 规定灌浆接缝厚度宜为 20mm，为研究灌浆接缝厚度对结合面抗剪性能的影响，本试验采用了 20mm 和 40mm 两种灌浆接缝厚度。试件设计参数及试件主要参数如表 2-9 和表 2-10 所示。

试验设计参数水平表　　**表 2-9**

设计参数	参数水平
结合面抗剪钢筋直径	16mm，25mm
接缝厚度	20mm，40mm
结合面类型	新旧结合面、灌浆接缝
加载方式	单调加载、低周反复

试件主要参数　　**表 2-10**

试件编号	试件名称	结合面类型	加载方式	上部试件宽度 b_t(mm)	灌浆接缝厚度 t(mm)	配筋
1	GS-1C	接缝	低周反复	200	20	3Φ16
2	GS-2C	接缝	低周反复	200	40	3Φ16
3	GS-3C	接缝	低周反复	250	20	2Φ25
4	GS-4C	接缝	低周反复	250	40	2Φ25
5	GS-5C	接缝	低周反复	200	20	1Φ16
6	GS-6C	接缝	低周反复	250	20	1Φ25
7	GS-1M	接缝	单调加载	200	20	1Φ16
8	GS-2M	接缝	单调加载	250	20	1Φ25
9	DT-1C	新旧	低周反复	200	—	3Φ16
10	DT-2C	新旧	低周反复	250		2Φ25
11	DT-1M	新旧	静载	200		3Φ16
12	DT-2M	新旧	静载	250		2Φ25

所有试件均发生剪切破坏，灌浆接缝试件破坏时，试件接缝处均出现了不同程度的灌

浆料剥落，斜裂缝处的灌浆料被完全剪碎脱落失去传力作用；新旧结合面试件破坏时，结合面两侧有少量混凝土剥落，上部试件轻微抬起。新旧结合面试件及灌浆接缝试件破坏时的主要试验现象如图 2-70 和图 2-71 所示。

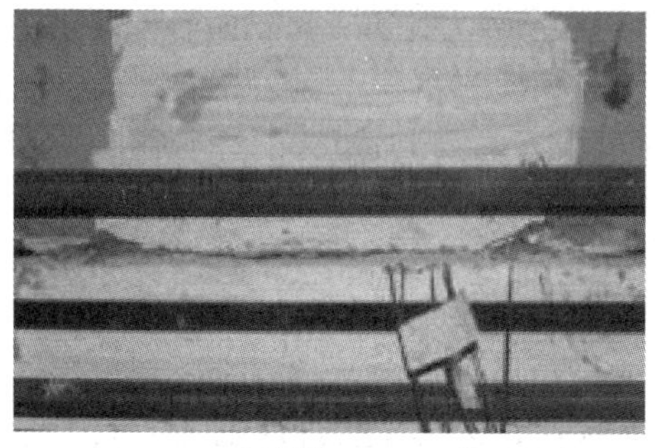
(a) 试件DT-1C

(b) 试件DT-2C

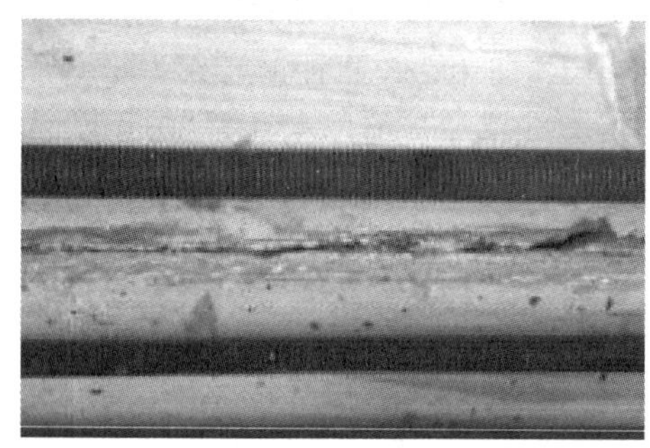
(c) 试件DT-1M

(d) 试件DT-2M

图 2-70　新旧结合面试件破坏时主要试验现象

(a) 试件GS-1C

(b) 试件GS-2C

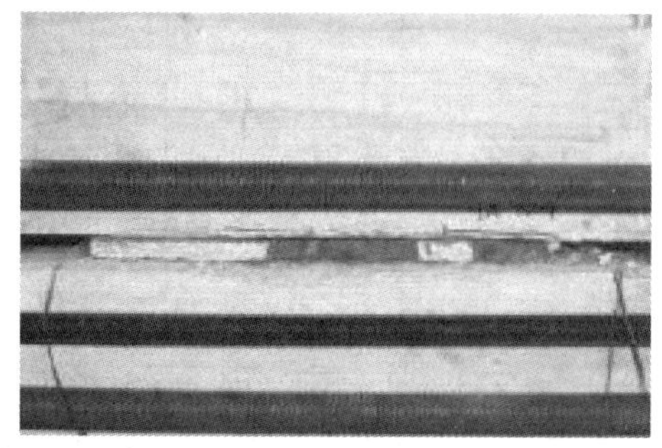
(c) 试件GS-3C

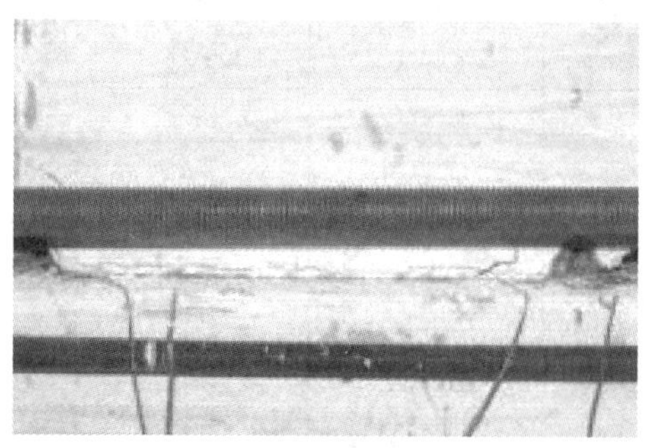
(d) 试件GS-4C

图 2-71　灌浆接缝试件破坏时主要试验现象（一）

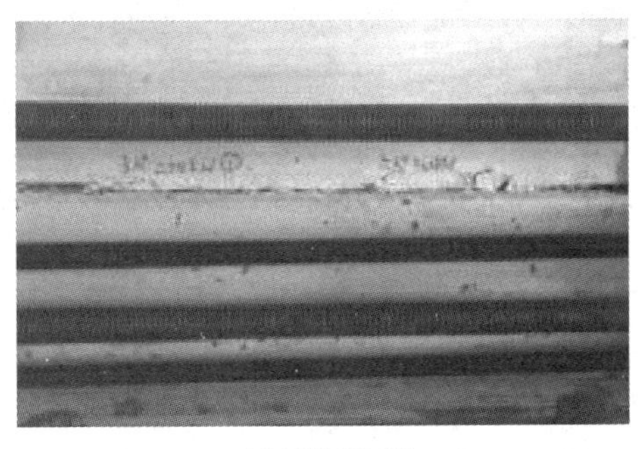

(e) 试件GS-5C

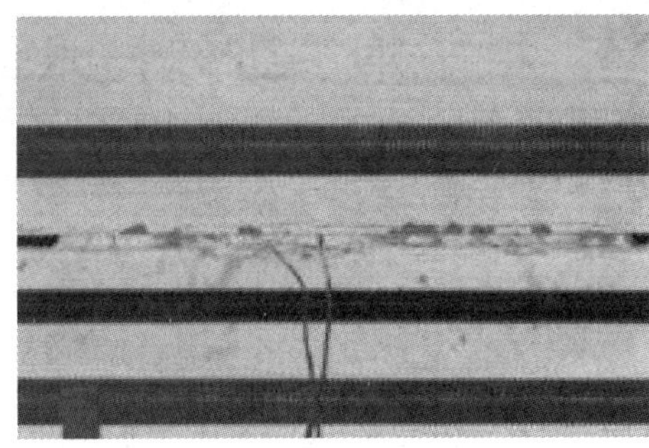

(f) 试件GS-6C

(g) 试件GS-1M

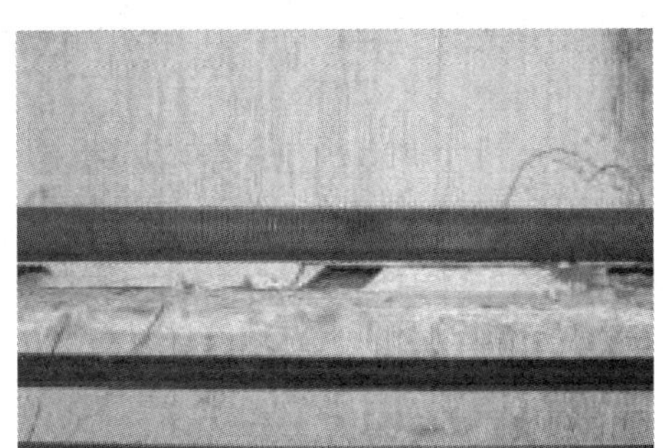

(h) 试件GS-2M

图 2-71　灌浆接缝试件破坏时主要试验现象（二）

（3）结论

试验结果表明，结合面开裂时，共有两种裂缝形态，一是沿结合面发展的水平通缝；二是带有贯穿接缝斜裂缝的通缝。结合面抗剪钢筋直径和配筋率越大，灌浆接缝试件的开裂荷载越高。采用《装配式混凝土结构技术规程》JGJ 1—2014 中的计算公式较保守，且按新旧结合面受剪承载力计算公式来计算灌浆接缝的受剪承载力会高估灌浆接缝承载力，偏不安全。

2.3.4　小结

本节分析了目前装配式混凝土公共建筑技术体系存在的问题，提出了拟解决的技术优化方案，并通过一系列理论和试验研究，得出结论如下：

（1）提出一种装配式混凝土铰接框架-屈曲约束支撑结构体系，通过试验验证和理论分析，认为该体系的延性比现浇结构更好，承载力较现浇结构约低 10%，采用销轴连接会一定程度降低结构的刚度和承载力。在装配式混凝土框架结构中引入屈曲约束支撑，支撑作为框架的第一道防线，起到了小震下提供刚度，中大震下消能减震的作用。

（2）通过节点和构件试验研究及理论分析，研究了大跨度空心带肋叠合板的受力性能，整理形成大跨度楼盖设计方法以及施工工艺，该技术在公共建筑中可广泛推广应用，简化了生产、方便了施工，达到了提质增效的目的，助力装配式建筑高质量高效率发展。

（3）开展了装配式混凝土结构框架顶层端节点抗震性能试验研究，装配式混凝土结构框架顶层端节点抗震性能试验研究，大直径高强钢筋全灌浆套筒连接、半灌浆套筒连接、螺栓连接预制柱试验研究研究，钢筋套筒灌浆接缝抗剪性能试验研究，为实际工程提供理论依据。

2.4 机电围护装修技术体系

2.4.1 机电系统技术体系

一、机电系统的技术构成

1. 给水排水系统

给水排水系统包括生活给水系统、生活排水系统、消防给水系统、雨水排水系统等。设计过程中管线应结合建筑特点、结构形式、装修类型等优化布置，优先利用管道井和GRC、吊顶等建筑装饰与结构本体实现管线分离。

2. 供暖通风空调系统

供暖通风空调系统包含空调风系统、空调水系统、供暖系统、通风系统、防排烟系统等。管线种类繁多，主干管占用安装空间大、支管多。设计中结合建筑平面布局和立面设计简化管路系统，优先通过管井设置竖向系统，水平方向管线成排、紧凑布置，便于实现管线综合和管道综合支吊架安装。

3. 电气系统

电气系统包含强电系统、弱电系统、防雷接地系统等。在设计中，强弱电系统的管线敷设、设备安装应结合结构体系选用适当的方式；防雷接地装置应优先利用结构的金属构件，当不能满足防雷等级时再增加辅助的连接措施。

二、机电系统的技术要求

1. 精细化

装配式混凝土公共建筑设备与管线应精细化。特别是在PC构件中埋设的预埋物、预埋件和穿过预制构件的管线预留孔的位置要精确；预制部品的尺寸和安装接口要给出允许误差。

2. 集成化

装配式混凝土公共建筑设备与管线应集成化，包括两项任务：预制部品的选型与选用；设备管线系统的集约式设置，如各种立管集中在管道井设计，再如通过颜色区分不同功能的管线。

3. 协同化

装配式混凝土公共建筑设备与管线应协同化，包括设备管线系统内各个专业之间的协同设计；设备管线系统与建筑系统、结构系统、外围护系统和内装系统的协同设计；设备管线系统与部品制作厂家、施工安装企业的协同。

4. 标准化

装配式混凝土公共建筑设备与管线的标准化要求包括：按照标准化、模数化的要求进行设计；选用标准化产品和配件。

5. BIM化

装配式混凝土公共建筑设备与管线的BIM化要求包括：采用BIM技术手段进行三维管线综合设计，消除管线碰撞；对各专业管线在预制构件上预留的套管、开孔、开槽位置尺寸进行综合及优化，避免错漏空缺，减少现场返工。

三、机电系统的技术内容

1. 给水排水系统

(1) 给水管线设计

1) 管道竖井

管道竖井是装配式公共建筑中常用的一种管线分离方法，适用于主立管。管道竖井可分为不进人竖井和进人竖井。

对于建筑面积较小的建筑，可采用竖井设主立管，与横管相结合的方式（图 2-72）。卫生间、公共区域可采用不进人管井，管道集中布置在管井内，在横支管吊顶内或者局部吊顶内敷设至各个用水点（图 2-73）。消火栓系统可采用公共管井设主立管，各层成环的供水形式，实现管线与结构本体的分离。

对于体量较大、功能复杂、管线较多的公共建筑，管线横向布置不甚合理，设置管道竖井尤为重要，以进人竖井为主，辅以不进人竖井。

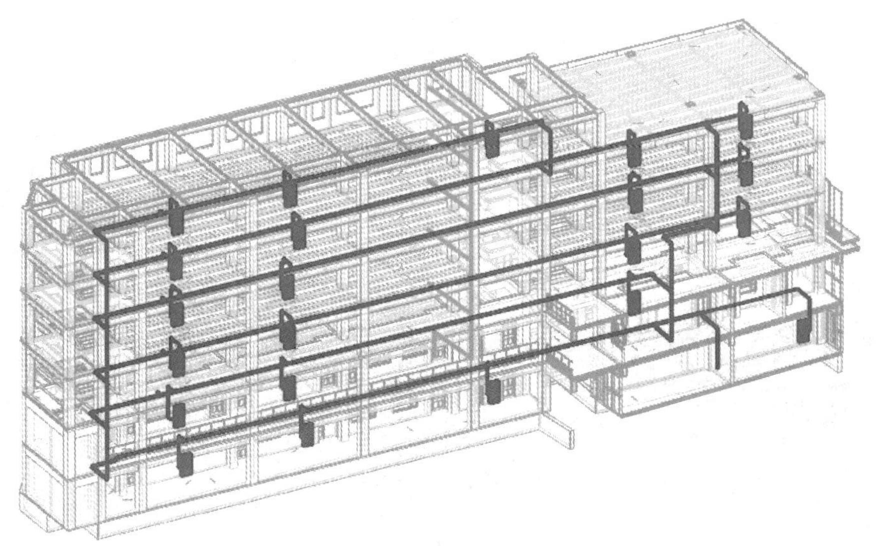

图 2-72　给水管线立管和横管布置示意图

2) 分水器

分集水器由分水主管和集水主管组成，分水主管连接于管网系统的供水管，它主要用于需要均匀配水和单独计量的场所，集中安装，集中管理，每个支管可单独操作和控制。分水器安装位置应设有检修口，便于定期进行检查及维修（图 2-74）。

(2) 排水管线设计

1) 卫生间同层排水

住宅卫生间应采用干湿分离、同层排水，减少对其他住户的影响，预制叠合楼板同层排水的难点在于地漏存水弯的设置。

在南方地区，管道不需考虑冰冻的影响，地漏可采用超薄型，敷设在建筑面层和倒双 T 板现浇混凝土层，存水弯置于室外支管上，大便器可采用墙排式坐便器。在北方地区，卫生间的同层排水可采用集水器形式。卫生器具通过排水集水器集中接头后与排水立管连接。将集水器宜设置在套内架空地板内，同时应设置方便检修的装置（图 2-75）。

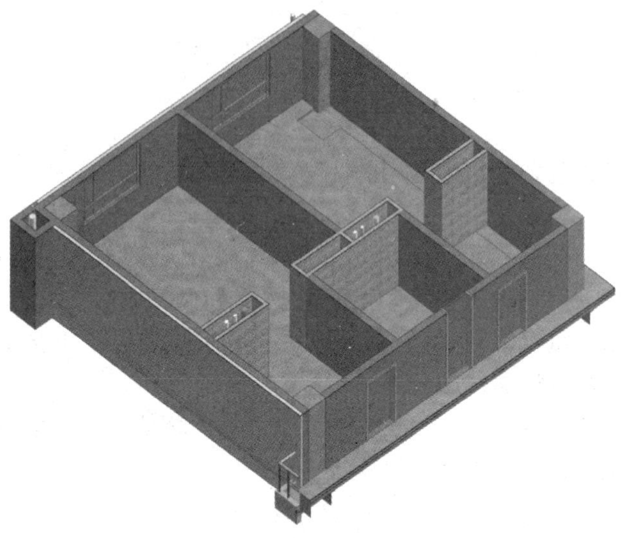

图 2-73　卫生间不进人管道竖井示意图

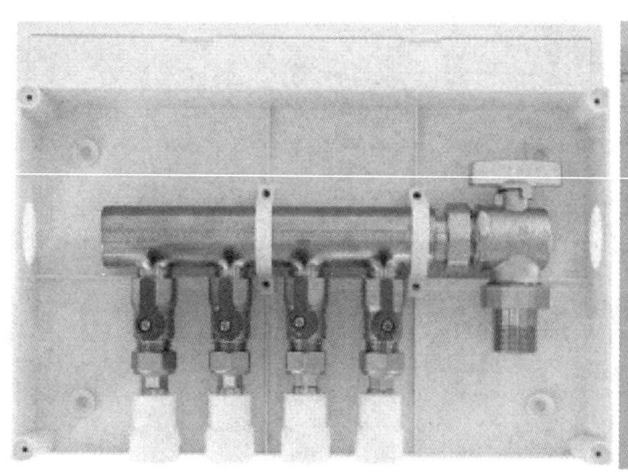

图 2-74　给水系统分水器

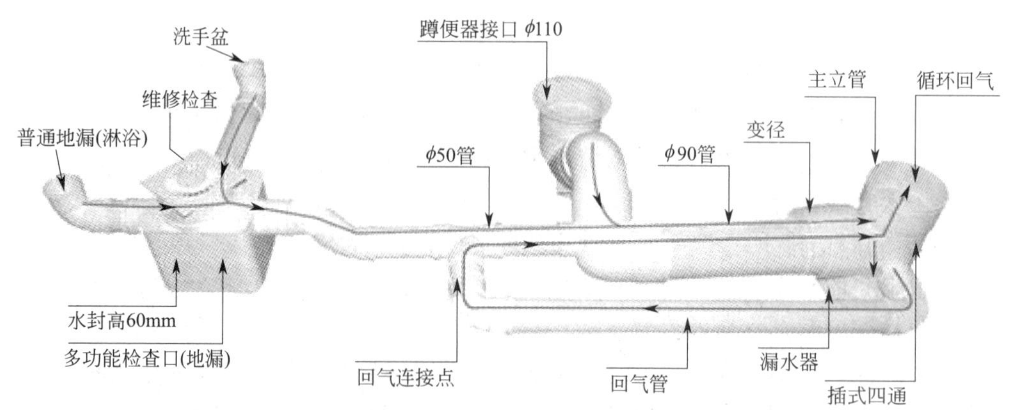

图 2-75　同层排水采用集水器

2）卫生间非同层排水

公共建筑卫生间一般卫生器具较多，采用同层排水非常困难，适宜采用非同层排水。卫生间楼板宜采用不出筋叠合楼板或普通预制板。卫生器具排水管道穿预制楼板时，可与结构专业协商预制楼板层提前预留孔洞。在施工现浇层的时候，再安装防水套管，止水环或橡胶密封圈安装在现浇层内（图 2-76）。

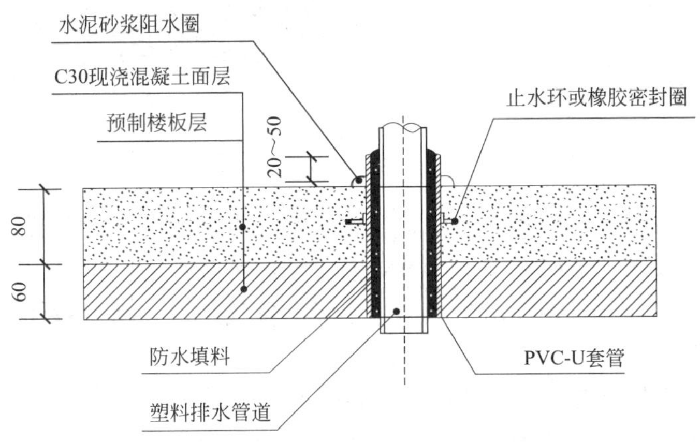

图 2-76　不出筋叠合楼板穿管做法

3）同层侧墙排水

公共建筑中，同层侧墙排水适用于屋面侧入式雨水斗，阳台、开水间、直饮水等地方侧入式地漏的排水，或者洗手盆等楼板上的侧墙排水，避开了穿预制楼板，但穿侧墙时，应根据内墙或者外墙的实际情况选择合适的套管。

4）排水凹槽

排水凹槽适用于装配式建筑的办公楼、教学楼外廊走道的排水。房间内和走道都是预制楼板，不便于预留大量孔洞和套管，而且外走廊设置地漏，排水能力有限。在外走廊栏杆外侧设置现浇混凝土排水凹槽，不仅可以解决外走廊排水问题，还可以解决其他管道穿楼板问题。

5）空调条板排水

装配式建筑中，建筑外墙可挑现浇混凝土空调条板，空调冷凝水和空调板雨水均可通过在空调板上设置排水设施解决，也可作为给水立管穿管的一个通道。空调板的装饰柱和百叶，既美观又遮挡了管线。

6）GRC 或装饰柱穿管排水

装配式钢结构建筑中，钢柱用 GRC 造型包裹，GRC 造型柱里面有可穿管的空腔，应在管道检查口位置开检修孔，检修孔应在造型柱在工厂加工的过程中提前预留好。

（3）供暖通风空调系统

空调风管设计：公共部分的空调风管从风井或空调机房内接出，因风管尺寸较大，需结合吊顶形式贴房间墙或柱子布置，通过采用跌级吊顶或者局部吊顶的方式，提高房间的净高。根据不同的结构形式，可以将风管与结构形式结合（图 2-77）。风管穿隔墙时应进行防火封堵，满足设计规范要求。

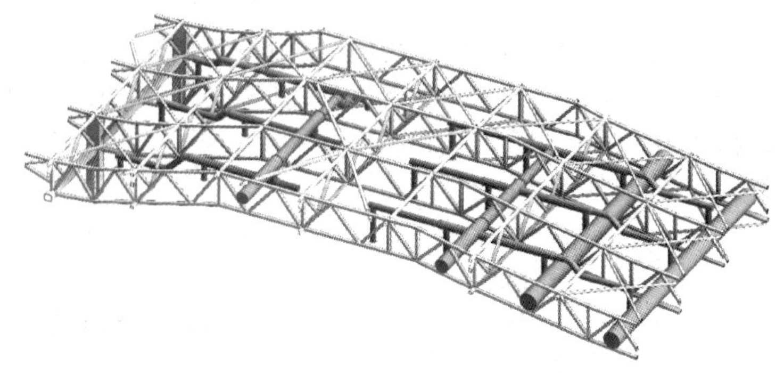

图 2-77 风管与桁架节点图

装配式公共建筑中，因风管截面面积较大，对其可采用贴梁底布置。空调系统风管也可以布置在架空地板内，采用地板送风形式满足室内环境需求。

排风管井设计。卫生间排气系统采用集中竖向排气井道，减少对外立面的影响，排风机选型标准化。

试验室预留专用排气井道，集中处理，高处排放；排气井道应采用能够防止各层回流的定型产品，应采取严格的防漏风和隔绝措施，符合国家相关标准要求；排油烟风井及发电机烟井推荐采用成品烟道。

（4）冷媒管管线设计

冷媒管穿梁布置。装配式钢-混凝土组合结构中，在钢结构中预留孔洞，将空调冷媒管从孔洞中穿过，具体做法如图 2-78 所示，此种做法提高了空间净高。

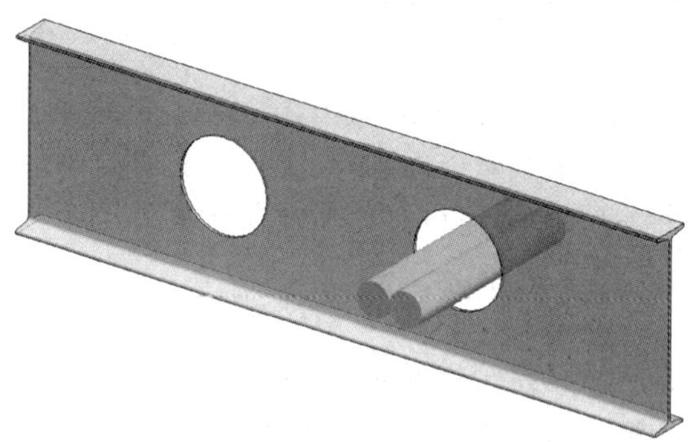

图 2-78 冷媒管穿梁布置示意图

冷媒管梁下布置。当装配式建筑结构形式不具备穿管条件时，需将冷媒管贴梁底布置，做到整齐、美观（图 2-79）。

装配式建筑中的多联机系统的冷媒管宜采用无火连接技术，实现快速连接，无有害物质排放，绿色环保，同时解决焊接不良导致系统故障的问题。

（5）水管管线设计

独立管井设置。空调水管经分集水器送至各空调末端或空气处理机组，空调水管立管可设置在独立管井内，也可以布置在机房内穿楼板。在装配式建筑中，推荐采用独立管井设置，空调水管可与给水排水管管道共用管井。

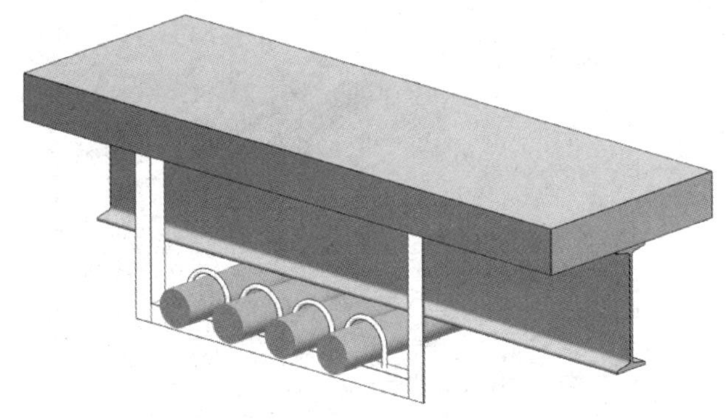

图 2-79　冷媒管梁下布置示意图

毛细管敷设。装配式公共建筑毛细管敷设设计要点：毛细管空调使用毛细管网，以水为媒介，厚度一般 4.3mm，轻薄、柔软、荷载小，可以安装在地面、顶棚、墙壁等位置，具有高效节能和高舒适的特点。

可以结合精装修设计，实现机电管线和精装修一体化布置。因毛细管价格较高，在国内毛细管空调普遍性不强，安装集中在高端住宅，比如别墅，还有一些精装修房屋（图 2-80）。

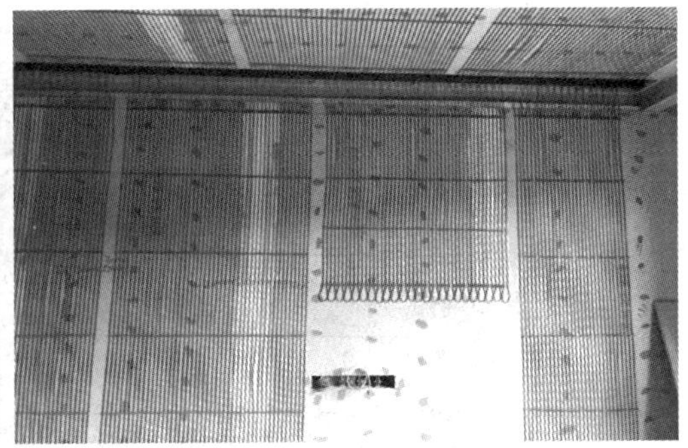

图 2-80　毛细管安装示意图

2. 电气系统

(1) 电气管线设计

1) 顶棚吊顶敷设

电气设计应该对管线进行合理的布置，减少专业内、专业外的管线交叉，与结构专业配合，合理利用梁上开孔的形式减少净高损失（图 2-81、图 2-82）。

2) 利用装饰墙面敷设电气管线

建筑中装饰会利用大量的装饰墙面，包括 GRC、石材等，其与结构面层存在空腔，可敷设电气管线。在设计时只需对管线及接线盒位置进行定位，安装单位在墙面上预留与接线盒对应孔洞即可。

(2) 电气设备安装

1) 电气设备利用墙体空腔安装

采用轻钢龙骨，实现双层隔墙，隔墙内空腔中敷设电气管线，供安装灯具、管线以及

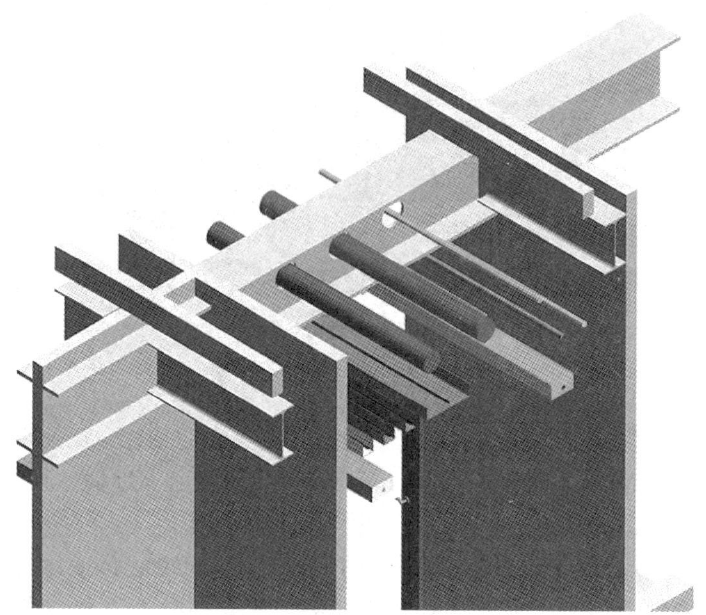

图 2-81　某钢结构项目电气管线穿钢梁图

图 2-82　某项目教室内局部吊顶机电安装示意图

设备等使用（图 2-83）。

2）电气设备在预制 ALC 条板中安装

ALC 加气混凝土条板、ALC 发泡陶瓷条板具有质量轻，防火、隔声、保温良好的性能，被广泛地用作建筑的隔墙，其性能剔槽方便，设计与传统设计并无差异（图 2-84）。

3）电气设备在 GRC 墙板中

GRC 是指玻璃纤维增强混凝土，常用于公共建筑柱子包裹，其与柱子间存在空腔。若电气设备需要安装在 GRC 内，可安装在其空腔内，并在 GRC 上设可开启的检修口。

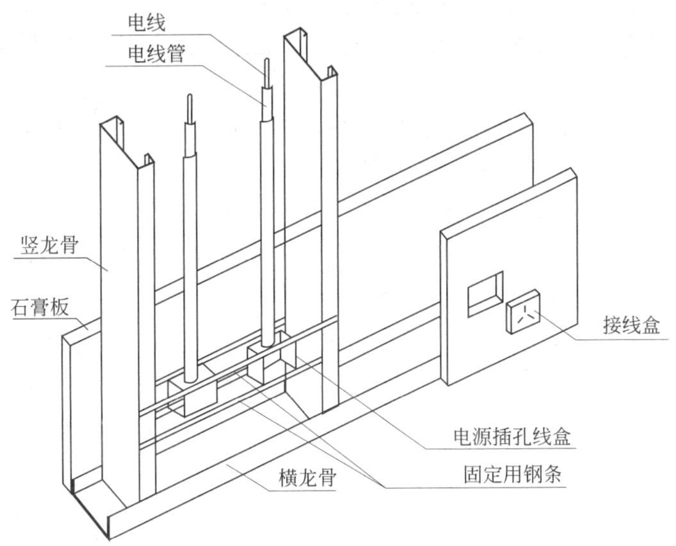

图 2-83 电气设备在轻钢龙骨隔墙空腔中安装

图 2-84 电气设备在预制条板中安装

2.4.2 外围护系统技术体系

一、外围护系统的技术构成

建筑外围护系统是指由外墙、屋面、外门窗及其他部品部件等组合而成，用于分隔建筑室内外环境的部品部件的整体。外围护系统的选型应与主体结构系统进行集成设计，以满足建筑设计的相关要求。根据建筑主体结构的不同，对应相应的外围护系统。该技术体系中，公共建筑推荐采用框架结构体系，与之相对应的外围护系统，通常为预制混凝土外墙挂板系统。建筑外围护系统是装配式公共建筑中集成化程度较高的系统，不仅是建筑的功能、形体特征与技术的集成；也是力学性能、防火性能、耐久性能等多种相关建筑专业的集成；《装配式混凝土建筑技术标准》GB/T 51231—2016 中关于外围护系统集成设计有如下规定：

（1）应对外墙板、幕墙、外门窗、阳台板、空调板、遮阳部件等进行集成设计；

（2）应采用提高建筑性能的构造连接措施；

（3）宜采用单元式装配外墙系统。

建筑外围护结构节能研究是建筑节能研究的重要方面。国外很早就致力于新型墙体的研究，建筑技术比较发达的欧洲从 20 世纪 80 年代开始对墙体进行节能改造。德国作为世界上建筑能耗降低幅度最大的国家，其公共建筑多采用钢结构、钢-混凝土结构、混凝土剪力墙和混凝土框架等结构形式，轻质墙板成为结构围护与隔断的主要墙体材料。欧洲的其他国家对于建筑墙体节能的研究开始得较早，法国 130 年前就开始应用装配式混凝土结构了，他们将构件的生产与安装分开进行，为了减少构件之间预埋件的使用，构件之间采用预应力进行连接，结构的整体装配率可达 80%，脚手架的使用量也大幅降低，降幅达到 50%，节能可达 70%。

二、外围护系统的技术要求

建筑外围护系统的集成设计是对外围护系统的外墙板、幕墙、外门窗、阳台板、空调板、遮阳部件等进行集成设计。外围护系统的外墙板宜建立信息化的协同平台，采用标准化的功能模块、部品部件等信息库，统一编码、统一规则，全专业共享数据信息，实现建设全过程的管理与控制，并且外围护系统的构件应满足国家和地方现行标准有关防火、防水、保温、隔热等方面的要求。

1. 模数化的要求

采用统一的建筑模数可以简化建筑部品之间、部品与构件之间的连接关系，模数不是目的，目的是借助这个工具，使建造过程变得逻辑化和高效。ISO（国际标准化组织）规定公制标准的国家采用 10cm，英制标准的国家采用 4 英寸。根据中国制定的《建筑模数协调标准》GB/T 50002—2013，中国目前采用的基本模数为 1M=100mm。根据公共建筑的特点，特别是教育类建筑和办公类建筑的特点，3M、6M 一般用于墙体定位调整、门窗洞口、构件生产制作等较小尺寸的模数调整；12M、15M 常用于房间开间进深、柱跨、层高等较大尺寸的模数调整。

采用传统建造方式的建筑中，建筑构件的尺寸、墙体的定位和建筑平面尺寸的控制上皆不尽如人意，由于设计和施工的偏差导致的现场修改屡见不鲜，建筑的质量无法保证。在如今装配式钢结构、装配式木结构以及装配式混凝土建筑中，建造的精细度有了数量级的提升，对于装配式建筑来说“分模数”的重要性显著提升。

2. 外围护系统部品部件标准化设计

外围护系统标准化设计的目的是提高装配式建筑工业化程度，达到“两提两减”。标准化设计主要体现在互换性、通用性和模块化。

互换性是指建筑部品以标准化的模数体系为原则，能够满足一定的建筑风格，并作为建筑产品具有可更换性。

通用性是在遵循模数关系的前提下，建筑部品与建筑体系结合，并在不同的公共建筑中使用的特征。如外遮阳部品，当其他建筑部品与雨篷复合时，可以形成复合式雨篷部品；当与太

阳能光电板结合时，可以形成光电遮阳板，可应用在教育类公共建筑或办公类建筑中。

模块化设计是在标准化、通用性的基础上的设计方法。在建筑设计中，模块化设计强调对各功能单元的划分，通过单元模块的组合实现从单元到整体的转变。

3. 与建筑整体耐久性协调设计

外围护系统的集成设计，应考虑不同建筑部品与建筑全生命周期的关系，考虑外围护系统与建筑的生命周期不同步，因此需要预留建筑部品与设备更换的空间和接口，并为旧建筑的改造更新创造条件。

建筑是由不同寿命的建筑材料和部品所构成的集合体。目前普遍存在的建筑寿命使用期内建筑的大量拆除，是多方面原因造成的，这也间接反映出建筑设计的诸多问题：结构与管线、设备未分离，使得很多寿命短的管线埋在寿命长的墙体内，导致管线更新不得不拆除墙体。因此，不同的建筑部品寿命不同，为了考虑在建筑全生命周期中局部更换建筑部品而不影响其他部品的使用性能，外围护系统与其他系统的集成应考虑不同部品使用年限对建筑后期维修简便性的影响。

外围护墙板的使用年限应满足与主体结构同寿命的要求，外墙板接缝处的密封材料应与混凝土具有相容性、具有抗剪切和伸缩变形能力；密封胶具有防水、防火、防霉、耐久性等性能。并且硅酮、聚氨酯、聚硫建筑密封胶应符合《硅酮和改性硅酮建筑密封胶》GB/T 14683—2017、《聚氨酯建筑密封胶》JC/T 482—2003、《聚硫建筑密封胶》JC/T 483—2006 的有关规定。夹心外墙板接缝处填充用保温材料的燃烧性能应满足《建筑材料及制品燃烧性能分级》GB 8624—2012 中 A 级材料的性能要求。外围护系统的其他建筑材料的使用年限应符合国家相关标准规定，在经济性和实用性两方面取得平衡。

4. 外围护系统个性化设计

工业化生产的建筑部品如果产品单一，必然造成产品缺乏多样性和生命力，无法满足市场需求，从而得不到市场认可。因此工业化建筑的发展要摆脱“千篇一律”的刚性状态，满足多样化和规格化的要求。在建筑设计的层面，主要体现在体型多样化、立面多样化和空间多样化三个方面，建立以标准化为基础的工业化生产方式使其具备多样化的特征。因此，从建筑空间的弹性设计、通用建筑部品发展出发，在满足构件工业化生产的前提下实现建筑构件组合的多样化。

三、外围护系统的技术内容

外围护系统本身集成的一体化设计，应与其他系统统筹考虑。例如，将门窗与外围护墙板集成，简化安装工序并能提高施工质量。夹心保温板、瓷砖反打，还包括与装饰混凝土综合性的集成等，并且外围护构件在设计的时候要考虑各个环节的环境与条件，兼顾建筑功能性和艺术性、结构合理性、制作运输安装环节的可行性和便利性等。由于 PC 构件表面平整，幕墙所需的预埋件可以通过在 PC 构件中预埋内置螺母等方式来实现，免去幕墙龙骨，为施工安装提供了便利并降低成本。

1. 功能集成

装配式混凝土公共建筑外围护构件包含外墙板、幕墙、外门窗、阳台板、空调板、遮阳构件等。将多种外围护构件集成到一起，做成集成化的外墙板，有利于构件运输和后期施工吊运，并能够提高外围护系统的各项性能。例如将保温、装饰与外墙板集成；将遮阳构件与外墙板集成；将门窗、空调板与外墙板集成；将立面板材、装饰线脚与外墙板集成等。

2. 性能要求的集成

建筑的外围护体系在建筑中起着非常重要的作用，在防火、保温、防水、遮阳、节能、新能源利用等方面都有着重要的地位。因此，需要其反映出建筑是不同气候条件的产物。减少能源消耗，提高建筑内的舒适度，提高外围护系统的集成度和建造水平，是外围护系统集成设计的要点。面对日渐灵活且具有主动应变能力的外围护结构设计，多种材料通过不同组合和空间变化所形成的可调节接口，比单一材料拥有更多更全面的应变能力，能够用于不同的气候区、不同的季节变化和昼夜交替，显然单一的系统无法满足此类要求。因此强调多功能、多部品集成的可调节动态围护结构，例如可以滑动的墙板、可调节的遮阳装置、双层通风幕墙等都是满足此方面调节需求的可选方式。

3. 材料集成

单一的建筑材料无法满足外围护系统多功能的需求，如石头、混凝土、砖、玻璃等很难满足符合规范要求的保温隔热需求，国内外针对具有保温隔热性能双层玻璃、中空真空玻璃等复合材料的研究已经很多，随着工业化的发展，轻型建筑材料应运而生，如金属彩钢板、纸面石膏板等。它们自身作为基材，与保温、防水、隔声、蓄热材料相结合，形成多功能性新型墙体材料与内外装饰板等。

对于透明围护结构，实现保温隔热、采光、遮阳、视线通透、围护强度、防眩光等功能要求多种材料在同一空间和区域中通过适宜的构造方式加以复合。与此同时还需考虑功能材料的发展需求，如太阳能光电光热系统在建筑围护结构中的复合应用等。

4. 设备集成、技术集成

目前各种新材料、新技术层出不穷，如较成熟的墙体保温隔热技术，双层玻璃和多种充气、涂膜的复合玻璃，被动式技术中的特朗布墙、通风塔、蓄热材料及主被动式太阳能利用技术等。各单项技术的研究与实践已较为广泛，但对于外围护结构设计来说，不能孤立地单从某项技术、系统或材料来考虑，简单地加以拼凑、累加，而应从气候设计、功能性需求、技术性能等多方面进行整体权衡设计。

通过集成设计实现围护结构与太阳能光电与光热设备的一体化，在完成自身对于主动能量转换的同时还可承担围护结构之保温、遮阳、美观及装饰等多种功能，技术的复合化在此将多种材料的不同功能的部品、构件、结构进行了整合设计（图 2-85）。多种功能的集约化设计通过技术的复合，在节约建筑空间的同时，还可充分利用围护结构的资源属性，避免造成不同功能的胡乱拼贴以及避免产生相互干涉可能造成的不利影响。不同方

图 2-85　阳台与太阳能集热构件的一体化

法、技术的复合使用、综合考虑还可在良好的设计条件下相得益彰，满足多种功能需求，提高系统的整体效能。

5. 模块集成

围护结构模块化组合既要考虑主体结构与围护结构的连接构造设计与安装，又要考虑水暖电管线与设备设施等接口与该体系的连接，从而实现围护结构的集成化设计。

围护结构的模块化技术针对不同用户需求更换一个或几个模块，便可形成不同类型建筑的表皮机理与围护结构的性能参数，不仅指围护部品模块在结构上的叠加，还包括围护部品模块在功能上的有机融合与围护部品模块组合数量的确定、模块的接口设计及集成的性能评价等。

根据围护部品不同的材料组成和构造方式，模块化的组合可以分为整体式和拼装式。整体式是以建筑主材为基础，将围护部品布筋支模浇铸。拼装式是将主体结构与围护部品通过一定的构造方式组装而成。由于围护部品规格标准、尺寸相同或呈系列，典型模块通过潜在的结构关系或不同平面的关系组合，形成同一平面的错动、并列、旋转、连续或不同平面的竖立、交叠、滑动等复杂的三维组合关系，组合形式的多样性也形成灰空间、退台、遮阳等空间美学，形成重复、韵律、节奏的建筑美学。

当对机电管线统筹考虑时，机电管线系统的电线和管路不应干扰外围护系统，在外墙板上尽量少地开洞和预埋，保证外墙板的防火、防水、保温、气密性等性能要求；并且应考虑机电管线在更换维修时，不会影响外墙板。当进行外围护系统集成设计的时候，要考虑室内的装饰系统的集成，明确预埋件、悬挂构件与外墙板的定位关系。并且有些外墙的连接构件也需要内装系统后期进行遮盖和装饰。

2.4.3　内装系统技术体系

装配式内装是装配式建筑的四大组成部分之一，是遵循以人为本和模数协调的原则，以标准化设计、工厂化生产和装配化施工为主要特征，实现工程品质提升和效率提升的新型装修模式下的装配式建筑组成部分。

一、内装系统的技术构成

装配式内装包括隔墙系统、吊顶系统、地面系统、设备与管线系统。

根据建筑类型不同、建筑部位不同，内装各子系统可选择不同做法。隔墙系统可选择条板隔墙、轻质龙骨隔墙、轻质龙骨饰面墙、涂料墙等做法；吊顶系统可选择免吊杆吊顶、有吊杆吊顶、免吊顶等做法；地面系统可选择实铺地面、架空地面做法；内装的设备与管线系统的设备部分和管线部分均有各种做法可选择。

二、内装系统的技术要求

设计标准化。设计标准化是工厂加工生产的前提，是工业化发展的重要特征。通过内装与建筑相互协同，以实现模数协调、平面标准化、立面标准化、部品部件标准化，形成一系列既满足功能要求，又符合个性化、多样化需求的装配式内装修产品。

生产工厂化。装配式内装宜在建筑设计阶段进行部品部件选型，并应优先选择通用成套部品部件。通过产品统一部品化、部品统一型号规格、部品统一设计标准，让一部分需要现场完成的工作在工厂中前置完成，使工厂产业技术人员和技术工人逐渐替代工程施工现场人员，实现建筑业发展模式的转变，以提升建筑行业的工业化程度。

施工装配化。施工装配化就是将建筑物所需的各种部品部件集中在工厂进行生产，再运至施工现场进行组装的建造模式。相比传统内装施工的方式，装配化装修具有能够减少工种类别，精简施工流程和工序，提高劳动生产率，加快施工进度等优点。

管理信息化。利用 BIM 技术构建“可视化”数字建筑模型，为建筑全生命周期各环节提供模拟和分析，并协同测量数据与工厂智造，现场进度与工程配送等。以达到提高居住质量、降低建筑成本、提高施工效率、减少能耗和污染等目的。

内装系统应与建筑设计同步设计，宜与主体结构同步施工。

内装系统宜提供装配式内装使用说明书。

三、内装系统的技术内容

1. 隔墙系统

装配式隔墙宜优先选用轻质龙骨隔墙、空心条板隔墙等有空腔的墙体，以便于在墙体内敷设管线；宜优先选用带集成饰面层的轻质墙板，减少或杜绝现场抹灰、涂刷等湿作业过多的工法；分隔功能空间的墙体需按规范要求选择各种做法以满足墙体强度、隔声、防火、防水等要求；开关、插座、管线穿过装配式隔墙时应采取防火封堵、密封隔声和必要的加固措施；振动管道穿墙应采取减隔振措施。

（1）装配式内隔墙技术

技术介绍：装配式内隔墙采用干法施工的轻钢龙骨隔墙及轻质条板隔墙；轻钢龙骨现场制作隔墙系统，采用干式工法现场组合安装而成的集成化墙面；基于管线分离，在内部填充岩棉起到隔声作用，再挂外饰面板；安装、拆改较传统砌筑轻便，易维修；轻钢龙骨墙面模块为工厂生产标准模块（龙骨、隔声一体），现场按模块拼接，安装效率提升，后期拆改更为便捷；装配式墙体分隔体系，在满足日常使用的同时，极大地降低了因户型需求变化而后期拆改的难度，构件可重复利用，降低成本（图 2-86）。

图 2-86　轻钢龙骨隔墙

技术特点：

1）解决内隔热及管线预留预埋，外围护墙的内表面为带调平龙骨的饰面板，饰面板与墙体有空腔（空腔可调节1～5cm），可利用该空腔作为内隔热层，减少了传统做法内隔热的人工及局部材料成本，同时也避免了墙面起翘、开裂的问题；

2）可结合墙面的空腔做法，做到管线分离，可取消土建主体结构的管线预留预埋，可取消传统墙面拆改的砸剔凿；

3）提高空间使用率、提升视觉效果，内分隔墙，在具有隔声降噪、耐撞击等物理特性的基础上，实现管线分离，且完成面总体厚度为90mm，较传统内隔墙做法可提升4%左右的户内使用空间，集成墙体龙骨调平，免铺贴，质量稳定，不受气候影响；

4）装配式墙体分隔体系，在满足日常使用的同时，极大地降低了因户型需求变化而后期拆改的难度，构件可重复利用，降低成本。

（2）快装墙面技术（调平件＋龙骨＋连接件＋墙板）

快装墙面技术可以根据使用空间要求，在基材相同的情况下，进行不同的饰面复合技术处理，表达出壁纸、布纹、石纹、木纹、皮纹、砖纹等各种质感和肌理的饰面效果，也可以根据客户需要定制深浅颜色、凹凸触感、光泽度（图2-87）。

技术介绍：装配式墙面系统需满足无醛、防潮抗菌、耐污耐刮、可回收等要求；主要结构为金属调平件（适用混凝土、加气块、ALC、多孔砖等）＋翼型龙骨（配套金属调平件）＋可卸式连接件（铝合金连接件，墙板可拆）（图2-88）。

图2-87　硅酸钙板快装墙面体系

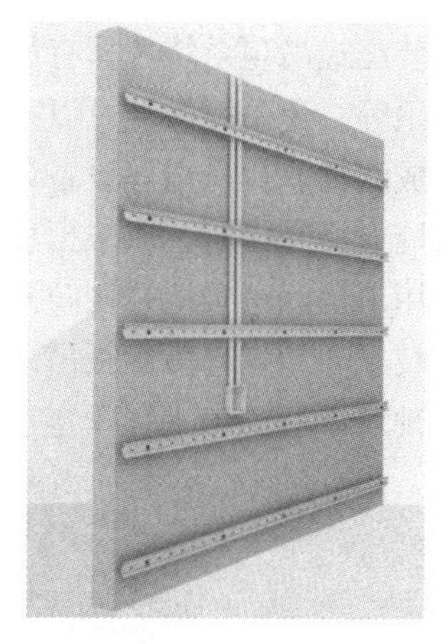

图2-88　调平龙骨系统

技术特点：

1）装配式墙面模块化产品，甲醛/TVOC释放量需小于0.03mg/m^3，材料可回收再利用，贴合未来社区环保、可持续发展的理念；

2）装配式墙面板实现卡扣式安装，干法施工、工期短、现场建筑垃圾少；

3）墙板表面需满足耐磨耐刮、抗菌防污、防水防潮要求，解决传统装修霉变、起鼓，开裂等问题；

4）模块化维修，保证后期维保工作简单便捷。

传统装修与装配式装修在墙面部分的对比见表2-11。

传统装修与装配式装修在墙面部分的对比　　表 2-11

优势对比		装配式装修	传统装修
系统		装配式墙面板	乳胶漆/墙纸/墙布/木饰面
图示			
材料构成		装配式基板＋饰面膜/布艺/皮革，材料可回收	腻子＋胶粘剂＋乳胶漆/壁纸/墙布，基层＋木饰面
施工工艺		卡扣式拼装、工期短，干法施工，建筑垃圾少	工序繁杂，施工受天气影响；环境污染严重，建筑垃圾较多
环保性能	甲醛	甲醛释放量≤0.03mg/m^3(《无醛人造板及其制品》T/CNFPIA 3002—2018 要求)	甲醛释放量≤0.124mg/m^3(E1 级要求)
理化性能	防水防潮	吸水厚度变化率≤0.5%，耐冷热循环，防潮防霉	乳胶漆/壁纸墙面受潮易霉变、鼓泡、开裂、脱胶
	尺寸稳定性	尺寸变化率≤1.5%，加热尺寸变化率±1%	乳胶漆/贴墙布/壁纸墙面尺寸稳定性优，传统木饰面受潮或受冷热循环后易变形
空间尺寸		需布线厚度为 29mm(19mm 架空基层＋10mm 饰面板)；无需布线厚度为 10mm(10mm 饰面板)，架空基层可走线，无需砸墙	总厚度为 20～30mm(20～25mm 水泥砂浆，5mm 腻子，5mm 乳胶漆)，走线需砸墙预埋

2. 吊顶系统

装配式吊顶系统选择有吊杆吊顶时可以采用轻质龙骨石膏板吊顶、矿棉板吊顶、金属板吊顶等。免吊杆吊顶可以采用无吊杆集成吊顶、软膜吊顶、成品石膏线等。装配式吊顶宜集成灯具、排风扇等设备设施，当吊顶内有需要检修的管线时，吊顶应设有检修口。吊顶与墙或梁交接时，应根据房间尺度大小与墙体间留有伸缩缝隙，并应对缝隙采取美化措施，用水房间吊顶应采用防潮、防腐、防蛀材料。

技术介绍：硅酸钙板吊顶、软膜吊顶、快装铝板等装配式吊顶施工工艺，采用工厂定制，现场干法施工进行拼接（图 2-89）。

图 2-89　硅酸钙板吊顶体系

技术特点：

1）装配式吊顶需满足高度集成、采用无机 A 级饰面板，满足《建筑内部装修防火施工及验收规范》GB 50354—2005 要求，硅酸钙复合顶板在材质上具有密度低、自重轻、防水、防火、耐久的特点，施工无粉尘、无噪声、快速装配、不用预留检修口，在使用上具有快速拆装、易于打理、易于翻新等特点；

2）装配式吊顶系统，采用组合式集成技术、独立支撑框架，面层则采用单元式拼接面板和不同造型跌级、灯槽和装饰线条，满足造型选择多样的要求。

传统装修与装配式装修在吊顶部分的对比见表 2-12。

传统装修与装配式装修在吊顶部分的对比　　**表 2-12**

优势对比		装配式装修	传统装修
系统		装配式吊顶板	轻钢龙骨石膏板吊顶
图示			
材料构成		自承重龙骨＋饰面板，免涂饰，材料可回收	吊杆＋挂件＋主龙骨＋副龙骨＋石膏板＋绷带＋腻子/防锈漆/乳胶漆
施工工艺		龙骨与饰面集成安装，安装效率高，质量可控	施工周期长、质量难控
环保性能	甲醛	甲醛释放量≤0.03mg/m^3（《无醛人造板及其制品》T/CNFPIA 3002—2018 要求）	甲醛释放量≤0.124mg/m^3（E1 级要求）
	可溶性重金属	铅≤8mg/kg、铬≤8mg/kg、镉≤8mg/kg、汞≤8mg/kg	铅≤90mg/kg、铬≤60mg/kg、镉≤75mg/kg、汞≤60mg/kg
理化性能	防水性能	双面防水，整体不透水，湿涨率≤0.5%，防潮防霉；防水试验：24h 背面无湿痕或水滴（《纤维水泥板 第 1 部分：无石棉纤维水泥平板》JC/T 412.1—2018）	石膏板吸水性较强，吸水率≤10%；受潮易开裂、发霉、脱落
燃烧性能		A 级防火	B_1 级防火（可作为 A 级材料使用）
空间尺寸		上层空间占用尺寸：80～110mm	上层空间占用尺寸：80～120mm

3. 地面系统

地面面层可选择地砖、木地板、地毯、地胶等类别。根据不同功能空间的防火、隔声、清洁度等方面的要求，合理选择相应的楼地面技术和面层。采用架空层的装配式楼地面的架空高度应计算确定，满足管线排布的需要，并考虑架空层内管线检修的需要，应在管线集中连接处设置检修口或将楼地面设计为便于拆装的构造方式。

当房间内存放或使用液体，房间内的架空地板系统应设置防止液体进入架空层的措施，用水房间应有防止水进入架空层的措施。用水房间架空地板系统应设计便于观察架空层情况的措施，防止漏水、凝水或沼气聚集。

（1）快装地面技术（调平件＋基层板＋面层）

技术介绍：主要结构包括金属调平支架＋保温板＋钢筋混凝土基层板（内嵌地暖管）＋面层（地砖、地板）（图 2-90）。

技术特点：

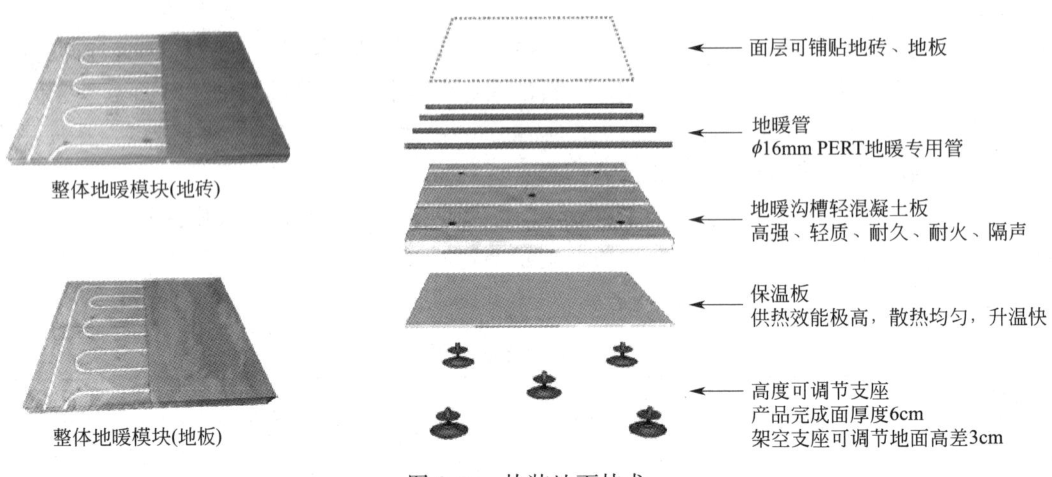

图 2-90　快装地面技术

1）水泥基板，面层为瓷砖，由工厂复合加工成型，四边预留卡扣安装结构，保证传统瓷砖地面效果的同时，实现现场干法施工、极速铺装；

2）新型实木地板采用无机材料加合成高分子复合实木木皮制成，保证传统实木地板效果，产品内部不产生任何缺陷，低含水率，低膨胀率，零甲醛，安全环保无污染；

3）满足二次翻新、地面可快速拆除并可二次利用等要求。

（2）架空地面

技术介绍：地面体系包括架空体系、干铺体系、薄贴地面体系；架空地面采用专用的架空支座及调平系统进行调平，架空地板由镀锌钢板、复合饰面材料等结合而成，工厂加工、现场组装；饰面材料可以根据想要的装饰效果定制独特的装饰面层，可实木、可瓷砖、可石材，可根据业主的要求定制施工（图 2-91）。

技术特点：架空地面的主要优点在于布线，可准确地确定信息出口的位置，通常可以将信息出口直接做到办公桌上，并且重新布线和修改方便，适合开放式办公环境，尤其是商业性出租的办公区，并且易安装、美观、隐蔽性好。

传统装修与装配式装修在地面部分的对比见表 2-13。

图 2-91　架空地面体系

传统装修与装配式装修在地面部分的对比　　表 2-13

<table>
<tr><th colspan="2">优势对比</th><th>装配式装修</th><th>传统装修</th></tr>
<tr><td colspan="2">系统</td><td>装配式地板</td><td>实木地板/实木复合地板</td></tr>
<tr><td colspan="2">图示</td><td></td><td></td></tr>
<tr><td colspan="2">材料构成</td><td>基板＋饰面膜＋耐磨层/基板＋实木木皮，材料可回收</td><td>实木地板/实木复合板＋实木木皮</td></tr>
<tr><td colspan="2">施工工艺</td><td>锁扣式安装，无需弹簧片</td><td>止槽式安装，需安装弹簧片</td></tr>
<tr><td>环保性能</td><td>甲醛</td><td>甲醛释放量≤0.03mg/m^3(《无醛人造板及其制品》T/CNFPIA 3002—2018 要求)</td><td>甲醛释放量≤0.124mg/m^3(E1 级要求)</td></tr>
<tr><td rowspan="2">理化性能</td><td>防水防潮</td><td>湿涨率≤0.5%，防水防潮，抗菌防霉</td><td>实木复合地板吸水性强，受潮易起鼓、发霉、翘曲</td></tr>
<tr><td>导热性</td><td>导热系数≥0.299W/(m·K)</td><td>导热系数为≥0.118W/(m·K)</td></tr>
<tr><td colspan="2">燃烧性能</td><td>≥B_1 级防火</td><td>≥B_2 级防火</td></tr>
<tr><td colspan="2">空间尺寸</td><td>10～12mm(自流平 3～5mm，地板 7mm)</td><td>18～20mm(自流平 3～5mm，地板 15mm)</td></tr>
</table>

第 3 章　标准化设计技术

3.1　标准化设计原则

标准化是指在经济、技术、科学和管理等社会实践中，对重复性的事物和概念，通过制定、发布和实施标准达到统一，以获得最佳秩序和社会效益。标准化的过程就是一个在深度上循环上升、广度上不断扩展的过程。

标准化的活动伴随在人类整个进化过程中，在早期的生产活动中，人们用标准化的方法产生了语言、工具、计量单位等。漫长的封建社会时期，世界各国为了保证政权的统一建立了完善的法律制度，生产活动的规范化有利于促进生产力的发展，统一的计量标准、通用的天文历法、规范的建筑制度等，促进了古代文明的发展。工业革命之后，标准化活动踏上一个新台阶，伴随着机器大工业生产和各地建设的需要，标准化在建筑中发挥着重要的作用，20 世纪 60 年代以来，随着新科技的发展，组合化和接口标准化成为发展的关键。

标准化是预制装配式混凝土结构公共建筑的前提和关键。装配式建筑应是方案阶段的标准化部品部件组合，而不是在方案及施工图完成后进行“部品部件拆分”。后设计会导致价格翻番甚至使工程造价、质量、工期三大控制完全“失控”。装配式建筑推广中最大的阻力是成本。只有规模化生产，才能有效降低成本，而规模化生产，需要标准化的设计。目前装配式建筑的标准化程度不够、自动化水平不够，研究标准化设计方法和技术具有重要意义。

3.1.1　标准化概念的确定

装配式混凝土建筑应按照通用化、模数化、标准化的要求，以少规格、多组合的原则，实现建筑产品的系列化和多样化。

装配式混凝土建筑应模数协调，采用模块组合的标准化设计，将建筑结构系统、外围护系统、内装系统、设备与管线系统进行集成。

标准化设计古已有之，中国古代木构建筑体系就建立在“材分之制”的基础上，预制木构架体系的模数化、标准化、定型化已达到较高水平。营造法式有云：“材有八等，度屋之大小，因而用之。”

梁思成先生 1962 年 9 月 9 日发表的《从拖泥带水到干净利索》一文中提到：“在这整个探索、研究、试验，一直到初步成功，开始大量建造的过程中，建筑师、工程师们得出的结论是：要大量、高效地建造就必须利用机械施工；要机械施工就必须使建造装配化；要建造装配化就必须将构件在工厂预制；要预制构件就必须使构件的类型、规格尽可能少，并且要规格统一，趋向标准化。因此标准化就成为大规模、高速度建造的前提。”

我国 1978 年开始编纂的《中国大百科全书》第一版，对“建筑标准化”的定义是：“在建筑工程方面建立和实现有关的标准、规范、规则等的过程。建筑标准化的目的是合理利用原材料，促进构配件的通用性和互换性，实现建筑工业化，以取得最佳经济效果。”与该释义同书的“标准化”定义为：“制定、贯彻和推广应用标准的活动过程。标准是对科学技术和经济领域中某些多次重复的事物给予公认的统一规定。标准的制定必须以科技成果和实践经验为基础，经有关各方协商一致，由主管机构批准，并以特定形式发布，作为共同遵守的准则。标准随着科学技术的发展和经验的积累而不断更新。”二者立足点、内涵和外延有一些不同。“建筑标准化”的定义认为建筑标准化的目的在于“建筑工业化”“节省原材料”和“经济性”几方面，有其时代认知的局限性。

3.1.2　定性分析与定量分析相结合

标准化设计是指在产品开发的过程中，把积累的实践经验，经过分析、优化，按不同属性制定成各类标准，并贯彻到产品开发中去。因此，产品标准化的实质是在产品开发、设计范畴内，制定标准和贯彻标准的过程。

通过总结目前装配式混凝土公共建筑工程实践经验，依据标准化、模数化、参数化原则，提出了预制外墙挂板、预制柱、预制梁、预制板、预制楼梯等常用部品部件的标准化定量规则。

开展标准化构件占比统计，在示范工程中设计及推广应用，要求标准化部品部件占比达到 70%以上。通过控制部品部件的重复率，促进装配式建筑的成本降低，有助于减少环境污染、提高建设效率、缩短建设周期、优化资源配置、提高产品质量。充分发挥工业化规模效益，有效实现效率提升。

标准化水平的定量分析是认识装配式建筑标准化水平的基本途径。其指标选取和指标体系的部品部件应注重完整性、综合性、科学性、有效性和可获取性。

3.1.3　部品部件的标准化率

部品部件标准化是标准化设计的目的和实现手段，以中国古建木构建筑为例，斗拱的标准化是通过木构件的标准化来实现的，西方柱式的标准化是通过砖石构件的标准化来实现的。装配式建筑的标准化需要通过部品部件的标准化来实现。

空间模块保证构建模块的部品部件规格种类少，标准化程度高。非承重外墙及内墙适宜进行标准件制作，降低成本。现浇部分节点，通过结构优化，实现标准化，便于施工。通过最大公约数确定基本规格，使之重复率最高，其余构件，采取统一边长，另一边长按模数系列化变化，便于生产组织。

将装配式建筑中所采用的同类部品部件经识别和归类后，提取单位项目中所有部品部件的标记参数，同意编入新建数组 A 中，通过访问内置的数组运算函数得到该数组内部元素的个数，得到数据类型为整形的数据 Num X；然后对数组进行去冗余函数计算，去除重复的元素，得到的结果为数组 B。对该数组进行内部元素数量计算，得到整形 Num Y。Num X 与 Num Y 参与到下一步计算得到以百分数显示的标准化率数值 Z，后者的范围区间为 0～100%。

标准化率的判定采用自动方式进行，具体操作手段需与 BIM 技术结合，其数据从模型中提取而非手动输入，应用具体插件程序自动、准确、高效地获取数值。

对于每一类部品部件，标准化率 ρ_1 计算公式为：

$$\rho_1=\frac{a}{c}\% \tag{3-1}$$

具体部品部件的标准化率计算见表 3-1。

部品部件的标准化率　表 3-1

部品部件分类	名称	标件数量	非标件数量	总数量	标准化率
主体结构部件	类型 1:预制柱	a_1	b_1	c_1	$(a_1/c_1)\times100\%$
	类型 2:预制梁	a_2	b_2	c_2	$(a_2/c_2)\times100\%$
	类型 3:预制板	a_3	b_3	c_3	$(a_3/c_3)\times100\%$
	类型 4:预制阳台板	a_4	b_4	c_4	$(a_4/c_4)\times100\%$
	类型 5:预制空调板	a_5	b_5	c_5	$(a_5/c_5)\times100\%$
	类型 6:预制楼梯	a_6	b_6	c_6	$(a_6/c_6)\times100\%$
围护结构部品	类型 7:PCF 混凝土外墙模板	a_7	b_7	c_7	$(a_7/c_7)\times100\%$
	类型 8:预制混凝土外墙挂板	a_8	b_8	c_8	$(a_8/c_8)\times100\%$
	类型 9:蒸压加气混凝土外墙系统	a_9	b_9	c_9	$(a_9/c_9)\times100\%$
	类型 10:轻钢龙骨一体化外墙系统	a_{10}	b_{10}	c_{10}	$(a_{10}/c_{10})\times100\%$
内装及设备管线部品	类型 11:集成式厨房	a_{11}	b_{11}	c_{11}	$(a_{11}/c_{11})\times100\%$
	类型 12:集成式卫生间	a_{12}	b_{12}	c_{12}	$(a_{12}/c_{12})\times100\%$
	类型 13:装配式吊顶	a_{13}	b_{13}	c_{13}	$(a_{13}/c_{13})\times100\%$
	类型 14:干式工法楼地面	a_{14}	b_{14}	c_{14}	$(a_{14}/c_{14})\times100\%$
	类型 15:装配式内隔墙板	a_{15}	b_{15}	c_{15}	$(a_{15}/c_{15})\times100\%$
	类型 16:装配式栏杆	a_{16}	b_{16}	c_{16}	$(a_{16}/c_{16})\times100\%$
合计		A	B	C	$(A/C)\times100\%$

注：此表格为开放表格，当采用其他装配式技术时，可在所属分项增加该技术标准部品部件的数量及总部品部件的数量。

3.1.4　单体建筑的标准化率

单体建筑的装配率需要将单体建筑中各类标准化部品部件和总部品部件数量求和，推导出单体建筑的标准化率 ρ_2 计算公式为：

$$\rho_2=\frac{\sum_{i=1}^{n}a_i}{\sum_{i=1}^{n}c_i}k_1k_2\% \tag{3-2}$$

式中　k_1——标准化部品部件件数调整系数；

k_2——标准化部品部件件量调整系数。

结构体系的选择对部品部件标准化率有较大的影响，当采用不同结构体系时，需要乘以修正系数。标准化部品部件件数越少，标准化部品部件件数调整系数 k_1 越大；标准化部品部件件量越大，标准化部品部件件量调整系数 k_2 越大。

3.1.5　项目的标准化率

对于整个项目，部品部件不局限于在某单栋建筑使用，在整个项目的其他建筑中也重复使用时，由式(3-1）和式(3-2）可推导整个项目的标准化率 ρ_3 计算公式为：

$$\rho_3 = \frac{\sum_{i=1}^{n} A_i}{\sum_{i=1}^{n} C_i} k_1 k_2 \% \tag{3-3}$$

式中　k_1——标准化部品部件件数调整系数；

k_2——标准化部品部件件量调整系数。

下面以文林峰、刘美霞等编写的《装配式建筑标准化部品部件库研究与应用》（中国建筑工业出版社）中某装配式混凝土建筑示范工程案例中的数据为例进行分析，计算项目的标准化率，过程如表 3-2 所示。

标准化率统计表　　表 3-2

标准化部品部件数量（个）		非标准化部品部件数量（个）		部品部件总量（个）	标准化部品部件占比	标准化率
预制外（内）墙	3000	—	—	3000	100%	92.5%
预制叠合楼板	3860	开洞叠合板	700	4560	85%	
PCF 板	700	—	—	700	100%	
预制空调板	700	—	—	700	100%	
预制楼梯	220	—	—	220	100%	
预制女儿墙	170	—	—	170	100%	

3.2　平面标准化设计技术

3.2.1　平面标准化设计方法

一、模数和模数协调

模数和模数协调是实现装配式建筑标准化设计的重要基础，涉及设计、生产、施工全过程的各个环节，在基本模数的基础上，以标准模块的开间、进深、高度等为参照，采用扩大模数、分模数等，可实现建筑主体结构、内装以及内装部件等相互间的尺寸协调，进一步实现规格化、定型化部件的批量生产，以达到节约工期、提升技术、降低成本、优化质量的目的。

通过模数协调可实现建筑主体结构和建筑内装修之间的整体协调，建筑的平面设计应采用基本模数或扩大模数，做到构件部品设计、生产和安装等相互尺寸协调。为降低构件和部品种类，便于设计、加工、装配的互相协调，楼板厚度的优先尺寸为 130mm、

140mm、150mm、160mm、170mm、180mm，长度和宽度模数与开间、进深模数相关；内隔墙厚度优先为100mm、150mm、200mm，高度与楼板的模数数列相关。平面设计模数见表3-3。

平面设计模数 表3-3

模数	开间	进深	层高	剪力墙厚度	楼板厚度
推荐模数	2M	2M	1M	0.5M	0.1M
可选模数	3M	2M	—	—	—

过去我国在建筑平面设计中的开间、进深尺寸等多采用3M（300mm）制式，设计的灵活性和建筑的多样化受到了较大的限制。目前为了适应建筑多样化的需求，增加设计的灵活性，多选择2M（200mm）或3M（300mm）。但是在住宅的设计中，根据国内建筑墙体的实际厚度，并结合装配整体式住宅的特点，建议采用2M+3M灵活组合的模数网格，以满足住宅建筑平面功能布局的灵活性及模数网格的协调。

模数协调部件的定位可采用以下3种方法：中心线定位法、界面定位法、中心线与界面定位混合使用法。定位方法的选择应优先保证部件安装空间符合模数要求，或满足1个及以上部件间净空尺寸符合模数要求。为保证上、下道工序的部件安装处在模数空间网格之中，部件定位宜采用界面定位法；建筑和结构设计，墙基准线定位应采用中心线定位法；机电、内装二次设计，要考虑完成面净尺寸，应采用界面定位法；围护系统既与结构相关联，又包括部品和构件的定位，宜采用中心线与界面定位混合使用法。

二、模块和模块组合

模块具有可组合、可分解、可更换的功能，能满足模数协调的要求，应采用标准化和通用化构件部品，为主体构件和内装部品尺寸协调、工厂生产和装配化施工安装创造条件。

以装配式住宅为例，其套型模块由起居室、卧室、门厅、餐厅、厨房、卫生间、阳台等功能模块组成。套型模块的设计，可由标准模块和可变模块组成。标准模块在对套型的各功能模块进行分析研究基础上，用较大的结构空间满足多个并联度高的功能空间的要求，可通过设计集成、灵活布置功能模块，建立标准模块（如客厅+卧室的组合等）。可变模块为补充模块，平面尺寸相对自由，可根据项目需求定制，便于调整尺寸进行多样化组合（如厨房+门厅的组合等）。可变模块与标准模块组合成完整的套型模块。套型模块应进行精细化、系列化设计，同系列套型间应具备一定的逻辑及衍生关系，并预留统一的接口。

三、套型模块组合成标准单元

装配式建筑设计应遵循“少规格、多组合”的原则，以基本套型为模块进行组合设计，在标准化设计的基础上实现系列化和多样化。在进行装配式建筑设计时，不能把标准化和多样化对立起来，二者的巧妙结合才能实现标准化前提下的多样化和个性化。

以装配式住宅为例，可以通过标准化的套型模块结合核心筒模块组合出不同的平面形式和建筑形态，创造出多种平面组合类型，实现多样化的标准层平面。标准模块组合成标准层单元模块过程示意如图3-1所示。

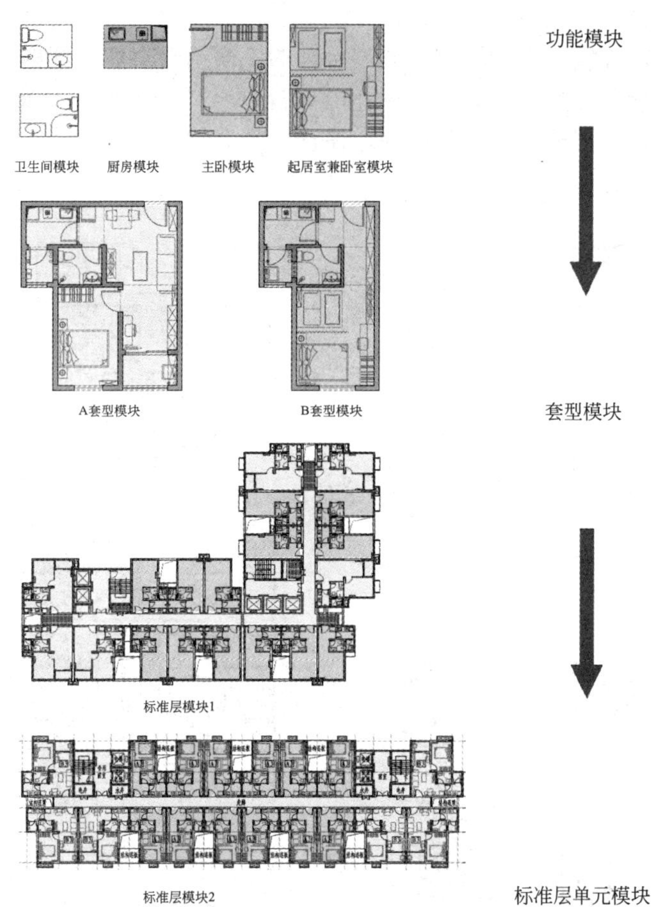

图 3-1　标准模块组合成标准层单元模块过程示意图

在不同基本户型下，通过确定相同尺寸的通用边界，可以实现模块间的协同拼接，确定了 8800mm 的协同组装接口（图 3-2）。

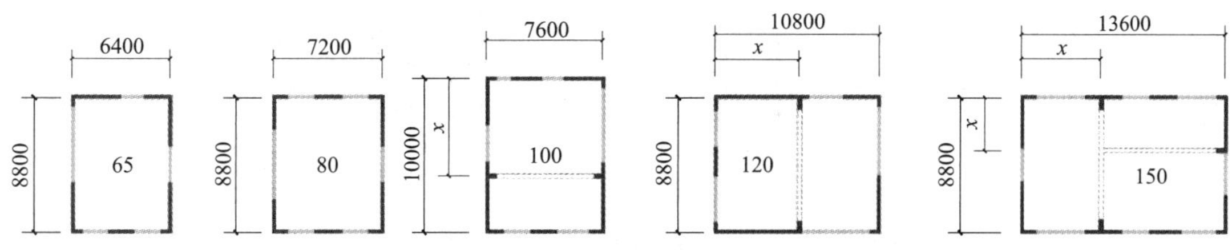

图 3-2　不同基本户型 8800mm 的协同组装接口

模块的组合是根据具体的功能要求，通过模块接口进行组合。模块组合的关键是模块和接口的标准化、通用化。模块化设计应关注模块本身和模块组合的可变性。为了确保不同功能模块的组合或相同功能模块的互换，模块应具有可组合性和互换性两个特征，应在模块接口上提高其标准化、通用化的程度。具有相同功能、不同性质的套型模块应具有相同的对接基面和可拼接的安装尺寸，应在模块设计过程中确定模块的设计规则，建立模块化系统。

四、若干标准单元组合建筑楼栋

楼栋由不同的标准模块组合而成，通过合理的平面组合形成不同的平面形式，并控制楼栋的体型。楼栋标准化是运用套型模块化的设计，从单元空间、户型模块、组合平面、组合立面 4 个方面，对楼栋单元进行精细化设计（图 3-3）。

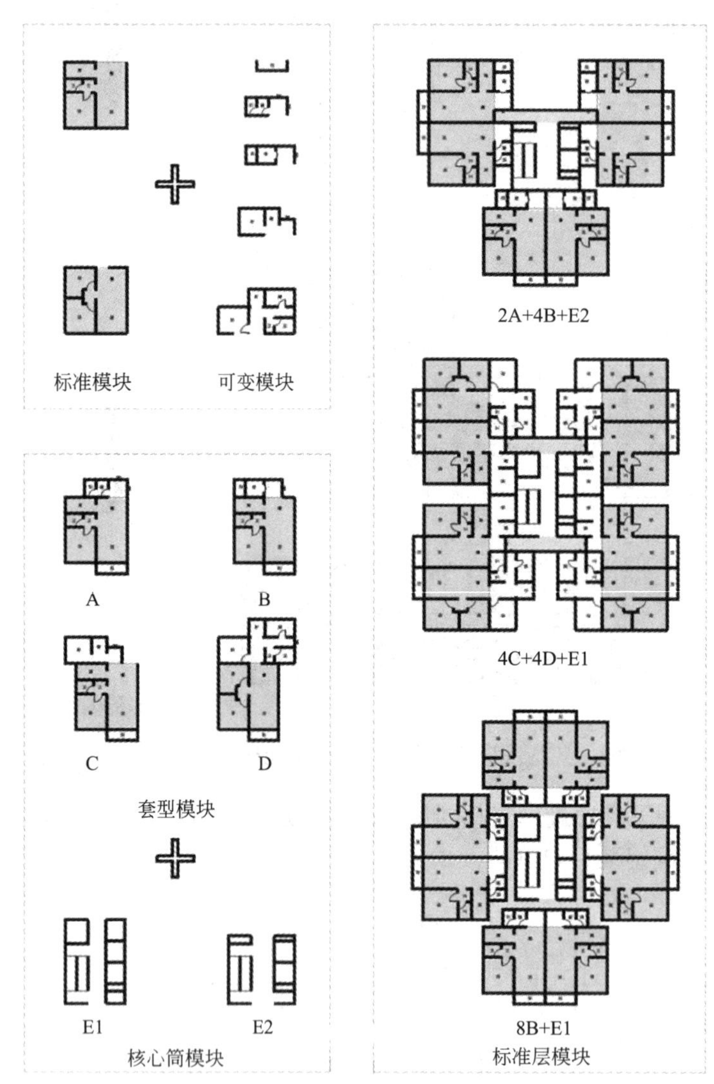

图 3-3 标准模块组合成楼栋平面过程示意图

楼栋在进行套型模块组合设计时，模块的接口非常重要。每个模块都有接口，模块接口应标准化。设计模块时接口越多，模块组合的方式就越多，但是给自身的条件限制也就越大，也不利于装配式建筑的建造。通过基本户型模块之间按照通用协同边界（如 8800mm）进行组合，与公共空间模块（包括走廊、楼梯、电梯等基本模块）进行组合，确定多种基本平面形状，形成不同的个性化平面，实现楼栋组合的无限生长。

楼栋组合平面设计应优先确定标准套型模块及核心筒模块，平面组合形式要求得越清楚，其模块设计实现的效率越高。组合设计可以优先考虑将相同开间或进深便于拼接的套

型模块进行组合，结合规划要求利用各功能模块的变化组合形成标准套型模块基础上的多样化。装配式混凝土剪力墙结构住宅的规划设计在满足采光、通风、间距、退线等规划要求情况下，宜优先采用由套型模块组合的住宅单元进行规划设计。

3.2.2 平面标准化设计原则

平面标准化与多样化是对立统一的关系，其设计原则就是要实现模块构成的多样化、模块空间的多样化、模块组合的多样化。

一、模块构成的多样化

1. 设计理念的创新

传统设计理念是由建筑专业先确定户型，然后由结构专业配置墙体、受力计算、定案。依据这种设计理念，户型受限，建筑师的思维被局限，不能实现户型的多样化。装配式建筑要实现户型的多样化和可变性，应创新设计理念，进行全专业协同，实现规则引导下的可变结构模块系列。装配式建筑设计时应遵循以下设计理念：

（1）建筑师制定模块标准；

（2）建筑、结构协同确定最优的结构大空间；

（3）设计协同生产、施工，确定模块变化规则；

（4）根据模块变化规则设计出形状可变的标准模块。

通过设计理念的创新，装配式建筑可以实现标准模块的适应性多样化。下面分别示意了 80m^2 以下、120m^2 以下、120m^2 以上的套型空间模块变化（图 3-4～图 3-6）。

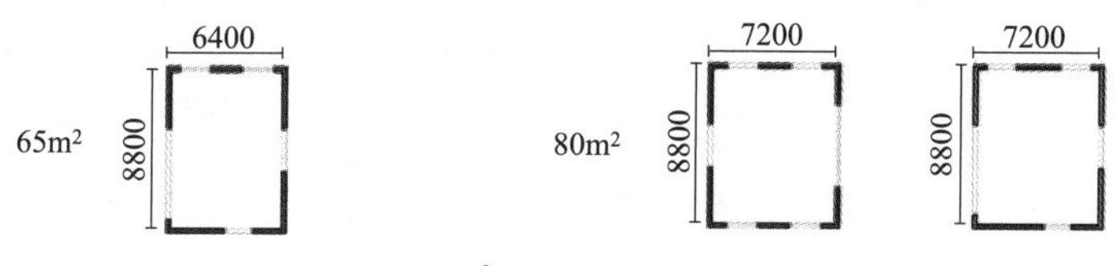

图 3-4 80m^2 以下套型，无梁无柱

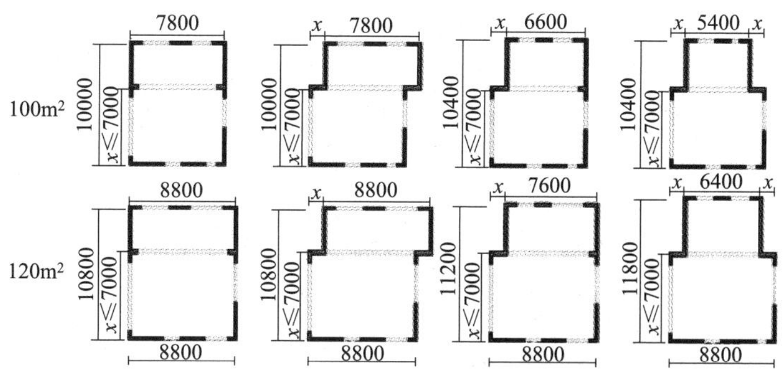

图 3-5 120m^2 以下套型，1 道梁，墙随梁凹凸变化

2. 平面标准化模数的协调规则

平面标准化模数的协调规则是开间不变、进深以 200M 进行延伸扩展（图 3-7）。

3. 模块间接口的标准化

模块设计时应尽可能采用相同尺寸的通用边界，这样便于模块间的协同拼接。模块设

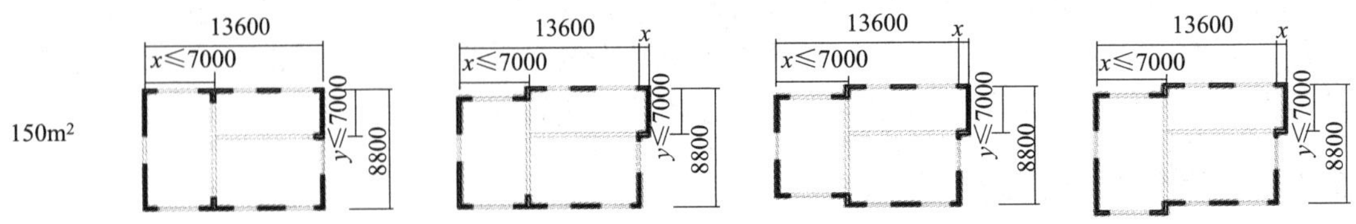

图 3-6　120m² 以上套型，2 道梁，墙随梁凹凸变化

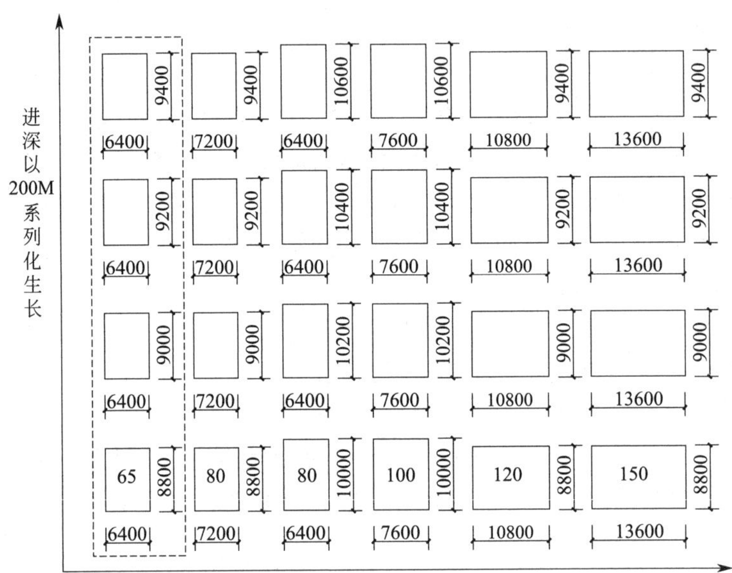

图 3-7　不同套型进深以 200M 系列化变化规则

计时确定了 8800mm 的组装接口，基本模块在 200M 和通用接口协同下变成 12 个、18 个、24 个甚至更多系列，实现了户型的适应性变化（图 3-8）。

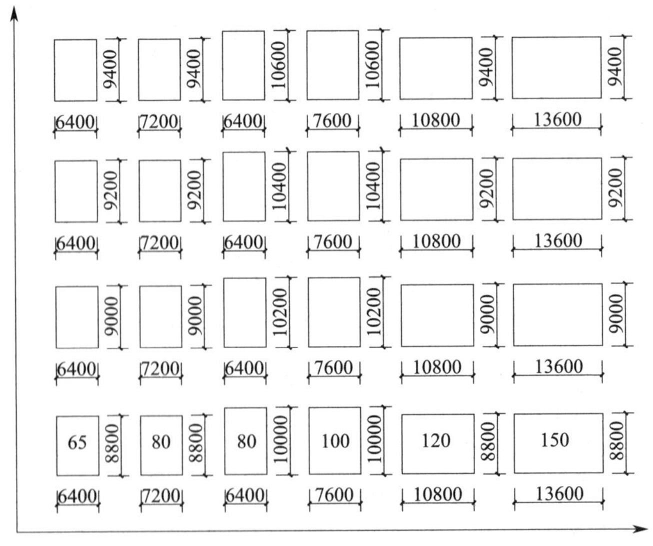

图 3-8　户型模块的适应性变化规则

二、模块空间的多样化

模块化设计很容易实现功能的多样化，因为其本身就是通过模块来进行设计的，模块自身具备灵活性，模块的组合也能够创造出丰富的空间效果来达到这一目的。相同功能属性的空间经过整合，势必形成可以变化的大空间，这样空间的使用性就比较多变。在设计时，我们需要体现出建筑师的“超越性”，考虑空间在未来发展的可变性，在有限的空间中能够尽量有效率地容纳未来可变的用途。

模块单元可以按照建筑功能的需要进行拓展。模块组合设计时，应尽量实现起居室、卧室、餐厅模块空间功能的复合利用，避免用途专一的属性和交通空间，还应避免将套内空间划分得过于零碎；同时，应考虑内部空间的灵活性、适用性、可变性，满足不同时段住户空间的多样化需求。为了居住功能模块通过内部空间变化满足住户不同生活状态的需求，建立各种住户需求户型图，如单身贵族（两口）、三口之家、三代同堂、老人安享等标准户型，实现以有限的空间满足全生命周期的不同需求（图3-9）。

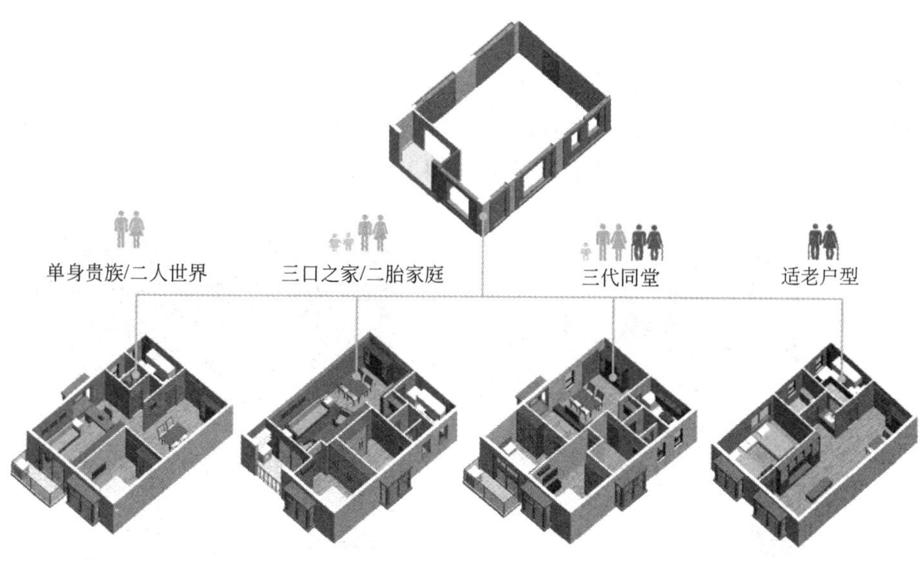

图3-9　模块空间的多样化

三、模块组合的多样化

模块的组合要能够实现多样化，在减少构件类型和规格的同时最大限度地满足使用和空间形态要求，并使装配式建筑形象生动、美观、多姿多彩，以丰富城市面貌，满足总体规划的要求。

组合多样化由以下途径来实现：采用不同层数的建筑体块，形成高低错落，起伏多变的外轮廓；采用不同长度的模块构件，形成凹凸进退的建筑立面；采用错动组合的建筑平面，可以使模块构件纵向或横向移动，以至旋转90°或45°；设计不同形式的屋顶、平顶、坡顶，或用不同形式的屋顶相组合；采用不同的阳台、雨篷等。通过模块的多样化组合，可以适应不同的规划要求，组合出各种形式的标准楼栋。

3.3 立面标准化设计技术

3.3.1 立面标准化设计方法

装配式建筑的立面标准化和与立面相关的预制构件、部品部件的标准化是总体和局部的关系。运用模数协调原则，采用集成技术等立面优化的手法，减少构件的种类，实现立面外墙构件的标准化和类型的最少化，从而达到节约造价的目的。

一、通过外墙集成设计实现多样化

装配式外墙板由于结构受力的制约，参与立面变化的可能性较小，在门窗构件满足正常通风采光的基础上，可适度调节门窗尺寸，通过飘窗、虚实、比例以及窗框分格形式等变化产生一定的灵活性；阳台、空调板和装饰构件等室外构件在满足功能的情况下，有较大的立面自由度，可实现多元化立面设计效果，满足差异化的建筑风格要求和个性化需求。建筑外墙装饰构件宜结合外墙板整体设计，应注意独立的装饰构件与外墙板连接处的构造，满足安全、防水及热工设计等的要求。

外墙预制挂板构件包括外墙功能构件（如飘窗、阳台板、空调板、空调机架等）和外墙装饰构件，可以通过色彩、光影、质感、纹理、凹凸等，产生整齐划一、简洁精致、富有装配式建筑特点的韵律效果，从而实现立面的个性化、多样化（图 3-10）。

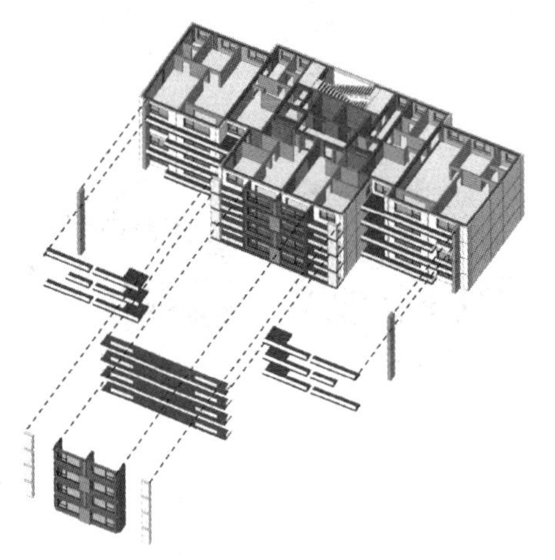

(a) 预制挂板类型共10种

(b) 125+50楼型预制阳台挂板构件设计

图 3-10　某住宅项目立面效果

装配式住宅可以通过改变阳台、空调板、空调百叶等功能构件和外墙装饰构件的形状和组合方式，来改善体型的单调感，形成丰富的光影关系，用“光影”实现建筑之美（图 3-11）。

二、通过饰面多样实现标准化与多样化的统一

预制外墙板的饰面宜采用装饰混凝土、涂料、面砖、石材等不易污染，且具有高耐久性和耐候性的建筑材料。可以考虑外立面分格、饰面颜色与材料质感等细部设计要求，并

图 3-11　预制阳台多样化示意图

体现装配式建筑立面造型的特点。

通过预制外墙板不同饰面材料可以展现出不同肌理与色彩的变化，饰面运用装饰混凝土、清水混凝土、涂料、面砖或石材反打，通过不同外墙构件的灵活组合，基本装饰部品可变组合，实现富有工业化建筑特征的立面效果（图 3-12、图 3-13）。

图 3-12　不同饰面外墙板

图 3-13　外围护立面效果

预制混凝土外墙可处理为彩色混凝土、清水混凝土、露骨料混凝土及表面带图案装饰的混凝土，不同的质感和色彩可满足立面设计的多样化需求。预制外墙使用装饰混凝土饰面时，设计人员应在构件生产前先确认构件样品的表面颜色、质感、图案等要求。预制外墙的面砖或石材饰面宜在构件厂采用反打或在其他工厂采用预制工艺完成，不宜采用后贴面砖、后挂石材的工艺和方法（图 3-14）。

三、通过立面分格和门窗的排列组合实现多样化

在采光、通风、窗墙比等一定的设计逻辑控制下，调节立面分格、门窗尺寸、饰面颜色、排列方式、韵律特征，呈现标准化、多样化的立面设计（图 3-15）。

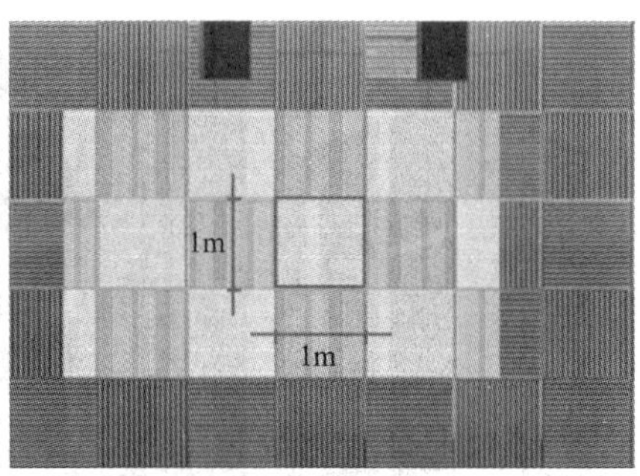

图 3-14 预制外墙装饰混凝土饰面示意图

图 3-15 门窗围护体系

四、通过凹凸有致、错落有序的预制空调板、阳台组合设计实现多样化

通过一字形、L 形、U 形等标准化阳台形式，进行基本单元的凹凸扩展、组合扩展，形成丰富多样的空调板、阳台的立面设计（图 3-16）。

图 3-16 阳台组合设计

3.3.2 立面标准化设计原则

标准化和多样化是建筑设计中对立而又统一的整体，既不能离开标准化谈多样化，也不能片面追求多样化而忽视了标准化。立面标准化的真正内涵是在平面标准化的基础上，建筑外围护系统各组成要素的标准化。外墙、阳台、空调机板等构件和门窗、栏杆、百叶等部品通过模数化设计，形成标准化、系列化的模块。模块之间通过色彩变化，肌理变化，光影变化，组合变化，结合构件本身的造型设计，实现立面标准化与多样化的有机统一。

一、结合地域气候环境

澳大利亚悉尼的“海浪”大厦（图 3-17），只用“预制阳台”这一种预制构件，结合当地的气候环境条件，用曲线形的阳台，组合出结构美、空间美、功能美和非装饰的美，其代表了装配式建造立面美学发展方向。再如深圳长圳公共住房项目 6＃楼（图 3-18），结合华南地区的气候特点，用每隔 3 层 1 组的曲线形阳台，将标准化和多样化的协调和统一表达得比较充分。

图 3-17 “海浪”大厦外观

图 3-18 长圳公共住房项目立面设计

二、结合地域文化传承

以纽约 290 茂比利街项目（Mulberry Street 项目）为例（图 3-19），所在城市区划要求该建筑朝向休斯敦（Houston）和茂比利（Mulberry）两条街的两面采用“石造建筑”外墙，这是为了与水球大厦（Puck Building）——纽约最著名的石造建筑之一相呼应，整体协调。纽约市建筑规范允许建筑每 100 平方英尺的面积内可以有 10 平方英尺投影在建筑红线外，挑出长度最多 10 英寸。这个规定适用于突出的装饰物，比如外圆角、檐板。

三、结合建筑功能特点

建筑因其独特的功能需求，在建筑形式上表现出来，自然构成了其多样化的形式美。以旧金山圣玛丽大教堂为例（图 3-20），教堂上端是一个双曲抛物面拱壳结构，内部开阔无梁柱，空间由 1680 个、128 种不同尺寸的预应力混凝土藻井组合在一起，外侧通过浇筑混凝土形成 4 块预制叠合混凝土拱壳，这种无柱大空间提供了教堂聚集教众、宣讲教义和组织宗教活动的功能。板块交接处嵌入窄长的传统彩

图 3-19 纽约 290 茂比利街项目（Mulberry Street 项目）

图 3-20 结合教堂功能的立面设计

色玻璃，构成十字形光晕。十字交叉处便是屋顶外 17m 高的金色十字架底座。教堂四角底部的玻璃在高耸的顶棚下透出朦胧的光，体现了教堂的功能性和空间环境氛围。

四、结合建筑材料表现

以中粮万科假日风景 D1D8＃工业化住宅为例，其立面充分发挥清水混凝土的建筑表现力。工厂预制的清水混凝土构件有光洁的表面、精确的几何尺寸、可塑的造型特性和不同材料部品间连接的便利性。该工程采用了混凝土的“清水”表现形式，在构件的“重复”中寻求材料新的表现力和形式美（图 3-21）。为了与项目档次匹配，该项目在简欧风格基础上进一步风格化，全部采用石材，部分较为复杂的部分采用 GRC 预制构件并与石

材配合，风格特征更加突出（图 3-22）。

图 3-21　清水混凝土的立面效果

图 3-22　石材＋GRC 的立面效果

五、结合建筑空间组合

梁思成在《千篇一律与千变万化》一文中以故宫为例讲述了结合建筑空间组合实现建筑标准化和多样化协调统一的例子："历史中最杰出的一个例子是北京的明清故宫。从（已被拆除了的）中华门（大明门、大清门）开始就以一间接着一间，重复了又重复的千步廊一口气排列到天安门。从天安门到端门、午门又是一间间重复着的'千篇一律'的朝房。再进去，太和门和太和殿、中和殿、保和殿成为一组'前三殿'与乾清门和乾清宫、交泰殿、坤宁宫成为一组的'后三殿'的大同小异的重复，就更像乐曲中的主题和'变奏'；每一座的本身也是许多构件和构成部分（乐句、乐段）的重复；而东西两侧的廊、庑、楼、门，又是比较低微的，以重复为主但亦有相当变化的'伴奏'。然而整个故宫，它的每一个组群，每一个殿、阁、廊、门却全部都是按照明清两朝工部的'工程做法'的统一规格、统一形式建造的，连彩画、雕饰也尽如此，都是无尽的重复。我们完全可以说它们'千篇一律'。但是，谁能不感到，从天安门一步步走进去，就如同置身于一幅大'手卷'里漫步；在时间持续的同时，空间也连续着'流动'。那些殿堂、楼门、廊庑虽然制作方法千篇一律，然而每走几步，前瞻后顾、左睇右盼，那整个景色的轮廓、光影，却都在不断地改变着，一个接着一个新的画面出现在周围，千变万化。空间与时间，重复与变化的辩证统一在北京故宫中达到了最高的成就"（图 3-23）。

六、结合建筑光影的塑造

北京百子湾公租房全部采用模块化标准化的户型模块，拼装组合而成，非常容易因为标准化而变得呆板、生硬。为此，设计师巧妙地通过加装阳台和空调连接板，形成了丰富变化的光影效果，塑造了全新的建筑形式（图 3-24、图 3-25）。

图 3-23　太和殿及其广场

图 3-24　标准化的模块组合

图 3-25　组合后形成光影变化

七、结合建造工艺与结构表达

罗马小体育宫表现的是一种结构之美、技术之美，由“混凝土诗人”奈尔维设计。采用钢筋混凝土扁球壳结构，球壳直径 59.13m，其特征在于内部空间极强的装饰性和具有表现力的“网肋”，既是整个建筑内部空间形态的典型特征，又是结构体系的重要组成部分，花瓣式的网肋，把力传到斜柱顶，再通过 36 个 Y 形支撑传至基础。整个球壳由 1620 块预制的钢丝网水泥菱形槽板拼装而成，板间及之上布置钢筋，以此为模板，上浇混凝土，形成装配整体式叠合结构。从建筑内部看，圆顶如花瓣般绽放，规则的球壳和带肋拱壳造型，极富装饰性并充满韵律感，这种装饰不是后加的，是结构与生俱来的，结构之美因其而生（图 3-26、图 3-27）。

除了结构美，还有工艺之美。道达尔石油公司大厦（Tour Total 大厦）外墙面积约 1 万 m^2，由 1395 个、200 多种不同类型、三维方向变化的混凝土预制构件装配而成。每个构件高度 7.35m，构件误差小于 3mm，安装缝误差小于 1.5mm。构件由白色混凝土加入

石材粉末颗粒浇铸而成，精确、细致的构件，三维方向微妙变化富有雕塑感的预制件，使建筑显得光影丰富、精致耐看（图 3-28、图 3-29）。

图 3-26　小体育宫穹顶仰视图

图 3-27　小体育宫穹顶的结构之美

图 3-28　道达尔石油公司大厦（Tour Total 大厦）

图 3-29　立面细节

八、结合建筑师的艺术创造

悉尼歌剧院的立面形式来自于建筑师约翰·伍重的天才灵感，其方案中标后，由于方案中的设计是没有规律的，自由的不同曲度的拱顶，并没有几何学上的定义，设计建造非常周折。设计团队花了很长时间来研究一个经济上可以接受的解决方案，反复尝试了 12 种不同的建造“壳”的方法（包括抛物线结构、圆形肋骨和椭圆体等），其中也包括使用原地浇筑混凝土的方法。最终，现浇方案由于确定模具、浇筑曲面等工艺非常复杂，导致造价高昂而遭到了否决。1961 年，在历时 4 年之后，找到了一个所有的"壳"都由球体创建而来的解决办法，这个办法使用一个共同的模具浇筑出不同长度的圆拱，然后将若干有着相似长度的圆拱段放在一起形成一个球形的剖面。依据这个设计，在工厂中制成了 2400 件预制肋和 4000 件屋顶面板。通过标准化的方法，结合建筑师的艺术创造，这个项目得以实现（图 3-30、图 3-31）。

图 3-30　悉尼歌剧院外景

图 3-31　建成后的外观瓷片拼贴细部

3.4　结构构件标准化设计技术

3.4.1　构件标准化设计方法

一、构件模数化、规格系列化设计

构件模数化实现了标准化的预制构件，为了适应工程的多样化需求，需要提供系列化的产品。

构件模数化延展设计是将各个种类的预制构件分别固定一边的设计尺寸，而另一边的尺寸进行模数化延展形成系列构件，系列化的构件由可变模板技术实现。其中，固定一边的设计尺寸是通过最大公约数确定的构件的基本尺寸，模数化尺寸是根据建筑功能、模具使用及生产便利性确定的变化尺寸，变与不变可达至标准化与多样性的高度统一。

目前常见的预制构件，如预制外墙板、预制内墙板、预制阳台板、预制楼梯、预制叠合楼板均可进行系列化设计。例如，对于 $65m^2$ 及 $80m^2$ 户型，叠合楼板长度在开间尺寸方向统一为 6400mm，而宽度模数化延展扩伸为 1400～2600mm 的尺寸系列。某项目在预制内墙板、预制空调板等设计上采用了模数化延展技术，预制内墙板因具有与应标准层层高一样的特性，在高度上采用固定的 2600mm 尺寸，长度方向上则根据结构需要采用模数化延伸。预制空调板因建筑外挑长度不超过 600mm

的特性，在宽度方向上采用固定的600mm尺寸，长度方向上则根据建筑需要采用模数化延伸。

二、构件模数化组合、模块化设计

基于平面标准化设计可形成标准化户型模块，基于标准化户型模块可形成若干标准化的预制构件。

构件标准化的前提是实现构件的模数化。首先，要按照一定的模数合理划分构件尺寸，一般按照1M为基本模数，形成若干定型的通用构件产品，尽可能地提高其重复使用率，以满足工业化、规模化生产的要求；其次，要考虑实际工程需要配套部分“非标”构件，使其满足多样化和个性化的需要；最后，对设计形成的构件通过模块化的组合，保证构件的标准化，同时满足多样化的需要。

三、构件钢筋笼标准化设计

构件标准化不应仅体现在外形尺寸上，还需要通过钢筋笼等内在要素的标准化，实现系统的标准化。钢筋笼标准化设计是在构件尺寸标准化的基础上，通过进一步的优化设计，配置钢筋的工作，使之能够在工厂标准化加工生产。钢筋笼标准化设计包括钢筋位置、钢筋直径统一及钢筋间距的系列化。

在深化设计中实现钢筋笼的标准化，有助于钢筋自动化设备的使用，钢筋可以进行批量化加工，大大提高生产效率，提高构件质量，同时还可以减少工人的使用，具有成本效益。

利用BIM的数字化、可视化和协同性的特点，根据标准化构件外形尺寸，可对应地建立系列标准化、单元化、模块化钢筋笼。预制外墙板的钢筋笼标准化如图3-32所示。

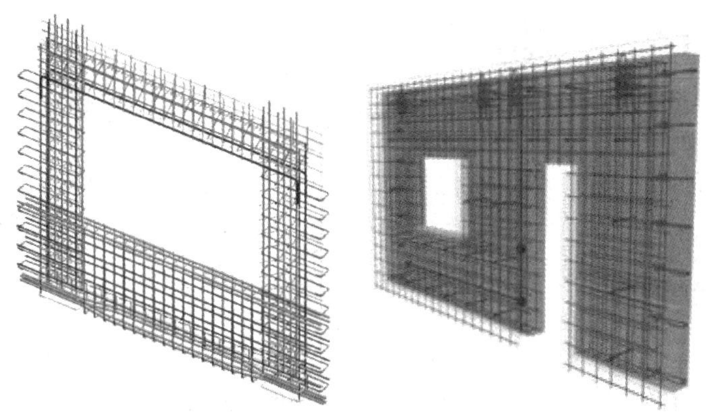

图3-32 预制外墙板的钢筋笼标准化

四、现浇连接区域标准化设计

装配式混凝土建筑中，预制构件是通过现浇连接节点形成一个整体的。对这些水平现浇的构件连接区域进行标准化设计，可以减少模具数量，减少人工和材料浪费，提高经济性。

构件连接区域标准化设计以模数协调、最大公约数原理为依据，满足结构平面尺寸和构件尺寸模数的协调要求，构件连接区域的规格尺寸优化则通过结构合理化布置与标准化设计实现（图3-33）。

图 3-33　预制构件连接施工效果图

五、构件、钢筋笼、模具的一体化标准化设计

构件、钢筋笼、模具的一体化标准化设计是对预制构件完整生产流程的设计，用以实现最适宜的工业化、流水化生产，将建筑生产过程尽可能地从露天搬到工厂，实现产品质量的稳定性，从而大大提高整体建筑质量。

采用基于 BIM 的钢筋参数化设计技术，标准化钢筋笼满足与标准化预制构件规格尺寸、模数数列相关联的需求。将标准化钢筋笼匹配相应的标准化模具，项目标准化设计水平由此得到大大提高（图 3-34～图 3-36）。

(a) 标准化预制外墙板

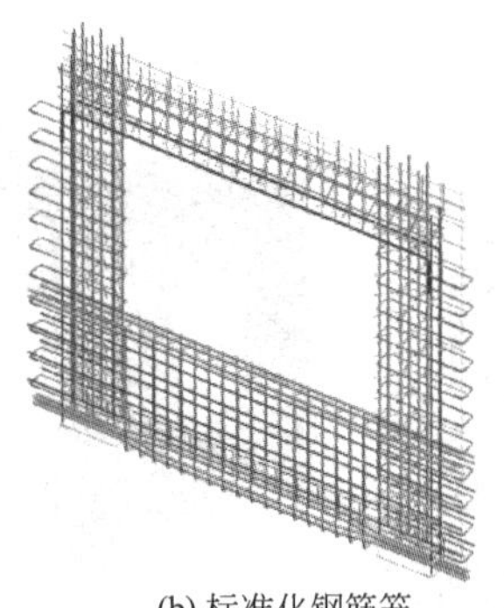

(b) 标准化钢筋笼

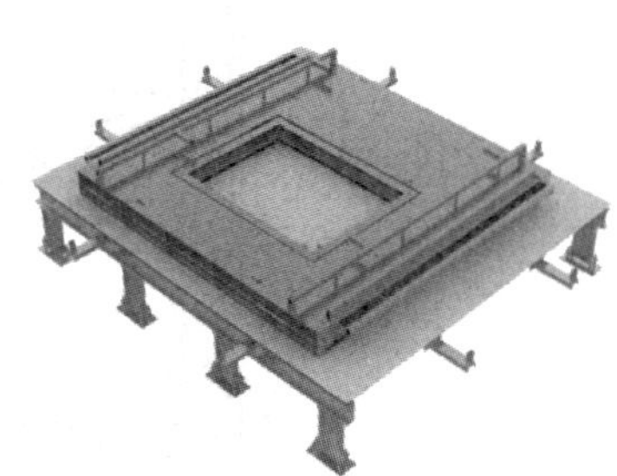

(c) 标准化构件模具

图 3-34　标准化预制外墙板的一体化设计

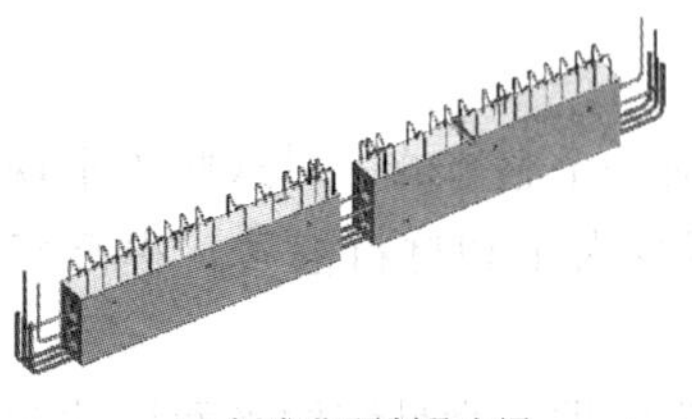

(a) 标准化预制叠合梁

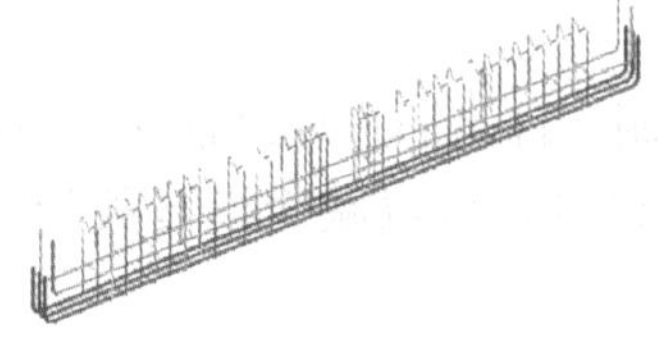

(b) 标准化钢筋笼

(c) 标准化构件模具

图 3-35　标准化预制叠合梁的一体化设计

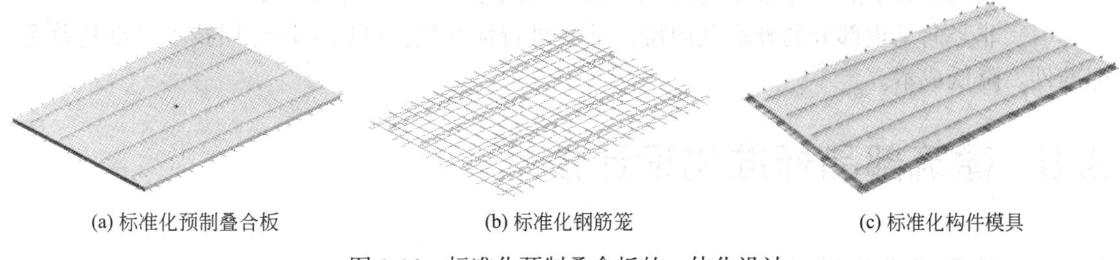

(a) 标准化预制叠合板　　(b) 标准化钢筋笼　　(c) 标准化构件模具

图 3-36　标准化预制叠合板的一体化设计

3.4.2　构件标准化设计原则

构件标准化是标准化设计的目的，也是其实现途径。在现代装配式建筑中，预制构件是预制装配式建筑的重要组成部分，也是装配式建筑系统的基本单元（图 3-37）。预制构件设计基于建筑及结构设计的要求，兼顾预制构件的生产制作和现场安装过程，将一系列标准化的构件组合成完整的建筑。

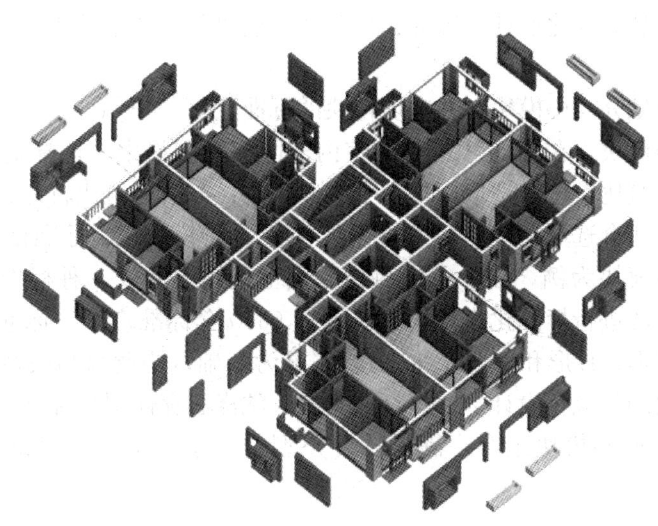

图 3-37　预制构件是装配式建筑系统的基本单元

预制构件的标准化设计是从建筑的整体协调性出发，改变原有的“先按现浇结构设计，然后拆分预制构件”的设计思路，采用“标准化、序列化预制构件来组合出建筑楼栋”的全新设计思路，充分发挥装配式建筑的工业化特点，提高装配式建筑的经济性和生产施工效率。

构件标准化设计原则为：充分考虑预制构件生产工艺、模板利用，以少规格、多组合的理念，进行构件和部品的组合设计。具体包括以下几点：

（1）户型模块标准化，以减少构件模块的预制构件规格，提高构件标准化程度。标准化的户型模块是简化构件规格种类的基础。在标准化户型中基于模数化延展理念进行预制构件系列化设计，可提高预制构件的通用性，从而减少同一功能类型的构件种类数。

（2）通过最大公约数确定构件基本规格，使之重复率最高。其余构件，采取统一边长，另一边长按模数系列化变化，便于生产组织。

（3）现浇部分节点，通过结构优化，实现标准化节点，便于施工。

（4）非竖向承重部分的外墙及内墙，适宜进行标准化。可以采用专项技术，将其做成标准件，降低成本。

3.5 建筑部品标准化设计技术

3.5.1 部品标准化设计方法

建筑领域粗放式拖泥带水的施工必将被工业化、集约化、精细化的建造所取代。装配式建筑有利于提高生产效率，有利于节约能源资源，有利于绿色可持续发展，有利于提高建筑工程质量，是建筑行业发展的必然趋势。

结构构件的工业化装配是装配式建筑重要特征之一，但装配式建筑不等于装配式结构，其中各类工业化生产的部品部件的工厂化生产，对于装配式施工也是必不可少，非常重要的。

装配式建筑部品标准化设计步骤为：划分“小模块”—“小模块”标准化—模块系列化—部品标准化。

一、在标准模块中划分“小模块”并实现模块的标准化

基于标准户型模块，在净尺寸控制的室内空间模数网格中，选择适合的功能模块为“小模块”（住宅建筑比较适合选取厨房、卫生间模块；办公建筑比较适合选取办公工位模块；医疗建筑比较适合选取标准病房模块等），对其进行模数化、标准化、精细化的设计。以住宅建筑的厨卫模块为例，在一个项目中原则上选用不超过 4 种标准模块，以比例控制、模数协调的方法进行标准化模块设计。覆盖 9600 套标准户型，标准化程度极高。厨房模块主要有一字形、L 形和 U 形，以功能需求为基础，协调部品模数和建筑模数，进行标准化功能模块的集成化设计。以烹饪、备餐、洗涤和存储厨房标准化功能单元模块为基础，通过模数协调和模块组合，满足多种户型的需求，实现厨房部品的标准化设计（图 3-38）。

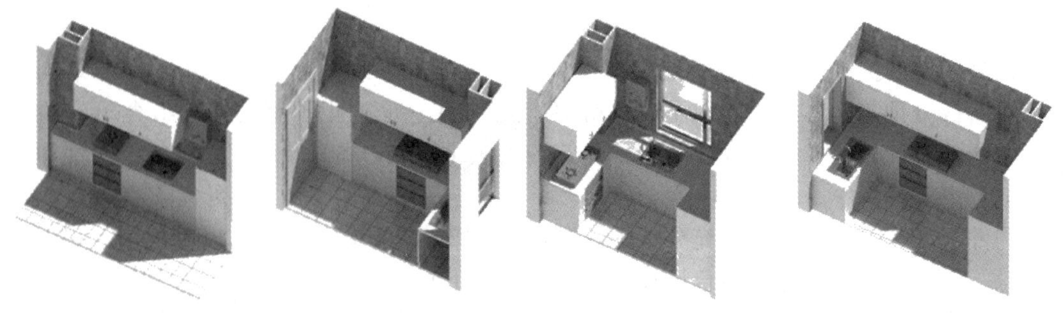

图 3-38 厨房模块

二、“小模块”按部品模数系列设计

“小模块”按模数系列进行设计（图 3-39），以比例控制、模数协调的方法建立系列功能单元模块（厨房、卫生间）。

卫生间模块按 300 的整数倍形成模数控制下的模块系列，从 1200mm×900mm+X，每增加一级，都带来功能的提升和增加，体现空间利用的高效性。在此基础上增加了户型的多样性，使模型内部空间灵活可变，满足不同家庭对空间的使用要求。

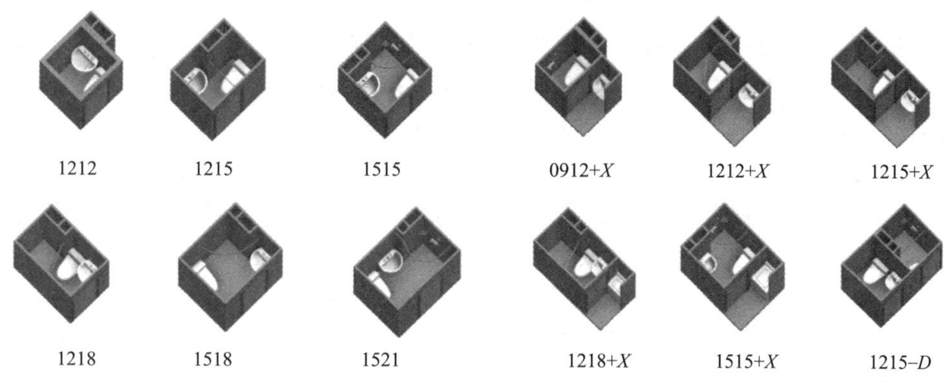

图 3-39　“小模块”系列化设计

三、结合模数网格确定部品尺寸系列

通过模数网格确定部品尺寸（图 3-40），这样可以保证部品部件安装符合空间模数要求，满足 1 个及以上部件间净空尺寸符合模数要求，上、下道工序的部件安装处在模数空间网格之中。以卫浴模块为例，如果基于人体工学的生理需求原则，不同尺度的模块都能满足其基本功能；如果基于模数协调的原则，则可能产生系列化的部品尺寸系列，结合空间模数网格，可以较为方便地选择。

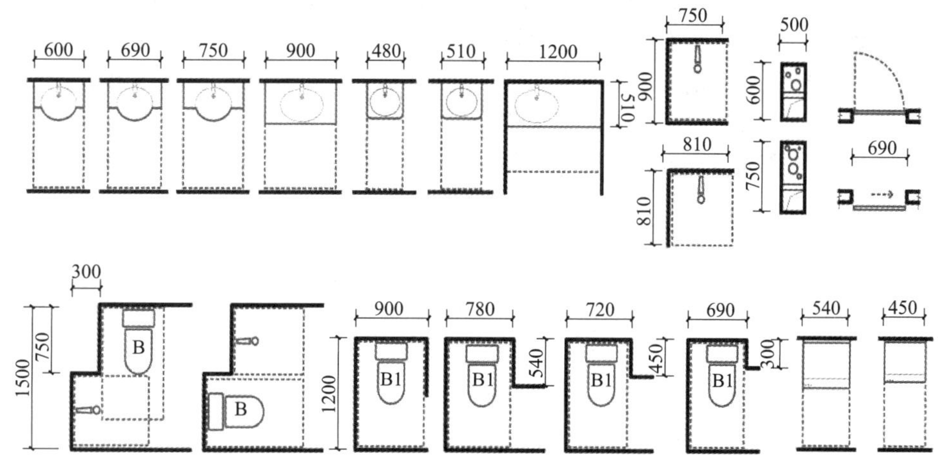

图 3-40　模数网格确定部品尺寸

大量标准化、通用化住宅部品的应用可提高住宅部品的质量，降低成本，并且通用化住宅部品的应用可以提高住宅部品的质量，降低成本，通过市场的竞争，也可以促进部品的质量和生产水平的提高。

总的来说，部品标准化设计一方面要根据人体尺度、配件尺寸以及产品加工耗材利用率，确定柜体高度及深度的标准；另一方面，要满足使用需求，通过模数协调和模块组合充分利用好功能空间，使其好用、易用；并在使用便利的前提下，收纳更多类型的物品。

通过标准化设计采用统一高度与宽度的柜门板，统一安装高度，降低施工难度，提高产品的经济性。

3.5.2 部品标准化设计原则

一、"小模块"的划分以部品部件应用较多、功能单一为原则

部品部件应以功能需求为基础，协调部品模数和建筑模数，进行标准化功能模块的集成化设计。采用以比例控制、模数协调的方法建立系列功能单元模块（厨房、卫生间）的标准化模块设计技术。对功能模块划分，要坚持功能性，并选取应用多的部分。

二、"小模块"应以部品模数为基本单位，采用界面定位法确定装修完成后的净尺寸

标准化的部品需要按照一定的模数和模数协调规则，安装在具有一定功能的空间中，因此需要提供一个与部品模数协调的模数空间。以厨卫空间为例，需要确定一定的模数数列，考虑功能需求、人体工学和部品安装要求，以空间的净尺寸为控制手段，采用界面定位法，确定部品安装空间，并以此为依据进行产品设计。

依据装修后完成的净尺寸的要求，是为了确定各个部件的有效净空间，来合理规划空间使用，满足日常的使用要求，更好地进行日常活动并保证建筑全生命期的灵活可变。

三、通过"模数中断区"实现部品、小模块、大模块以及结构整体间的尺寸协调

由于主体结构和一些建筑墙体是采用轴线定位法，墙厚和面层做法也各不相同，因此，在界面定位的内装修界面和轴线定位的结构界面必然存在很多非模数空间；此外，采用界面定位的模块之间也会因为各种不同情况，存在非模数空间，我们要正视其存在，采取措施解决其协调问题。

"模数中断区"就是对此类非模数空间采取的协调手段，通过中断，让该模数化的空间实现了模数化，其他普通空间作为"模数中断区"，实现过渡。同时模块化部品可以解决部品之间最容易出现的衔接问题，模块的接口类型非常重要。每个模块都有接口，模块接口应标准化。设计模块时接口越多，模块组合的方式就越多，但是给自身的条件限制也就越大，也不利于部品的衔接。设置"模数中断区"能更好地进行各个部品间的尺寸协调。

第4章 智能生产技术

4.1 工厂规划设计技术

预制工厂规划设计技术是为了科学合理地规划设计装配式房屋建筑预制混凝土构件工厂，增强工厂房屋建筑预制混凝土构件供应保障能力，促进装配式建筑产业化可持续发展，做到功能适用、安全稳定、生产高效、节能环保。

本章定义的典型预制工厂为产能规模为10万±2万 m^3 的大型预制工厂和产能规模为5万±2万 m^3 的中型预制工厂，包括其产品、产能、生产线、生产车间、存放场、工厂用地6大特征要素。其中大型预制工厂是以房屋建筑构件为产品，具有外墙板、叠合板、固定模位、钢筋加工4条标准生产线，预制构件年产能10万±2万 m^3，生产厂房面积1.5万～2.0万 m^2，堆场面积3万～4万 m^2，占地150～200亩（10万～13.3万 m^2），且具有系统设备、辅助生产设施和办公生活等配套的工厂。中型预制工厂是以房屋建筑构件为产品，具有叠合板、固定模位、钢筋加工3条标准生产线，预制构件年产能5万±2万 m^3，生产厂房面积1.0万～1.5万 m^2，堆场面积2万～3万 m^2，占地100～150亩（6.7万～10万 m^2），且具有系统设备、辅助生产设施和办公生活等配套的工厂。

典型预制工厂的设计工作可分为规划方案设计和详细规划设计两个设计阶段，规划方案设计阶段主要配合项目可行性研究和投资决策，详细规划设计是在规划设计决策完成后对整个预制工厂进一步实施。

典型预制工厂规划设计重点考虑提高机械化、自动化、信息化水平，实现绿色生产和高效、精益制造，既能满足稳定的产品生产需求，又为产品生产变化做好发展准备，在满足其建设目标和运营能力的基础上，节约土地、资源和保护环境。

4.1.1 典型预制工厂规划设计

一、典型预制工厂规划方案基本工作内容

预制工厂的规划设计方案与专项调研，规划条件、土地获取、项目可行性研究，投资公司发展战略同时开展，应结合可研和投资要求进行多方案评比，选定优化设计方案，这一阶段工作专业性、创新性较强，涉及多层级的交流沟通，宜通过专业机构协作完成。典型预制工厂规划方案基本工作内容包括：在专项调研、明确工厂发展战略和产品纲领基础上，开展工厂选址、设定规划条件、生产工艺、功能分区、各个建筑单体总平面布置，筹划分期建设、环境保护、道路交通，策划示范区和示范工程项目等。

二、典型预制工厂详细规划工作基本内容

典型预制工厂的详细规划是在选定的优化规划设计方案的基础上进行具体实施，这一阶段的工作宜选择工厂所在地有规划设计资质的规划设计单位完成。典型预制工厂详细规划设计工作基本内容包括：编制规划说明书、地形图、总平面规划图、道路系统规划图、绿地系统规划图、用地竖向规划图、工程管线规划及管网综合规划图等文件图纸。

三、产品纲领

产品纲领是依据本地市场需求和工厂发展战略确定的纲要性的产品生产计划，包括选定的产品类别、采用的生产工艺和各类产品的产能要求三方面内容；产品纲领需保证一定时期内的稳定性，使得产品能够规模化地持续生产；产品纲领也具有发展变化性，可随产品市场需求的变化，作相应调整。产品纲领应根据目标市场对预制构件产品类别、数量、发展战略、投资限额的需求等因素确定。

工厂规划要适应产品纲领的稳定和变化，既能满足稳定的产品生产需求，又为产品生产变化做好发展准备。每种产品的设计产能取决于目标市场对该种产品需求总量和预计市场份额的乘积，是产品生产线在常规生产制度和条件下的年最大生产数量。

目标市场的预制构件类别、质量和数量等需求总量取决于目标区域和城市的装配式建筑技术体系、构件体系，以及建筑体量，可参考当地政府、权威机构的统计数据。

预制工厂宜设立科研开发机构，持续开发市场需要的新型预制混凝土构件产品和应用技术，丰富产品类别，提升产品质量，提高产品效益，以形成产品系列齐全、特色主打产品积聚的产品纲领。

四、选址要求

预制工厂选址可分为区域选择和地块确定，应考虑服务的城市区域、预制工厂规划布局、交通运输条件、土地使用条件等因素。

五、工厂组成和平面布置

典型预制构件工厂一般由构件生产、辅助生产、动力供应、办公研发生活及其他 5 大功能模块组成，各功能模块内容、宜用的占地面积比例见表 4-1。

预制工厂基本组成 **表 4-1**

序号	功能模块	建(构)筑物或场地	模块占地/工厂用地	说明
1	构件生产	预制构件生产厂房	＞50％	混凝土制品成型生产区
		混凝土搅拌站		混凝土搅拌机组，骨料仓库
		钢筋加工车间		钢筋加工生产、钢材储存
		成品存放库房(或场地)		构件储存、露天生产线
2	辅助生产	机械设备修理车间	＞15％	机械设备一般性修理
		模具制作车间		模具制造兼模具修理
		试验室		独立或合建
3	动力供应	锅炉房；供气管网	＜3％	蒸汽供应、构件蒸养
		空气压缩机房；供气管网		生产工艺设备压缩空气供应
		消防泵房；给水排水管网		生产、生活、消防供水
		变电、配电室(所)；输电线网		变配电供应；生产生活供电

续表

序号	功能模块	建(构)筑物或场地	模块占地/工厂用地	说明
4	办公研发生活	办公、研发楼;停车场等	<7%	包括展示和示范
		倒班员工宿舍楼		倒班员工宿舍楼
		餐厅、浴室		可以与宿舍楼合建
5	绿色环保	厂区绿化、生产垃圾循环处理	<25%	包括噪声、粉尘控制
	运输通信	厂区内部道路		运输系统
		门卫、地磅房、围墙等		消防、安保、材料进厂计量
		通信网络;监控网络		有线或无线通信

在明确建厂目标、产品纲领、生产线选择、投资计划等工作要求基础上，典型预制构件工厂平面布置应满足以下基本要求：尊重当地环境；满足产品生产工艺要求；合理组织各个功能板块的布局；合理划定功能分区；满足绿化和环保要求；智能网络控制系统；办公研发生活区和展示区。

六、功能分区和分期建设

典型的预制构件厂可分成 3 个功能区，一是核心生产区域，由多跨生产车间、室外生产区及存放场地、混凝土搅拌站和动力供应站组成；二是辅助生产区，由存放场地、模具中心、生产设备组成；三是办公生活区，由办公研发、产品展示区、员工宿舍及消防泵房组成。

分期建设要求：生产区和办公生活区宜同期开工建设；辅助生产区可进行二期建设。

七、厂房、搅拌站和存放场地

依据产能规模和工艺要求，厂房与混凝土搅拌站宜采用单连式组合、双连式组合、嵌入式组合方式组合，此外，依据生产产能规模要求和基地地形限制，厂房和混凝土搅拌站还有其他多样化的组合方式（表 4-2）。

典型工厂构件生产厂房与混凝土搅拌站构成　　表 4-2

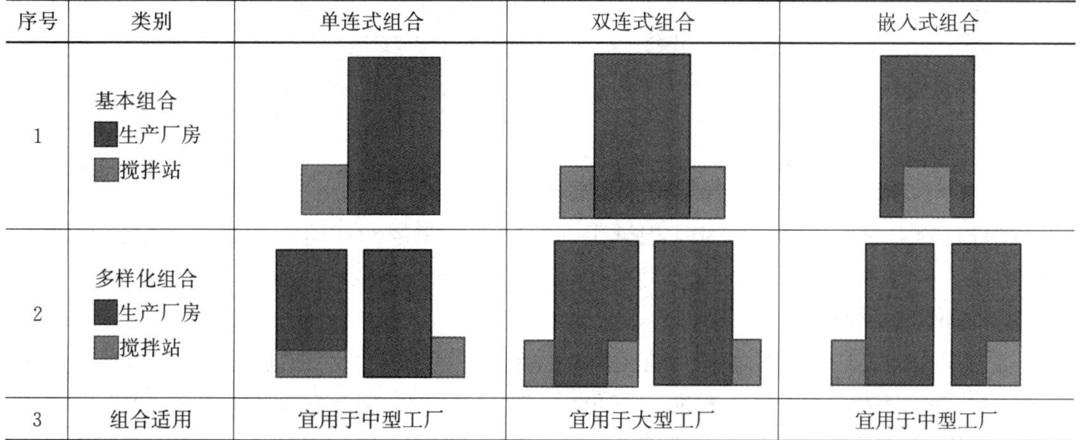

序号	类别	单连式组合	双连式组合	嵌入式组合
1	基本组合 生产厂房 搅拌站			
2	多样化组合 生产厂房 搅拌站			
3	组合适用	宜用于中型工厂	宜用于大型工厂	宜用于中型工厂

存放基本要求：典型预制工厂根据产能、生产工艺需求和场地特征设置构件存放场地；构件存放场地应配置起重设备、特殊构件存放架等设备、设施及设备基础；板类构件一般采用叠层存放形式，水平叠层码放时每垛的垫木要上下对齐，垫木支点要垫实，平面

位置及码放层数合理，外墙板采用立式存放形式，但需要专用插放架；预制构件储存时应按安装顺序排列并采取保护措施，储存架应有足够的承载力和刚度（图 4-1、图 4-2）。

图 4-1　叠合板存放图

图 4-2　外墙板存放图

从厂房生产成型产品输送到存放场地，宜采用直接输出或侧面输出方式，存放场地应沿厂房正面或侧面布置：生产厂房、搅拌站与构件存放场依据产能规模和基地形状情况，宜参考表 4-3 所示的组合方式进行平面布置。

厂房、搅拌站与存放场组合　　表 4-3

序号	类别	单连式	双连式	嵌入式
1	基本组合 存放场地 生产厂房 搅拌站			
2	多样化组合 存放场地 生产厂房 搅拌站			
3	组合适用	宜用于中型工厂	宜用于大型工厂	宜用于中型工厂

构件运输：预制构件运输前应根据工程实际条件制定专项运输方案，确定运输方式、运输线路、构件固定及保护措施等；对于超高或超宽的板要制定运输安全措施。

八、动力和辅助设施用房

动力供应区：典型工厂预制构件应采用蒸汽，供热管网的主要热源为锅炉房，动力供应区主要由锅炉房、配电房、消防给水泵房、空气压缩机房等动力设备用房组成，其中锅炉房和配电房宜靠近生产厂房集中独立设置，相互保持安全防火距离，具有独立出入口；消防给水泵房可单独设置，宜接近办公研发生活区，并在工厂主要入口附近。

辅助生产区：分别由机械设备修理车间、模具制作车间、试验室组成，机械设备修理车间功能是对于生产主要设备的检修维护、部件更换修理，保障生产设备正常运行，规划应设置独立厂房，并与生产厂房联系紧密；模具制作车间功能是运用现代机械加工设备对于各类构件生产模具进行生产、加工、改造，应独立设置，具有室外产品存放场地；试验室功能是进行混凝土性能试验，调配出满足工程项目特定需求的混凝土产品，试验室可独立设置也可与研发办公楼共同组建。

九、行政办公和其他设施用房

办公研发区：主要由办公研发楼、产品展示区组成，形成厂前区，为保障工厂能够连续生产，其他设施用房应设置倒班员工宿舍和餐厅、培训中心、停车场（库）等功能区；办公研发区应独立分区，宜单独设置对外出入口和门卫管理，便于办公人员和车流出入；当受到规划条件限制时，该区也可共用厂区主要出入口；停车场宜设于地下，减少地面停车数量。

装配式建筑示范工程项目：可把办公研发楼设计为装配式公共建筑示范工程，采用装配式框架结构体系建造；员工宿舍楼设计为装配式住宅公寓示范工程，采用装配式剪力墙结构体系建造。

十、交通流线和道路

预制工厂规划应考虑以下交通流线：第一，办公人流，车流，工厂内部上班人流；第二，原料运输进出物流，成品运输进出物流；第三，消防车辆流线。应避免生产区路网与生活办公区路网混用，避免原料运输通道与成品运输通道混用。根据工厂的发展规划，宜预先考虑扩大生产规模和改变生产产品的可行性。

道路规划：典型工厂内部宜设置三种道路，即主要干道、次干道，厂区环路；道路设置应有利于功能分区，便于场地雨水排放和绿化工程，道路走向应与主要建筑物平行或垂直，道路交叉宜采用平面正交；当采用坡道时，道路坡度不应大于5%；主干道为厂区主要车辆物流双向运输道路，不宜小于12m宽，分支道宽宜大于9m，厂区环道宽宜大于6m；转弯半径不小于15m；主干道设置人行道宽不小于1.5m，其他人行道宽不小于1m。

预制工厂应建造智能通信网络，重点建设：第一，智能建造监控网络，监控整体生产线生产状况，显示故障情况并发送设备信息，实现设备安全互锁及联动控制，控制实现养护窑自动运行，记录并确保构件养护最佳温度和时间，形成生产流程数据库；第二，信息化物流交通运输动态监控网络；第三，固废处理及安全生产监控网络；第四，火灾报警救援联动控制网络。

十一、环保及绿化工程

环境保护及绿化工作内容：粉尘控制、噪声控制、生产线固体废物循环处理、生产线废水处理、垃圾控制及循环，生活垃圾处理、雨水及太阳能收集利用、道路坡地和挡土墙绿化、厂区绿化工程道路等。

典型预制工厂绿化包括办公区、产品展示区绿化；道路、坡地和挡土墙、大门及围墙周边绿化；厂房周边绿化等绿化工程。

厂区绿化基本要求：办公研发区绿化，应结合厂前区停车及人流集散广场进行设计，宜设置常绿灌木、景观树木、石、草坪、水景等要素美化环境；产品展示区绿化可单独分区，结合微坡地形以草坪为主，铺地，布置景观树木、产品部品、指示牌、灯光等内容；主要干道两侧结合人行道设置行道树，坡地和挡土墙上部主要铺设草坪，大门及围墙周边绿化以树木为主配合草坪；厂房周边绿化主要沿道路设置常绿灌木和草坪。

十二、主要技术经济指标

预制工厂总平面设计宜列出下列主要技术经济指标：规划建设总用地面积，规划建设净用地面积（厂区用地面积），建筑物、构筑物用地面积，建筑系数，容积率，绿地率，行政办公及生活服务设施用地比重。

分期建设的预制工厂在总平面设计的技术经济指标中除应列出本期工程的主要经济技术指标外，有条件时，还应列出下列指标：近期与远期工程的主要经济技术指标、与厂区分开的单独场地的主要经济技术指标。以上指标应分别介绍。

一般计算规定如下。

（1）规划建设总用地面积：项目用地红线范围内的土地面积，含代征市政道路、代征绿地等用地面积。

（2）规划建设净用地面积（厂区用地面积）：应按厂区围墙中心线计算。

（3）建筑物、构筑物用地面积应按下列规定计算：新设计时，应按建筑物、构筑物外墙建筑轴线计算；现有时，应按建筑物、构筑物外墙面尺寸计算。

（4）露天存放场用地面积应按存放场边缘线计算。

（5）建筑系数应按下式计算：建筑系数＝（建筑物/构筑物用地面积＋露天存放场用地面积）÷厂区用地面积×100%；建筑系数应不低于30%。

（6）容积率应按下式计算，当建筑物层高超过8m，在计算容积率时该层建筑面积应加倍计算：容积率＝总建筑面积÷厂区用地面积；容积率应≥0.7。

（7）绿地率应按下式计算：绿地率＝绿化用地面积÷厂区用地面积×100%；厂区绿地率不得超过20%。

（8）行政办公及生活服务设施用地比重按下列规定计算：行政办公及生活服务设施用地比重＝行政办公及生活服务设计用地面积÷规划建设总用地面积×100%；当无法单独计算行政办公及生活服务设施占用土地面积时，可以采用行政办公及生活服务设施建筑面积占总面积的比重计算得出的分摊土地面积代替。

4.1.2 典型预制工厂建筑设计

一、构件生产厂房（外形、定型、组合）

厂房设计基本原则：典型预制工厂厂房宜采用单层工业厂房；厂房建筑设计应满足标准化、模数化、智能化、多样化要求；满足生产工艺要求，建筑耐久性要求；结构形式宜采用钢结构或钢筋混凝土排架结构；保证通风、采光、供暖、排水等良好的生产条件；厂房宜采用建筑工业化方式进行设计、生产、安装，作为示范工程项目（表4-4）。

典型预制工厂厂房平面设计参数 **表4-4**

序号	厂房	平面设计参数		厂房平面
1	中型	厂房长度：$TL_1=N_1\times L_1$	柱距：L_1（宜选 6.0m、6.6m、7.2m、7.5m、8.1m、8.4m） 柱距数：N_1（宜选 20～25）	TL_1 TW_2
		厂房总跨度：$TW_1=M_1\times W_1$	单跨跨度：W_1（宜选 24m 或 27m） 跨数：M_1（宜选 2～4）	
		面积	1.0 万～1.5 万 m^2	

续表

序号	厂房	平面设计参数		厂房平面
2	大型	厂房长度：$TL_2=N_2\times L_2$	柱距：L_2（宜选 6.0m、6.6m、7.2m、7.5m、8.1m、8.4m） 柱距数：N_2（宜选 25～30）	TL_2 TW_2
		厂房总跨度：$TW_2=M_2\times W_2$	单跨跨度：W_2（宜选 24m、27m 或 30m） 跨数：M_2（宜选 3～7）	
		面积	1.5 万～2.0 万 m^2	

典型中型工厂厂房由于地形所限，常用两或三跨生产厂房，三跨厂房内部功能布置包括自动化流水生产线、固定台模、钢筋加工 3 条生产线，同时配置构件养护窑等设施。

典型大型预制工厂厂房常用四跨以上生产车间，功能布置包括叠合板、外墙板、钢筋加工、固定台模、长线台模等生产线，并配置生产监控中心、构件养护窑等设施。

工艺空间高度要求：起吊高度要求大于等于 9m；轨顶与屋架最小距离 2.4m。

厂房采光通风要求：单层厂房应沿长度方向设置采光通风窗，宜在吊车梁下部，布置上下两道采光口；屋面宜均匀布置可遥控开启的带形窗，或采用可开启的天窗，保障室内良好的采光通风环境。

厂房屋面排水要求：三跨以内的厂房屋面可采用结构找坡的双坡屋面排水，坡度大于 1∶15，四跨以上厂房屋面可采用内排水系统，檐口可采用自由散水方式排水。

厂房内部应配置蒸汽管线、电力管线、给水管线，并预先布置设备基础，满足生产线、设备、生产监控中心、构件养护窑等设施的生产要求。

混凝土搅拌站平面布置要求：混凝土搅拌站应与厂房紧密结合，混凝土搅拌站由搅拌机组、上料皮带走廊或吊斗、投料口、分类骨料仓、投料回路、投料车辆组成，其中骨料仓应分仓布置，依据生产产品要求储存不同粒径骨料，并应具备一定规模容量，宜保障原料一周工作日的需求量。

二、动力和辅助生产用房

动力用房主要是配电房、锅炉房、水泵房；辅助生产用房包括试验室、模板及机修车间、生产辅料用房等。

配电房：应满足生产用电要求和办公生活用电要求，主要生产部位（锅炉房、搅拌站）和生产线的供配电系统需要独立供电，单独控制（表 4-5）。

工厂装机容量及用电量估算表　　表 4-5

序号	工厂分类	产能(m^3)	装机容量(kW)	年用电量(万 kW·h)
1	大型预制工厂	10 万	2500	200
2	中型预制工厂	5 万	1500	100

锅炉房：构件的养护采用蒸汽养护形式；锅炉房的主要设备有燃气蒸汽锅炉、锅炉辅机设备、变频调压供水系统等（表 4-6）。

工厂蒸汽消耗量及燃气消耗量估算表　　表 4-6

序号	工厂分类	产能(m^3)	蒸汽消耗量(t/h)	燃气消耗量(m^3/h)	年燃气消耗量(m^3)	备注
1	大型预制工厂	10 万	8	640	192 万	配置 3 台 4t 锅炉（两用一备）
2	中型预制工厂	5 万	4	320	96 万	配置 2 台 4t 锅炉（一用一备）

泵房：应依据生产用水、办公生活用水、消防用水要求分别计算用水量，确定水池规模，其中生产、消防可合建泵房，办公生活合建泵房，包含水箱水池、消防水泵、生产水泵、潜水泵、消防稳压装置、控制柜等设备设施。

试验室：作为工厂原材和成品质量控制的关键部门，主要负责工厂原材和成品检验工作；试验室主要由材料室、混凝土室、力学试验室、标养室和管理部组成；主要力学试验设备有万能试验机、压力试验机、抗折抗压试验机、拉力试验机、微机控自动压力机等，主要水泥试验设备有抗折试验仪、水泥恒温恒湿养护箱、全自动养护水箱、煮沸箱等，主要砂石试验设备有电子秤、电热恒温干燥箱等，主要混凝土试验设备有混凝土搅拌机、标准振动台、电子秤、含气量测定仪等。

大型工厂应设置模板及机修车间，模板及机修车间作为构件厂的辅助生产车间功能负责全厂机械设备的中、小修，模具的维修，主要工作内容为日常维护、定期检修等。根据需要配置机床装备，可根据需求配置车床、锯床、铣床、牛头刨床、摇臂钻床、钻床、台式钻床、剪板机、交流弧焊机、二氧化碳保护焊机等设备，主要由机工、钳工、焊工、机电修理工等工种配置组成。

辅料库房：大型预制工厂辅料库房面积一般 1600m^2 左右，中型预制工厂辅料库房面积一般 800m^2 左右。

三、办公及生活配套设施用房

办公及生活配套设施用房包括：办公楼、研发楼、试验室、管理人员及倒班工人宿舍、洗衣房、浴室、餐厅、图书阅览室、培训中心、文体活动室等。为节约用地，办公、研发、试验宜合建，其余功能性用房可选建。

大型工厂宜在办公区建设综合办公楼，其功能由经理室、综合管理、人力资源、财务、营销、生产技术、安全、试验室等专有功能和会议室、展厅、餐厅、管理人员倒班宿舍等通用功能构成。其中试验室、宿舍也可分开设置，生产技术部门包括生产管理、质量检验和设计研发人员。

综合办公楼宜作为公建类装配式建筑的示范工程，建设在工厂内部对外展示，可采用框架混凝土结构，进行标准化定型设计，利用本厂生产的构件产品施工安装，检验生产成果，实际培训生产、安装技术人员和施工管理人员。宜选用的预制构件产品为叠合梁、叠合板、楼梯、内外墙板等。

工人倒班宿舍楼宜作为公寓类建筑的示范工程对外展示，可采用混凝土剪力墙结构体系，设计为装配式建筑，宜用预制构件产品为叠合楼板、楼梯、内外墙板等。

典型预制工厂宜布置产品展示区，作为产品在市场上宣传推广的窗口。展示区的布置应有选择地安排以下内容：第一，结合实际工程项目，设立各类构件产品展示；第二，展示节点构造和工程做法；第三，展示装配式结构体系样板；第四，展示装配式建筑的完整产品集成技术；第五，室内多媒体展示厅。

产品展示区宜邻近办公研发区，结合景观绿化布置，展品应配备稳定支架固定安装，展示场地设立照明系统，宣传展示说明、指示牌等。

4.2 工厂自动化生产技术

本节针对目前墙、梁、板、柱等不同预制混凝土构件产品生产手工作业多，难以工序化、专业化、程序化、机械化、规模化流水线生产的问题，重点开展典型构件生产加工的综合生产线工艺布局设计技术研究，形成典型构件的智能化生产流水线综合生产工艺布局。同时重点解决模具工装、混凝土布料等关键工艺工序没有形成适合我国构件生产的综合工艺生产线以及生产加工设备难以系统化生产加工的问题。通过对钢筋加工、模具组装、布料振捣等关键生产工艺的智能化生产控制技术的研发，实现工艺生产设备的智能化控制。

4.2.1 工厂自动化生产工艺设计

典型生产工艺流程设计如下。

1. 外墙板自动化生产工艺流程设计

预制外墙板又叫复合式墙板或三明治墙板，由承重层、保温层和外饰面层构成，3 层之间采用专用连接件连接成整体。根据国内技术体系的要求，承重层底部预埋钢筋套筒，两侧外露箍筋，顶部外伸钢筋与套筒实现竖向连接，混凝土断面为粗糙面或抗剪槽，以增加与现浇混凝土的结合力。

主要有“正打”及“反打”两种生产方法：主要区别仅在于在模台上先制作结构层还是先制作外饰面层，各工序的要求没有本质的差别，如果外饰面需要贴瓷砖或石材等装饰材料，这种情况下只能采用“反打”工艺，在其他情况下推荐采用“正打”工艺，有利于预埋件定位及外饰面抹光处理。预埋件主要包括钢筋套筒、吊装用吊点、安装时支撑点、现浇模板固定点、穿线管及电器盒、窗口专用木砖等；保温材料采用挤塑板，连接件采用玻纤连接件或不锈钢连接件。外墙板自动化生产工艺流程设计如图 4-3 所示。

2. 内墙板自动化生产工艺流程设计

内墙板生产线只需要一次混凝土浇筑即可成型，工艺相比外墙板生产线简单，生产工艺流程设计如图 4-4 所示。

3. 叠合板自动化生产工艺流程设计

叠合板板生产线同样只需要一次混凝土浇筑即可成型，工艺相比外墙板生产线简单，生产工艺流程设计如图 4-5 所示。

4. 自动化循环生产工艺布局设计

典型预制构件自动化循环生产主要有模板清理、划线、钢筋网安装、埋件安装、边模安装、混凝土浇筑、保温板安装、抹平、养护、脱模、构件冲洗等工序。其主要设备为立体养护窑、喷油机、布料机、混凝土抹平机、起重机、电动运输平车等。

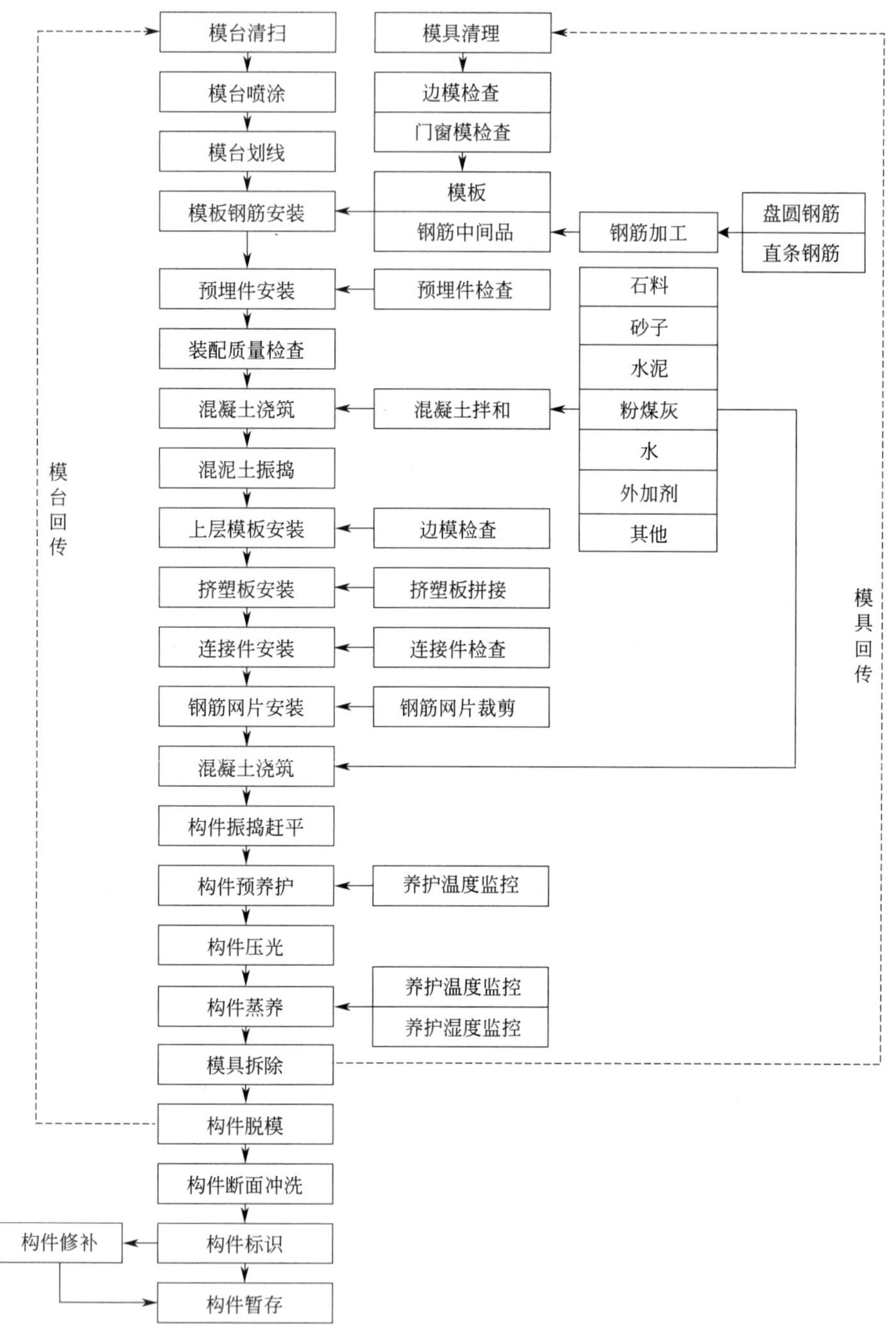

图 4-3　外墙板自动化生产工艺流程设计图

5. 混凝土自动化运输与工艺布局设计

混凝土运输应根据生产规划布局浇筑点的位置及车间的具体情况确定设置。混凝土输送轨道依靠专用混凝土输送车将混凝土运往各个浇筑点，同时搅拌站主机宜开设 2 个下料口对应 2 条运输轨道。

安装 1 套搅拌站双轨道、双运输车系统可以满足 15min 的生产线节拍时间。在资金

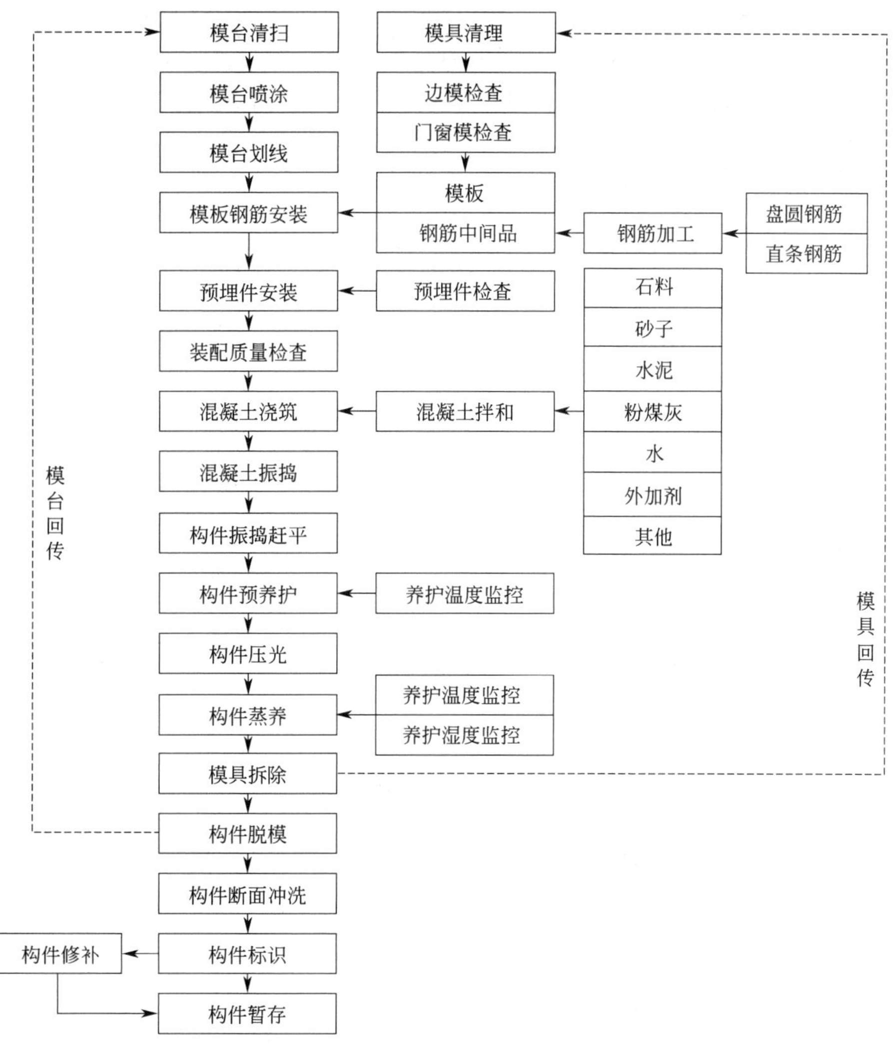

图 4-4　内墙板自动化生产工艺流程设计图

及场地允许的情况下，最佳方案为安装两套120主机的搅拌系统，既可以解决混凝土运输的效率问题，同时也避免设备故障造成生产系统的停工。

混凝土骨料存储布局设计根据场地规划布局的总体要求，目的是减小场地的占用面积，更为重要的是符合环保的要求，同时也要保证现场作业人员的身心健康，砂石存储采用封闭仓储的方式，节约占地面积，减少砂石运输车进出的噪声，避免了砂石裸露存储的环境污染，避免了砂石上料时的噪声，保护了现场作业环境。

6. 钢筋自动化加工与运输工艺布局设计

钢筋加工区域分别与外墙板生产线、内墙板生产线衔接，钢筋运输主要包括两部分即钢筋加工区域内部的运输及钢筋成品到外墙板生产线、内墙板生产线、叠合楼板生产线、固定模台生产线的运输。

钢筋加工生产线区域设置中间物流通道，主要用于钢筋原材料、网片、桁架、半成品运输；钢筋生产线与外墙板、内墙板生产线接驳分别采用KBK行车，为生产线提供成品

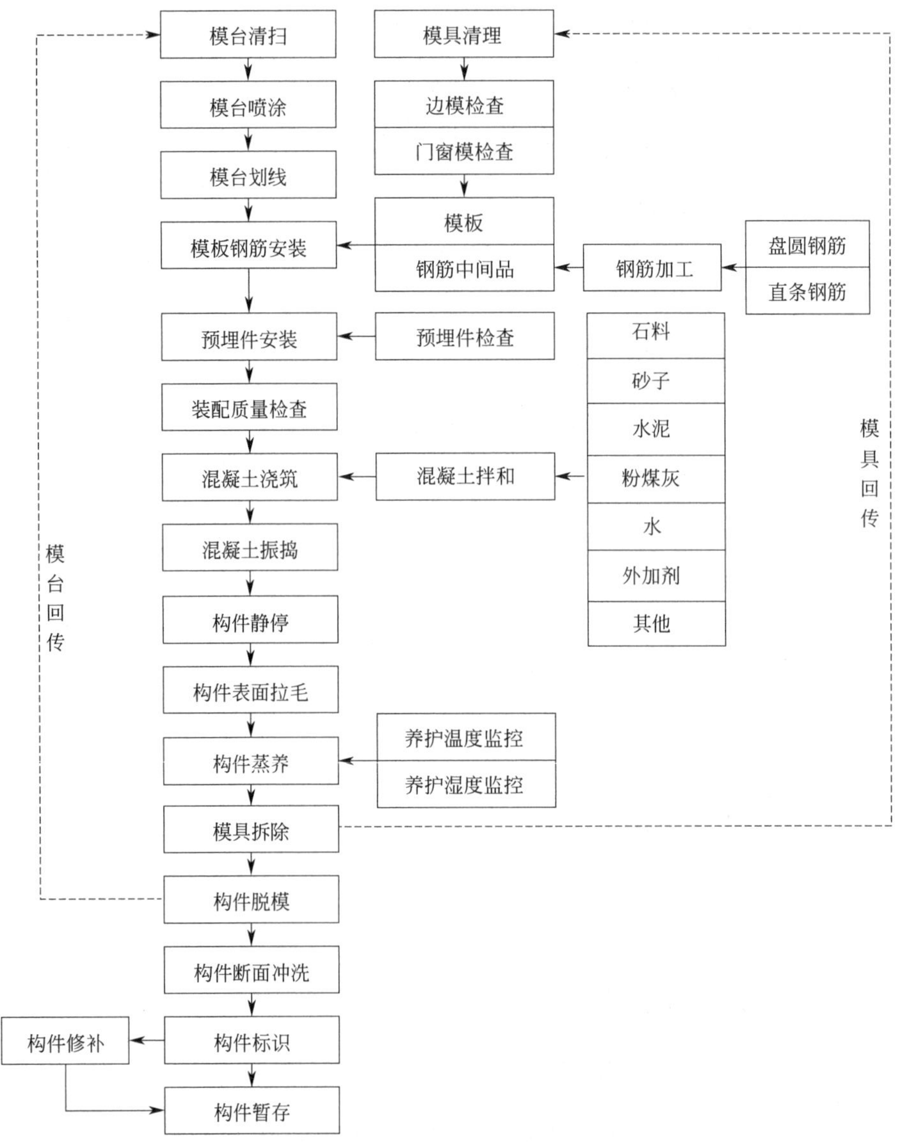

图 4-5 叠合板自动化生产工艺流程设计图

钢筋；钢筋生产线与叠合板生产线和固定模台生产线接驳主要采用横向的轨道运输车将网片、桁架筋运送到叠合板线，将异形钢筋运送到固定模台生产线。

7. 通道规划布局设计

PC 构件生产车间通道布置应遵循“人流物流分开”“避免人流物流交叉”的原则。但并不是在形式上设置两条各自独立的、无交叉点的通道，而是要求工艺布局设计中采取相应的措施，避免人对物料、外界环境对物料和物料之间产生交叉污染。

生产车间通道划分要根据需要通行的类别进行。预制构件生产车间人流通道主要考虑产业工人或者手推车、三轮车的通行，宽度应大于 1.5m，使用黄色胶带或黄色油漆作地面标识，标识宽度至少 10cm。

为了保证参观视察工作的开展，还应进行参观通道的布局，参观通道宜结合展示区，选择自动化程度较高的生产线。基于5大生产线的自动化程度，建议选择叠合板生产线作为主要参观项目。

车间内物流通道主要考虑钢筋原材料运输、加工过程半成品运输等大中型车辆的通行。其中钢筋原材料运输通道布置在钢筋生产线中间，宽度6m左右。其他电瓶车、铲车通道宽度大于1.8m。

8. 自动化工艺布局总平面设计

根据预制构件的生产线布局方案、生产线辅助功能区及相关设施的要求，确定构件生产线及各个辅助功能区域的面积。

4.2.2 工厂自动化生产控制技术

一、智能布料机控制系统

混凝土布料机是泵送混凝土的末端设备，其作用是将泵压来的混凝土通过管道送到要浇筑构件的模板内，布料机布料的均匀程度将直接影响混凝土预制件的产品质量，在以往的混凝土布料生产中，大多是依靠控制器来控制一个混凝件模具内总的布料量，混凝土进入模具后经振捣装置捣实，由于混凝土自身流动性有限，此时混凝土在模具内无法确保均匀，绝大多数时候都会出现一部分区域混凝土堆积、而另一部分区域未填满的情况，这就需要工人使用工具将混凝土推散，依靠工人的经验来对混凝土的分布进行调控，从而达到模具内混凝土分布均匀的要求，但这对工人操作技能的要求较高，需要大量的现场辅助人力，且布料质量不稳定，生产效率较低，混凝土预制件的产品质量无法得到保证。

1. 智能控制设备电气控制

电气控制系统结构包含PLC（可编程逻辑控制器）控制模块、上位机控制模块、液压控制模块、电机控制模块、智能检测模块（图4-6）。

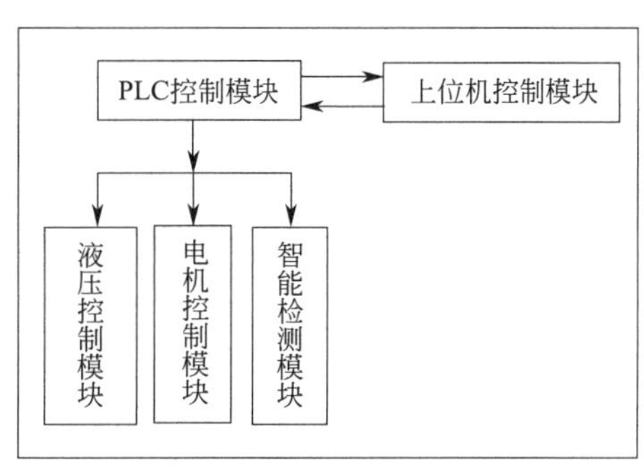

图4-6 电气控制系统结构

控制原理：PLC控制逻辑运算、传感器信号采集，系统选用PLC，组态多个模拟量输入、模拟量输出模块及扩展通信模块，模拟量输出模块控制变频电机转速，模拟量输入模块采集重量检测信号；上位机选用触摸屏与PLC进行通信，构建人机界面，控制算法运行，在手动界面中能够设置螺旋电机手动转速，控制任何一个螺旋电机的启停，振捣机构的启停，螺旋阀门的张开闭合，行进大车的前进后退，振捣机构升降，清洗结构升降，行进电机编码器数据清零等动作；在布料数据设置界面中，设置自动状态下螺旋电机速度、行进电机速度、预制板厚度、前后预制板间距、混凝土密度、预制板长度、预制板宽度、预制板数量即可，常用工艺参数可以直接存储到配方中，配方也可进行新增、更新、删除等操作，如图4-7所示。

2. 称重检测系统

称重检测系统由控制器、功能面板、显示屏、传感器构成，信号处理采用高精度的24位专用A/D转换器，模拟信号输出采用16位的D/A转换器，模拟信号输出为4～20mA、0～20mA、0～5V或0～10V，设备中选用模拟量进行重量数据传输，同时备有

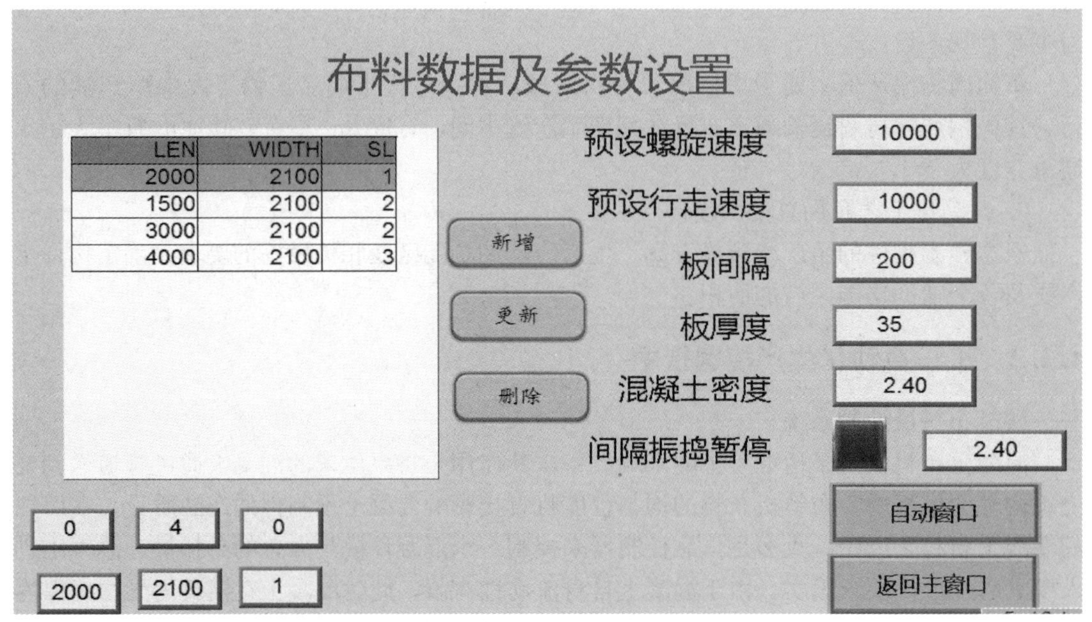

图 4-7　参数设置界面

RS232/RS485 串行通信接口。称重器按图纸完成外部接线，通电开机具备自检功能，如有故障功能面板会显示故障代码，功能面板无报警后需进行重量标定，标定方法简单并设有系数微调功能；通过拨码键设置信号输出方式，功能键设置信号输出类型；当出现参数设置混乱时可恢复出厂设置，显示屏实时显示当前重量。

3. 智能布料机控制算法

通过配方参数计算出布料机单位时间内的投放量，根据开启螺旋阀门数量、称重传感器反馈信号、流量检测信号、电机状态信号实时修正行走电机、螺旋搅拌电机转速，布料单元形成闭环控制，有效提高布料效率、均匀性、稳定性。算法控制原理如图 4-8 所示。

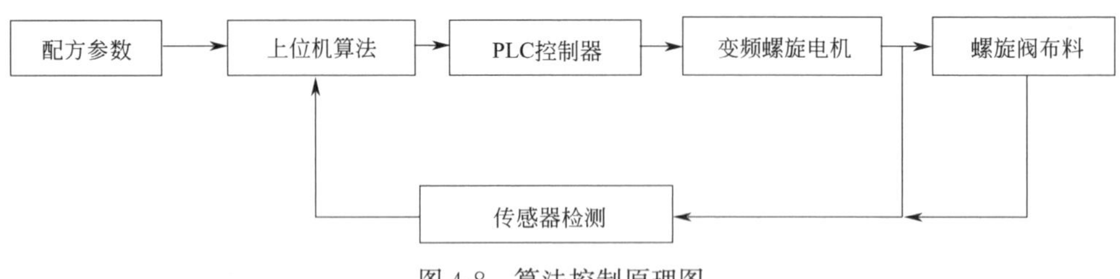

图 4-8　算法控制原理图

4. 吐料算法

本系统把要加工的构件根据阀门开启个数不变的原则，分成若干子构件。在每个子构件浇筑过程中，根据参数 FDSIZE 将子构件分段，在每段中通过称重传感器和编码器定时检测布料机料斗中料重 D400 和布料机的当前位置 CUR _ X，从而计算出已经布料和未布的混凝土重量 WBDYB、WBDWB，根据已经布料过程中螺旋电机的平均速度 VN，为了保证后期布料的平稳和准确，根据本段子构件已布和未布的重量及子构件长度，调整螺旋电机的吐料速度为：

motor _ Speed＝Vn＊（Wbdwb/！abs（（XEND－（CUR _ X））））/（Wbdyb/！abs（（CUR _ X-XSTART））)

其中XSTART、XEND为加工构件当前分段的起始位置和终止位置。

因为混凝土配方和布料机的多样性和不稳定性等诸多因素，以上的调整只是根据理论暂时调整，在布料机后续的布料行进过程中，系统还要根据当前实时布料情况，在每段FDSIZE尾部都要按照上面的过程反复调整螺旋电机的吐料速度，以保证布料的均匀性和正确性。

5. 阀门开关算法

本系统根据通过BIM转换而来或者用户手工输入的构件尺寸、窗口等洞口的尺寸和位置等信息，提取计算出所有Y方向模具摆放的起点位置YB和终点位置YE。软件根据这些位置，自动计算出加工构件下一分段需要开启和关闭的阀门。来自动控制需要转换的阀门的开关。具体判定算法为：

BOOL8＝（（i＋1）＊BLJKD/8＞Ye）or（（i ＊BLJKD/8＜Yb））

其中BLJKD为布料机布料宽度范围，i的取值范围为1到布料机的阀门个数。当BOOL8结果为真的阀门，保持前段开关状态不变，反之当BOOL8结果为假的阀门，需要改变前段的开关状态。

智能布料方法能实现布料机在行进过程中的实时闭环检测，根据行走的距离、落料的重量以及未行走的距离、未落料的重量来实时修正当前螺旋布料机构内布料电机的转速，进而有效提高布料的均匀性和稳定性。本方法采用多段布料的方式实现混凝土布料，每段布料时均对布料量进行校正，当混凝土的实际布料量与理论值出现差异时，下一段布料过程会立即作出调整，避免模具内各处混凝土分布出现大的差异，布料后各段之间的布料量差异很小，随着振捣装置的振捣，相邻分段之间的混凝土差异量即会消失，确保模具内混凝土分布均匀。实际生产过程中，振捣完成后模具内的混凝土表面已经接近平整，不会出现高低明显不平的情况，不需工作人员推动混凝土来对混凝土分布位置进行调整，仅需采用刮板、顶模或其他工具对混凝土上表面进行光滑处理即可。本方法摒弃了传统的依靠人工经验调节混凝土分布的方式，采用全自动控制及实时闭环检测，减轻了作业人员的劳动强度，提高了生产效率，保证了混凝土预制件的产品质量，自动化程度更高，稳定性更强，整体生产线可以不间断地进行自动布料，降低了人工影响因素及工人成本。

二、典型制品钢筋骨架（梁骨架）自动成型

钢筋骨架类制品在预制装配式建筑中广泛应用，一般作为梁、柱等主要受力部件。钢筋骨架的产品质量与加工效率，直接影响预制装配式建筑构件的整体质量和工程施工进度。目前，钢筋骨架的加工方式主要是通过人工操作完成主筋、辅筋、箍筋的绑扎，加工自动化程度低，产品质量差。如何实现预制装配式建筑钢筋骨架的自动化生产是在预制装配式建筑大规模发展中遇到的一个重要问题。

1. 梁骨架的自动化成型方案

根据梁骨架的钢筋组成方式，分析腰筋、箍筋、受力筋等的组合特点，进行腰筋与箍筋的自动化成型方案研究，腰筋与箍筋的组合结构即梁基础骨架可以通过以下工艺流程实现：由钢筋原材到钢筋焊接网片的自动化成型；成型钢筋焊接网片的自动化定位周转；梁基础骨架的自动化弯曲成型。

为了实现梁骨架的自动化成型加工，设计了多机联动自动化控制的流水线加工方式弯曲成型方案。梁骨架自动化成型加工流程如图 4-9 所示。

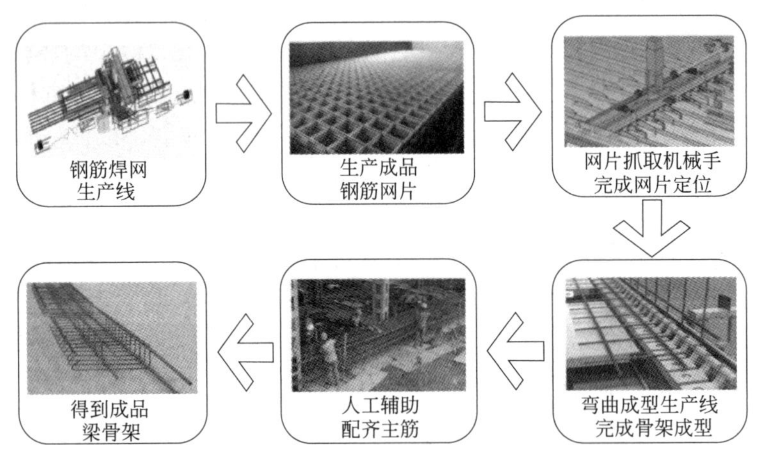

图 4-9 梁骨架自动化成型加工流程图

该方案将钢筋焊网生产线、钢筋网片定位抓取机械手、网片弯曲成型生产线按照流水线式联动控制：首先根据梁骨架的产品信息，钢筋焊网生产线生产出成品的钢筋网片；然后钢筋网片定位抓取机械手先完成网片的抓取定位，再根据梁骨架的弯曲成型要求，完成网片的弯曲定位；最后钢筋网片定位抓取机械手配合网片弯曲成型生产线完成梁骨架的弯曲成型。此时得到的是梁骨架的半成品，需要经过人工辅助配齐主筋，最终得到梁骨架成品。

2. 梁骨架自动弯曲成型系统设计实现

根据预制装配式建筑钢筋骨架典型构件梁骨架的产品信息，需要重点实现钢筋网片的双侧高精度多角度连续弯曲，这就对钢筋网片自动弯曲系统提出了较高的技术要求。

钢筋焊网生产线、钢筋网片定位抓取机械手，网片弯曲成型生产线必须适用于梁骨架钢筋多种尺寸规格要求。

双侧弯曲代表弯曲机构必须为两套或者为单套可换向弯曲机构。

高精度弯曲需要通过旋转编码器，伺服电机或伺服比例阀等高精度电气元件控制弯曲角度。

双侧多角度连续弯曲需要钢筋网片定位抓取机械手、网片弯曲成型生产线联动控制，协同动作。

网片弯曲实际通过液压油缸驱动弯曲臂运动实现，控制液压油缸运动的速度和角度，能够实现网片弯曲角度的高精度控制。为精确控制液压油缸运动速度，满足高精度弯曲，采用了意大利阿托斯（Atos）公司的 DHZO 系列方向控制伺服比例阀，内部集成 E-RI-AE 型电子放大器，通过上位机设定油缸动作速度参数，给出模拟量±10VDC 信号，控制伺服比例阀流量，进而控制实际的网片弯曲速度。梁骨架自动化成型设备如图 4-10 所示。

3. 自动成型设备控制系统

梁骨架自动成型设备控制系统是通过 VC++及 C#语言开发的基于工业计算机的控

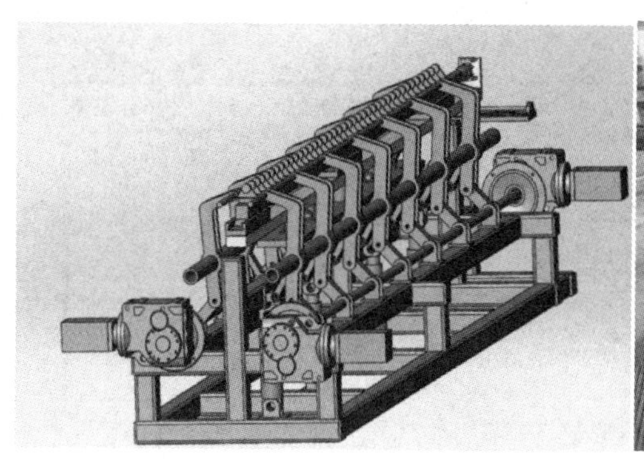

图 4-10 梁骨架自动化成型设备图

制系统，主要包含3部分。

钢筋焊网生产线控制系统：可实现由钢筋原材到钢筋焊接网片的自动化成型控制。

钢筋焊接网片的自动化定位周转控制系统：可实现成型钢筋焊接网片的自动化定位周转控制。

钢筋网片自动弯曲控制系统：可实现梁基础骨架的自动化弯曲成型控制。

三、混凝土运输自动控制研究

混凝土运输控制系统用于混凝土搅拌站与用料工位间的混凝土运输小车的控制。控制系统包含布置于搅拌站的中控系统，布置于用料工位的运输小车显示系统。开发自动化系统接受实时调度命令，将鱼雷罐按规定的时间，及时、准确地送到工厂布料的指定地点进行相应处理，然后将混凝土运送到布料点处倒出，并回到搅拌站。

1. 工作原理

混凝土料斗控制系统，由PLC控制，驱动电机由变频器变频调速，RFID读卡器进行工位识别，控制系统有紧急停车功能，有电气故障报警指示，可以进行自动、手动运行切换。

工位设置触摸平板电脑，可以发送用料请求，同时监控运输线路上料斗运行位置。中控系统设置在搅拌站，根据工位用料请求调用料斗进行混凝土运输。料斗输运过程中通过RFID读卡器进行工位识别，到达用料工位切换手动遥控卸料。

2. 控制系统及工位设计

混凝土集中控制管理系统主要包括接料、运料、卸料、调度等主要功能，根据生产需求，把搅拌站混凝土运输至布料机，并将相关生产数据记录至数据库，可供用户查询参考。此控制系统小车运行工位主要包括：2个中控位、8个用料工位、1个等待位。工位分布如图4-11所示。

工位功能说明如下，中控位：料斗在此工位接料。1～8号工位：料斗运行至此工位进行卸料，把混凝土放至布料机。等待位：由于现场实际约束，料斗在自动状态下运行至此工位，等待中控室对料斗进行调度，把料斗调至中控位进行接料，其余料斗运行至等待位时，自动排队等候。

3. 上位机界面说明及参数研究

上位机界面如图4-12所示。

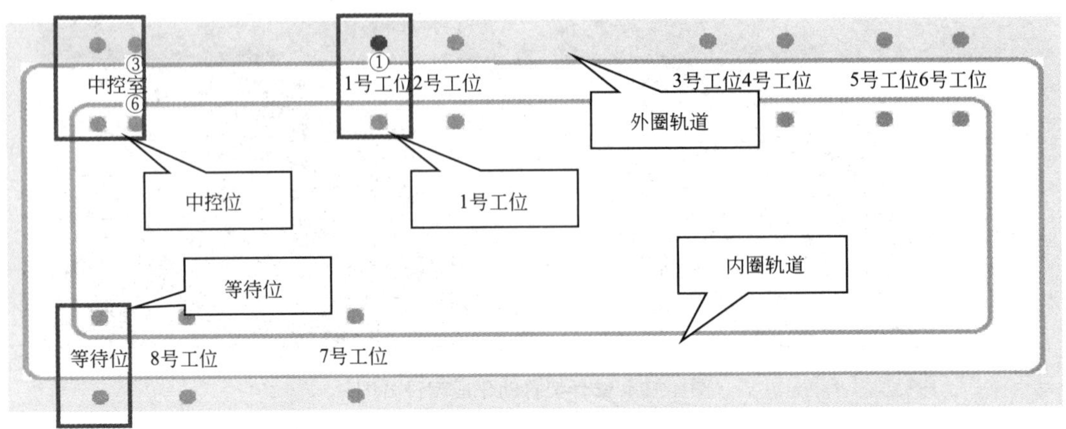

图 4-11 工位分布图

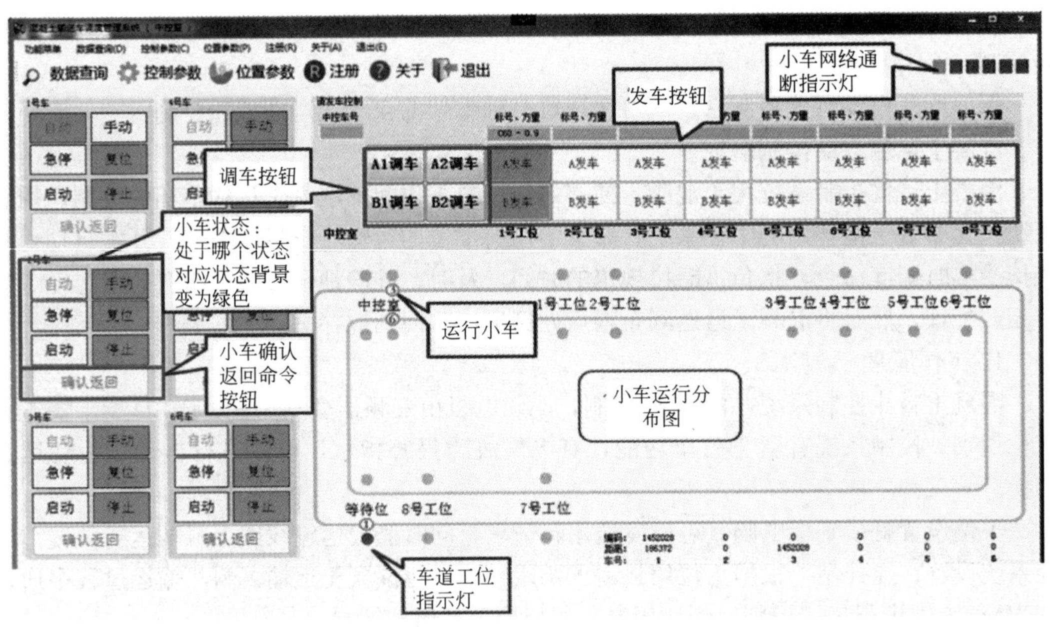

图 4-12 上位机界面

主要包括数据查询、控制参数、未知参数、退出等功能。各菜单功能如图 4-13 所示。

4. 工位机系统操作

工位机界面主要包括数据查询、要料等功能。数据查询功能参考上位机界面数据查询功能。工位机界面如图 4-14 所示。

5. 自动化系统设计

控制系统操作分为自动模式和手动模式两种，手动/自动模式在上位机界面中有显示，切换手动/自动操作模式的方法为：同时按住手柄遥控器的“START”键和“手动”或“自动”键 1s 以上，即可切换手动/自动模式。

四、钢筋部品与模台之间的机械手设备关键装置

采用某工业化标准六轴机械手臂，自主研发所有前端工具头，实现搬运、抓取、传

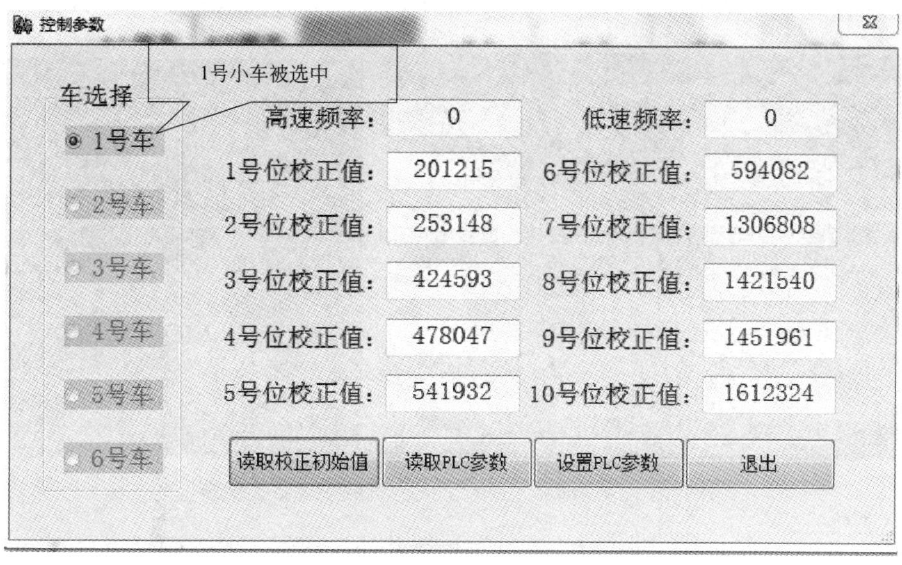

图 4-13　参数设置界面

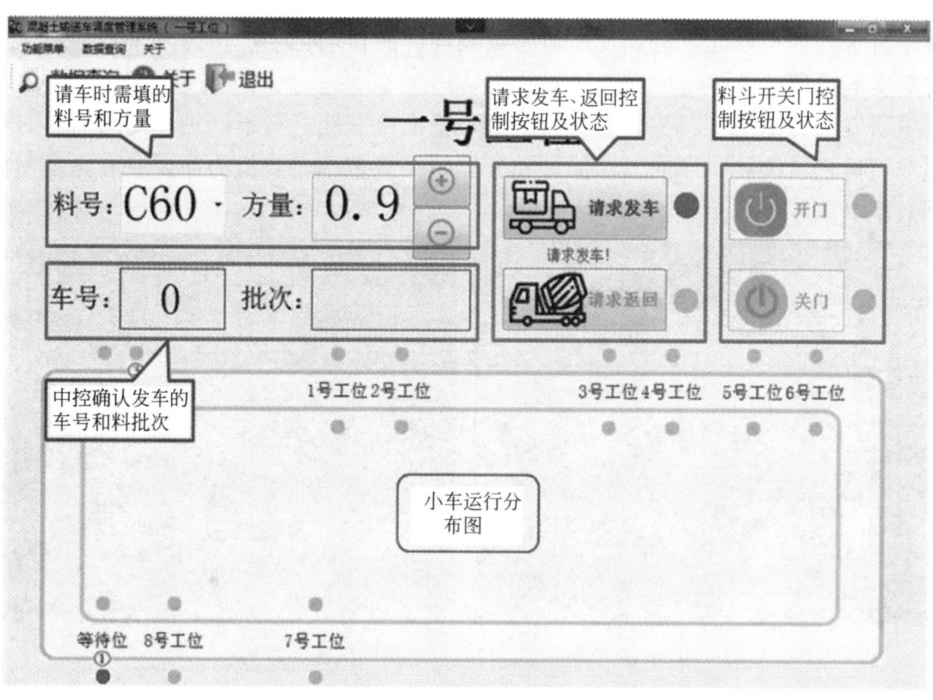

图 4-14　工位机界面

送、绑扎、导向等作用，充分实现一机多用，双机协作，最大化发挥机械臂的使用效率。绑扎工作站包括 4 个工作平台、小料输送系统、原材搬运机构、滑台、小料筐搬运机构、绑扎机器人、原材运输滑台、原材处理装置、端筋压紧定位装置、中间筋压紧装置、冷却系统，还包括电控、气控系统。主要工作流程：(1) 输送系统负责把钢筋原材运至绑扎机器人专用工装上；(2) 绑扎机器人进行钢筋的夹取、整形、输送；(3) 绑扎机器人进行钢筋的绑扎或焊接。钢筋部品与模台之间的机械手设备关键装置如图 4-15 所示。

图 4-15　钢筋部品与模台之间的机械手设备关键装置

以实现建筑工业化为目标，结合智慧工厂进行深入研究，对装配式建筑中的飘窗构件进行全自动生产，以机器替代人工实现了飘窗钢筋笼的自动化加工，减少人为因素造成的施工质量偏差，提高施工作业安全性及生产效率。完成异形构件自动化加工的突破，逐步实现整条流水线的自动化，进而实现所有预制构件的自动化生产，为未来装配式建筑的建造提供坚实的后盾。

自主研发所有前端工具头，通过快换盘，精准快速地进行不同工具间的切换，实现搬运、抓取、传送、绑扎、导向等功能，充分体现一机多用，双机协作，最大化发挥机械臂的使用效率（图 4-16）。

图 4-16　钢筋部品与模台之间的机械手端头

五、模具与钢筋笼组装自动化控制系统

针对模具与钢筋笼组装关键工序，设计全向智能移动机器人实现各物料的自动物流供给；采用双臂桁架式机器人配合定制末端执行器（装配卡具），实现钢筋笼与边模的自动组装；采用桁架式机器人完成磁盒的自动压装定位；采用激光扫描和视觉拍照等传感器对整体装配质量进行在线监测。

1. 系统主要设备方案

边模柔性装配机（简称“装配专机”）针对生产现场工艺要求及生产节拍的要求，

采用标准工业机器人，搭配不同工具配套夹具和不同功能执行器，进行自动化设备定制开发，最大限度地满足了生产自动化、装配柔性化的智能需求。

装配专机由边模存储供料台架、钢筋笼传输供料装置、双臂桁架式机器人、边模自动上料执行器、边模自动组装执行器、专机工作区域安全互锁防护及专机控制系统组成。装配专机各设备配有独立控制器，由专机控制系统以现场组态的形式统一协调控制。边模装配专机设计如图 4-17 所示。

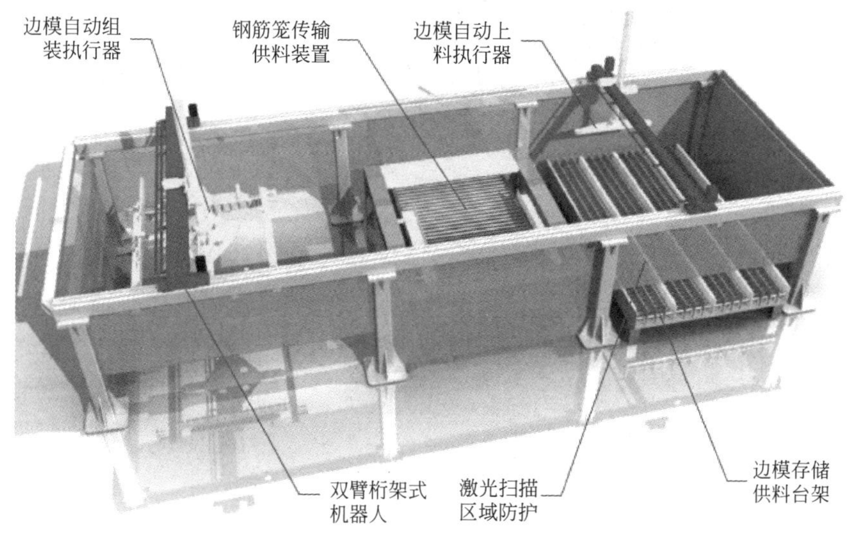

图 4-17　装配专机设计

钢筋笼供料台架设计如图 4-18 所示。通过辊道传输机构向供料台架内部传输钢筋笼，经过安装在调节适应滑板上的 RFID 识别天线时，通过无线识别获得钢筋笼信息。调节适应滑板在伺服电机的控制下，根据钢筋笼大小将适应滑板调整至合适位置。当钢筋笼行走至辊道末端时，碰到安装在末端的限位开关，控制系统获取信号后，启动钢筋笼位置修正装置。钢筋笼位置修正装置由伺服电机驱动，可内外滑动，将开口调至合适尺寸，钢筋笼在位置修正装置的推动下自动修正位置。位置修正完毕，即启动钢筋笼升降装置。钢筋笼升降装置在伺服电机的驱动下，将钢筋笼精确抬升到指定高度。至此，钢筋笼供料完毕。钢筋笼在顶升至指定位置时，仍处于放置状态未进行固定。边模组装执行器的组装执行器基体通过气动压紧形式将钢筋笼固定。

边模自动组装执行器主要完成钢筋笼出筋向边模的导入（钢筋笼出筋的修形梳理）、边模的插装、边模螺钉的自动紧固。边模自动组装执行器采用数控伺服控制，可自动根据不同的钢筋笼型号作出形状调整。边模自动组装执行器由组装执行器基体、边模移动固定机构、钢筋出筋梳齿修形机构、螺钉自动紧固机构及相应的控制系统组成。整套边模组装执行器设计如图 4-19 所示。

2. 模具与钢筋笼组装自动化控制系统总体设计

模具与钢筋笼组装自动化控制系统总体设计可根据不同的生产线条件，柔性调整物流通道、设备布局；采用全数字化设计、模块化构架，为快速调整部分设备尺寸，适应多条生产线复制应用预留了条件。

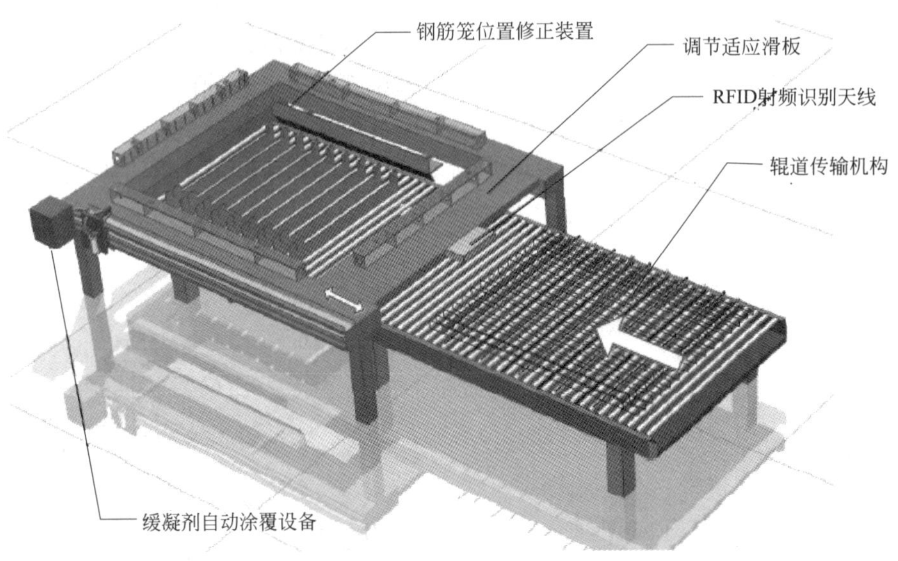

图 4-18　钢筋笼传输供料装置

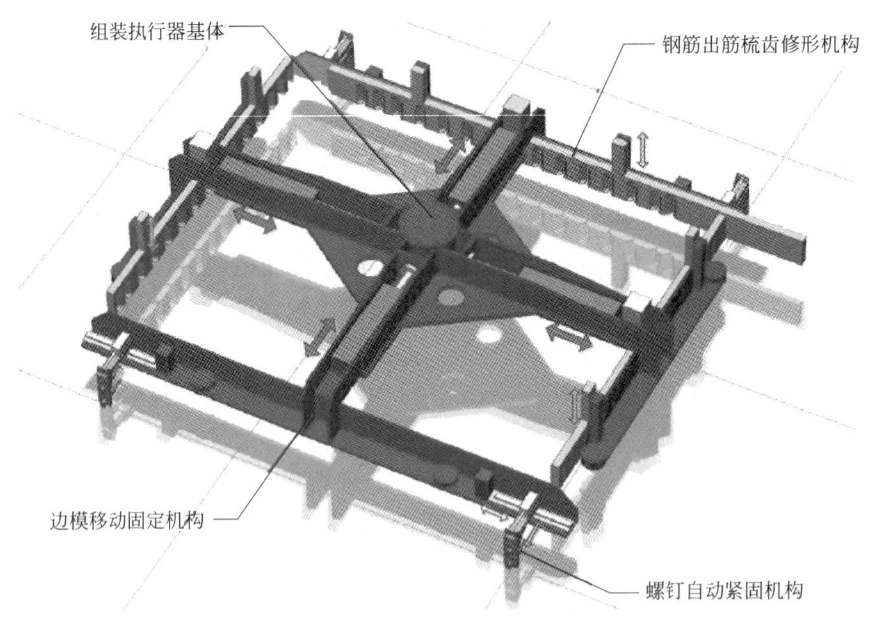

图 4-19　边模自动组装执行器

六、预制构件生产智能化成套控制技术

1. 设计思路

控制系统设计思路如图 4-20 所示。

围绕过程控制（L2）级开发了 PC 工厂中央控制系统。系统核心以某公司工业组态软件 WinCC 为载体，进行预制构件自动化流水线信息处理。实现模台循环，边模清洗及置放，钢筋加工与输送，混凝土输送布料、养护等的互联互通，达到全线自动化控制及监控的目标。控制系统设计架构如图 4-21 所示。

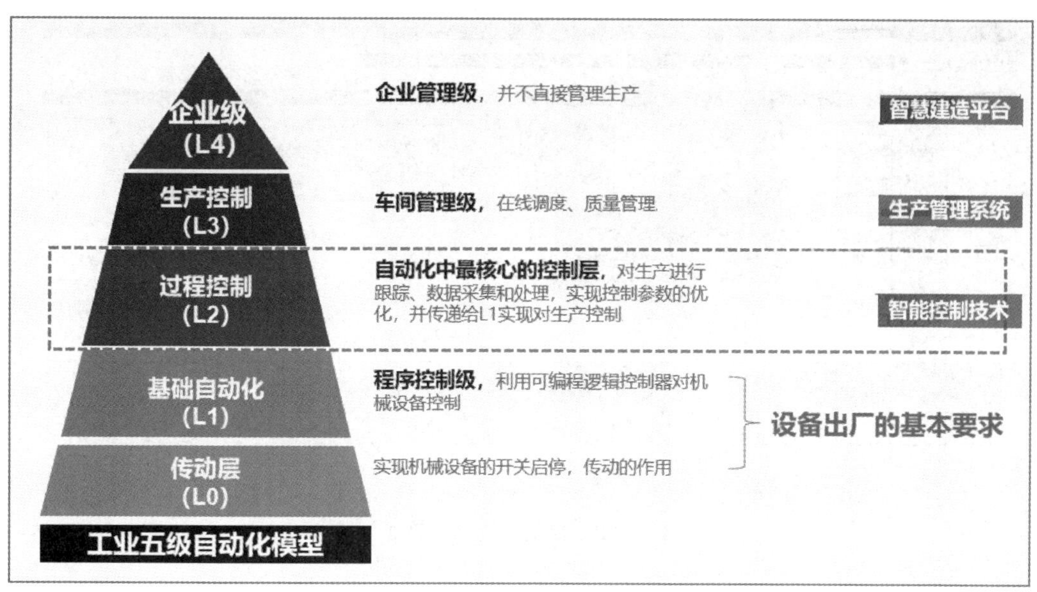

图 4-20　控制系统设计思路

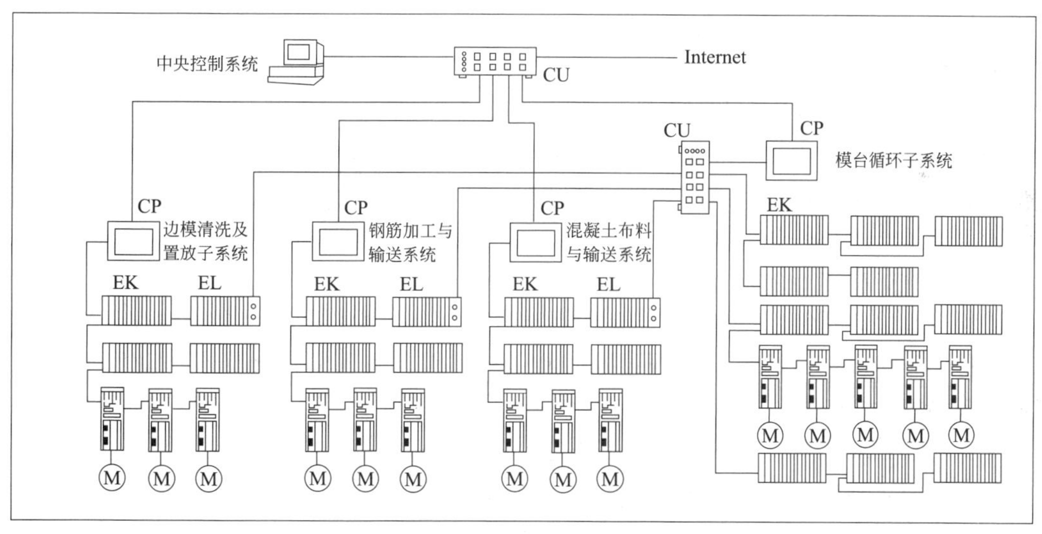

图 4-21　控制系统设计架构

2. 全线自动控制

针对PC生产线的特殊性，研发设计生产线配置功能和其他关键设备的配置功能，实现全线自动化控制。控制系统操作界面如图4-22所示。

全线流转自动控制。流转设备是整个PC生产线的核心，它控制所有横向模台的流动，系统在全自动模式时，对各个工位的运行模式（手动补位，自动补位，同步和禁用）进行设置，整条生产线的模台就会按此模式进行自动流转。

养护自动控制。系统监控养护窑各个窑列的温度湿度和各个阀的状态，查询各列的加

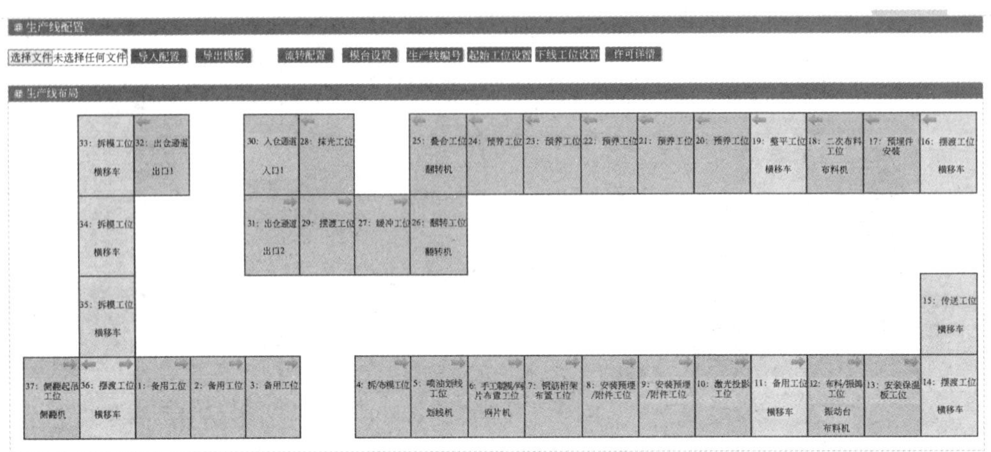

图 4-22　控制系统操作界面

热加湿曲线，通过养护参数设置，可以智能控制各个窑列的加热加湿情况，并在养护时长结束的时候，自动关闭养护功能。

布模自动控制系统。利用机械手实现出筋边模和不出筋边模混合拆模、布模等全过程自动化控制。拆布自动回收边模、边模输送、清理、摆渡、边模分类入库。

划线自动控制系统。中央控制系统可下发构件设计数据至划线机，使其划出构件、门窗、预埋件、出筋线和桁架起始位置。可喷油可不喷油，可划轮廓也可不划轮廓。

布料自动控制系统。系统监控布料机的工作情况，显示布料机当前所在的位置，布料机里面剩余混凝土的重量。点击选择任务按钮，选择系统中所有待生产和生产中的模台任务，便可以绘制出该任务上构件的轮廓、门窗、预埋件和桁架的位置信息，布料机便可根据这些信息进行精准地智能布料控制，避开孔洞和桁架。

堆垛自动控制系统。控制系统自动分配仓位，控制堆垛机将模台和构件存到养护窑对应的仓位，整个养护过程系统全程记录，质量可追溯。实现模台升降推送动作平稳，精准，系统与堆垛机的交互性友好。

振捣自动控制系统。监控振动台的工作情况，点击参数设置，可以对振动时长和振动频率进行设置，这样振动台便会按此参数进行振动。点击启动振动，可以远程控制振动台进行振动操作。

翻转自动控制系统。监控侧翻机的工作状态，按照设备控制授权，进行侧翻机的工作调度。

横移自动控制系统。监控横移车的工作状态，显示当前横移车每个工位的模台号和当前小车的位置。选择源位置和目标位置，点击位置控制，便可以远程控制横移车按此搬运模台到目标位置。

鱼雷罐自动控制系统。可以监控鱼雷罐的工作情况，显示鱼雷罐当前所在的位置，选择位置站点，点击位置控制按钮，可以让鱼雷罐运行至目标站点。点击卸料按钮，可以让鱼雷罐进行卸料，点击停止卸料按钮，可以让鱼雷罐停止卸料。

网片生产自动控制系统。根据系统拼模生成的模台任务，解析出每张网片生产的数据，可以单张生产也可以自动连续生产。结合网片抓取设备，可以进行整张模台网片的抓取操作。

3. 全线监控系统

以模台任务为导向，以监控流水线生产为依据，对PC生产线设备状态进行监控并进行生产实时监控（图4-23）。

图4-23 控制系统全线监控

4.3 工厂信息化管理技术

工厂智能化管理系统的研究与开发。通过优化供销存、生产、财务等一体化管理流程，实现一单多用、信息共享；通过优化库存管理，提高仓储数据准确率，充分掌握工厂内部和装配现场未结产品的积压状态，提高采购物料的准确性，降低物料库存；通过优化数据管理，各层级管理者能够及时准确地获取生产经营情报；通过设计与生产的数据协同，实现排产及作业的信息化；通过BIM数据与中控系统的对接，实现生产的自动化，提高生产效率、降低生产成本、提高产品质量。

4.3.1 系统总体架构

1. 系统总体架构的特点

（1）信息系统结构技术先进，功能简单、实用、有效、可靠、集成和可扩展。

（2）统一平台、统一标准、统一软件，数据共享，业务、财务一体化。

（3）功能强大的综合分析能力、监控、在线查询决策处理。

（4）健全的IT管理机制，网络系统平台具有独立性，信息传递保证安全和保密，保障系统安全性。

2. 软硬件结合要求

（1）实现BIM软件与信息系统的数据互联互通，相关材料信息可直接导入信息系统，并生成物料清单。

（2）应用RFID技术，在车间管理模块中进行工序自动汇报、工时自动统计，对各工序执行进行提醒、报警，对制造过程中的数据进行记录及统计、生成相关报表。

（3）根据对原材料及成品的不同要求，设计不同的物料二维码，在仓库及生产现场配套相应的二维码标签打印机。

（4）结合人脸识别系统，在人力资源管理模块中对重点部门及岗位进行考勤管理，以此模块对生产人员、工时、工位等信息进行验证。

（5）以商业智能分析模块为基础，搭建面向管理者的中控室系统，根据生产实际需求进行报表开发，实时反应各生产环节的即时状况及数据。

生产管理系统总体框架如图 4-24 所示。

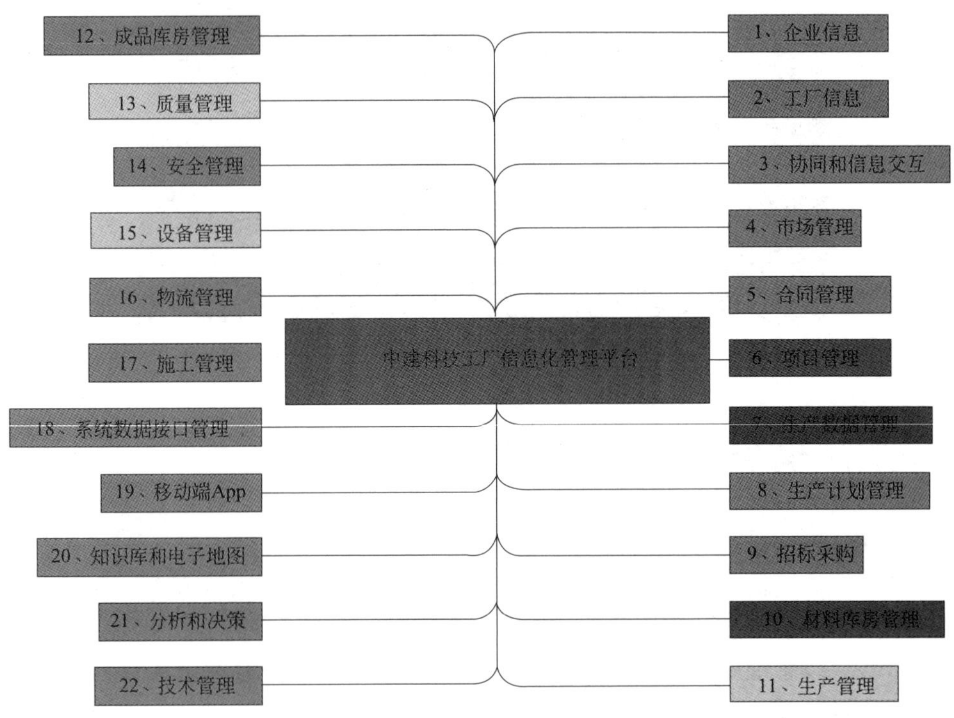

图 4-24　生产管理系统总体框架

4.3.2　基于 PKPM-BIM 设计信息直接导入

PKPM-BIM 模型可直接被工厂生产管理系统读取并识别，BIM 模型存储于云端，云端与本地系统双向交互。项目模型浏览，能够查看项目整体模型、单层模型、单层的各个构件（图 4-25）。

考虑到不同工厂对 BIM 需求和数据源的不同，系统可导入 PKPM-BIM 软件转化的后缀为 .json 的轻量级数据交互文件。该项技术和功能，提出了不同软件生成的 BIM 模型的标准化导出导入思路，便于系统整合读取不同类型 BIM 软件生成的物料清单。

4.3.3　系统基础信息录入少、唯一性、智能化查询和生成

系统的基础信息能够驱动系统信息流程正常运转，具有唯一性、共享性、参照性。系统中的信息主要包括材料类别、材料信息、构件类别、构件管理、客户管理、供应商管理

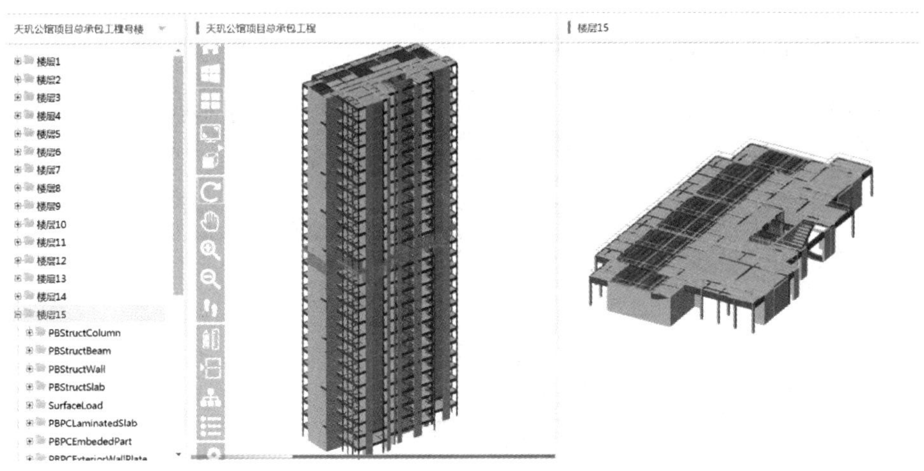

图 4-25　模型浏览

信息。通过基础信息的初始化，大大降低了信息化人员操作强度，保证了各项业务的数据唯一性与统一性（图 4-26、图 4-27）。

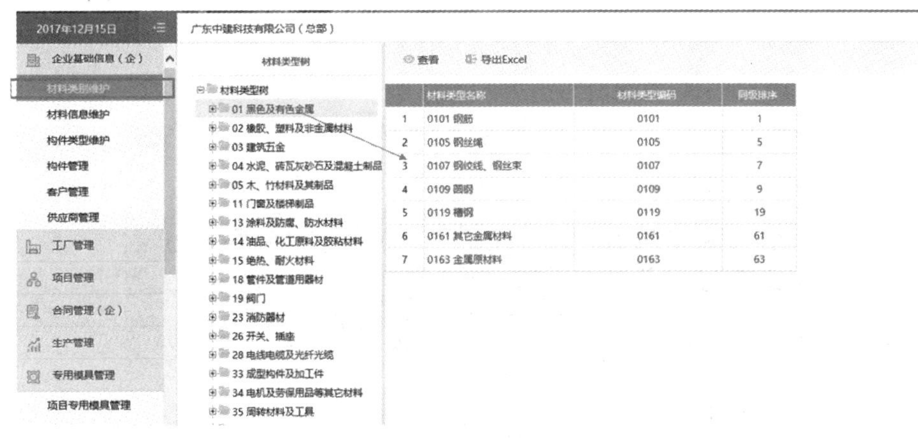

图 4-26　材料类别

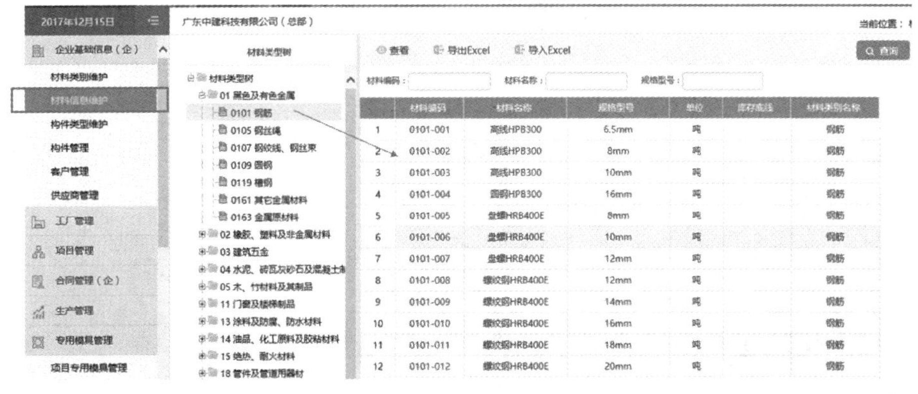

图 4-27　材料信息

4.3.4 生产信息与装配信息协同共享

构件进度模型与工厂生产和现场装配进度关联，形象展示了构件的生产和装配状态（图 4-28、图 4-29）。

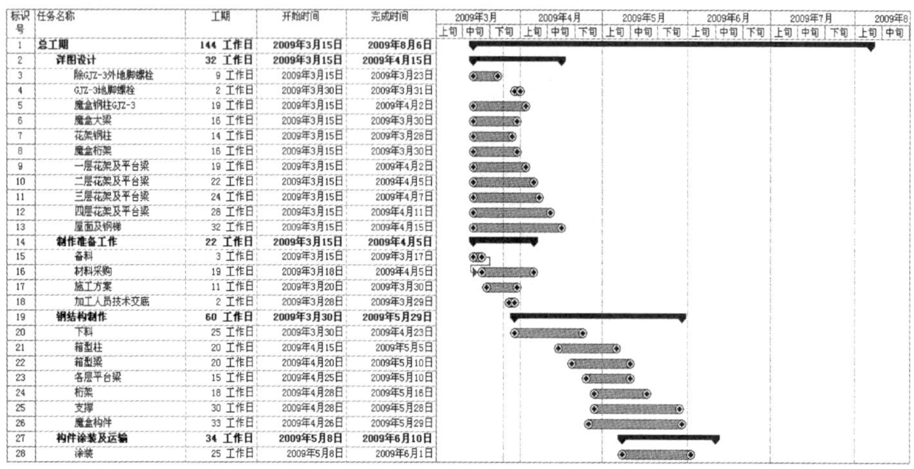

标识号	任务名称	工期	开始时间	完成时间
1	**总工期**	**144 工作日**	**2009年3月15日**	**2009年8月6日**
2	**详图设计**	**32 工作日**	**2009年3月15日**	**2009年4月15日**
3	除GJZ-3外地脚螺栓	9 工作日	2009年3月15日	2009年3月23日
4	GJZ-3地脚螺栓	2 工作日	2009年3月30日	2009年3月31日
5	魔盒钢柱GJZ-3	19 工作日	2009年3月15日	2009年4月2日
6	魔盒大梁	16 工作日	2009年3月15日	2009年3月30日
7	花架钢柱	14 工作日	2009年3月15日	2009年3月28日
8	魔盒桁架	16 工作日	2009年3月15日	2009年3月30日
9	一层花架及平台梁	19 工作日	2009年3月15日	2009年4月2日
10	二层花架及平台梁	22 工作日	2009年3月15日	2009年4月5日
11	三层花架及平台梁	24 工作日	2009年3月15日	2009年4月7日
12	四层花架及平台梁	28 工作日	2009年3月15日	2009年4月11日
13	屋面及钢梯	32 工作日	2009年3月15日	2009年4月15日
14	**制作准备工作**	**22 工作日**	**2009年3月15日**	**2009年4月5日**
15	备料	3 工作日	2009年3月15日	2009年3月17日
16	材料采购	19 工作日	2009年3月18日	2009年4月5日
17	施工方案	11 工作日	2009年3月20日	2009年3月30日
18	加工人员技术交底	2 工作日	2009年3月28日	2009年3月29日
19	**钢结构制作**	**60 工作日**	**2009年3月30日**	**2009年5月29日**
20	下料	25 工作日	2009年3月30日	2009年4月23日
21	箱型柱	20 工作日	2009年4月15日	2009年5月5日
22	箱型梁	20 工作日	2009年4月20日	2009年5月10日
23	各层平台梁	15 工作日	2009年4月25日	2009年5月10日
24	桁架	18 工作日	2009年4月28日	2009年5月16日
25	支撑	30 工作日	2009年4月28日	2009年5月28日
26	魔盒构件	33 工作日	2009年4月26日	2009年5月29日
27	**构件涂装及运输**	**34 工作日**	**2009年5月8日**	**2009年6月10日**
28	涂装	25 工作日	2009年5月8日	2009年6月1日

图 4-28　构件生产进度（表格）

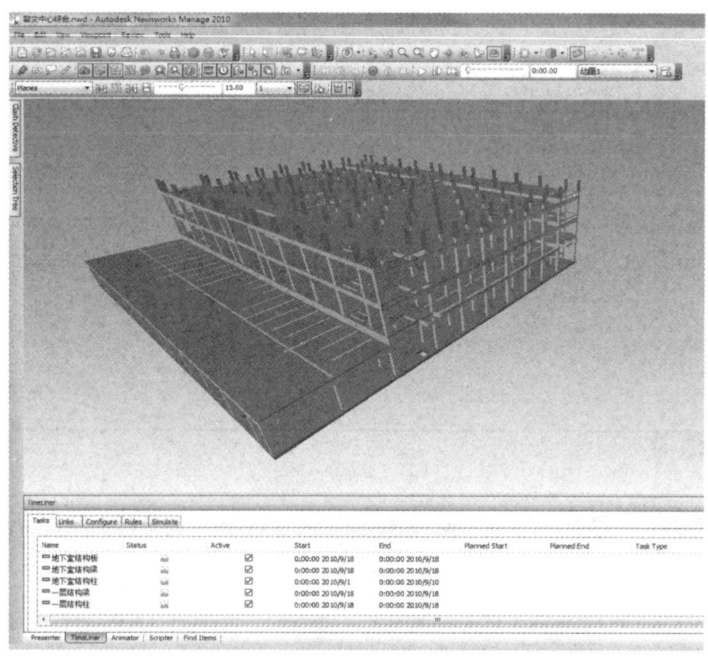

图 4-29　构件装配进度（模型）

4.3.5 标准化流程与个性化需求融合

现阶段，不同构件厂和不同构件生产工艺工序存在差异，系统针对性开发了生产工艺管理模块，能够对不同构件自定义工艺工序。既保证了生产的流程标准化，又保证了个性

化需求（图 4-30、图 4-31）。

	生产工艺编码	生产工艺名称	构件类型名称	工序数	默认选中
1	GY2017028	栏板–平板式生产工艺	栏板–平板式	12	是
2	GY2017014	全预制梁生产工艺	全预制梁	12	是
3	GY2017005	叠合阳台生产工艺	叠合阳台	12	是
4	GY2018001	桁架筋生产工艺	桁架筋	1	是
5	GY2017025	预制隔板生产工艺	预制隔板	12	是
6	GY2017010	预制内墙板生产工艺	预制内墙板	12	是
7	GY2017008	阳台侧板生产工艺	阳台侧板	12	是
8	GY2017019	整段式预制生产工艺	整段式预制	12	是
9	GY2017024	梯间隔墙板生产工艺	梯间隔墙板	12	是
10	GY2017009	预制凸（飘）窗生产工艺	预制凸（飘）窗	12	是
11	GY2017023	预制隔板生产工艺	预制隔板	12	否
12	GY2017021	预制平板生产工艺	预制平板	12	是
	合计				否

图 4-30　工艺管理

打印预览　打印　打印控件安装　关闭

生产工艺信息

工艺编码	GY2017010	工艺名称	预制内墙板生产工艺
构件类型	预制内墙板		
备注			

工序顺序号	工序名称	关键工序
1	模台清理	非关键工序
2	门窗口模具安装	非关键工序
3	模具组装	关键工序
4	钢筋笼入模	钢筋笼
5	预埋件安装	关键工序
6	隐蔽工程检查	隐检
7	混凝土浇筑	关键工序
8	混凝土振捣、磨平	关键工序
9	构件预养护	非关键工序
10	表面压光	非关键工序
11	构件养护	非关键工序
12	模具拆卸	关键工序

图 4-31　工序定义

4.3.6 全过程信息可追溯、形成大数据，智能分析

生产过程中，通过二维码对构件生产过程进行管理；生产准备、隐检、成品检、入库、装车、卸车、安装等通过 RFID 进行构件信息跟踪追溯。通过数据采集与分析，对工厂的整体运营状态进行图形化表达，便于作出及时的决策（图 4-32）。

图 4-32　工厂运行大数据分析

为实现设计阶段与生产阶段之间数据信息的完整有效传递，并形成基于 BIM 的工厂

智能化加工和信息化管理，进行了以下研究：

（1）基于 BIM 设计数据的数据转换技术研究：易于指导生产设备加工的 BIM 设计数据信息研究，BIM 设计数据与生产设备的数据转换技术研究，形成生产设备可识别的标准化格式数据，实现 BIM 设计信息与生产管理系统之间的信息交互。

（2）基于 BIM 的信息化生产管理系统研究：基于 BIM 的生产数据管理、生产计划管理、生产管理、材料管理、设备管理、仓储物流管理等模块的研究，以及业务管理流程的标准化研究。

（3）基于物联网技术的装配式建筑预制混凝土构件的全过程质量追溯技术研究与应用。

形成了以下相关关键技术：

（1）针对多种 BIM 软件数据不能互相兼容的问题，通过基于 BIM 设计数据的数据转换技术研究，实现设计信息与加工信息无缝对接及共享，实现设计、加工一体化协同。

（2）针对预制构件生产设备无法直接读取识别 BIM 信息的难点，研究基于 BIM 的预制构件智能化加工技术，实现混凝土预制构件生产效率和质量的提升。

（3）针对工厂人工管理效率低、错误多等问题，研究基于 BIM 的信息化生产管理技术，实现工厂生产信息可追溯管理和工厂高效管理。

第5章 精益建造技术

5.1 标准化安装工艺

5.1.1 预制剪力墙

一、预制剪力墙吊装构造

预制墙板吊装时，一般在墙体顶部预埋吊钉，当墙体长度不超过5m时，一般预埋2颗吊钉。当预制墙板长度较长时（超过5m），则预埋3～4颗吊钉。也有在预制墙体顶部预埋螺栓套筒，再用螺栓将吊耳固定在螺栓套筒内，剪力墙安装完毕后，拆除吊耳及紧固螺栓。

预制墙板吊装时，为了保证墙体吊钉处于竖向受力状态，应采用H型钢焊接而成的专用吊梁，根据各预制构件吊装时不同尺寸、重量及不同的起吊点位置，设置模数化吊点，确保预制构件在吊装时钢丝绳保持竖直。吊梁下方设置专用吊钩，用于悬挂吊索，进行不同类型预制墙体的吊装。

当预制剪力墙上开门洞或窗户且洞口不居中时，预制剪力墙的重心有可能不在中间轴处，吊装时预制剪力墙可能会倾斜。此种情况，可采用三点吊装，中间一根吊索配捯链进行调平。当预制剪力墙带凸窗时，则预制剪力墙的重心有可能在墙体平面外，吊装时产生平面外的倾斜。此种状态时，可采用框架式平衡梁四点吊装，并配捯链进行调平。

二、预制剪力墙安装工艺

1. 起吊前准备

根据定位轴线，在作业层混凝土顶板上，弹设控制线以便安装墙体就位，包括：墙体及洞口边线；墙体200mm水平位置控制线（图5-1）；作业层500mm标高控制线（混凝土楼板插筋上）；套筒中心位置线。

用钢筋卡具（图5-2）对钢筋的垂直度、定位及高度进行复核，对不符合要求的钢筋进行校正，确保上层预制外墙上的套筒与下一层的预留钢筋能够顺利对孔。楼层上钢筋要进行校正。

2. 钢垫片放置

使用水准仪测出标准层所有预制剪力墙落位处，放置垫片部位的标高，计算出该层预制剪力墙落位处标高的平均值，如最低处与最高处差值过大可取平均区间，或者将几处最高的部位进行处理后再取平均值。

待对应的预制剪力墙进场后，通过验收可得出对应垫片位置的剪力墙高度，然后根据层高进行等式计算，可得出放置垫片的高度。

3. 结合面处理

为了使旧混凝土面与灌浆料结合更紧密，需要在吊装预制剪力墙前进行凿毛处理，也可在混凝土初凝前拉毛。

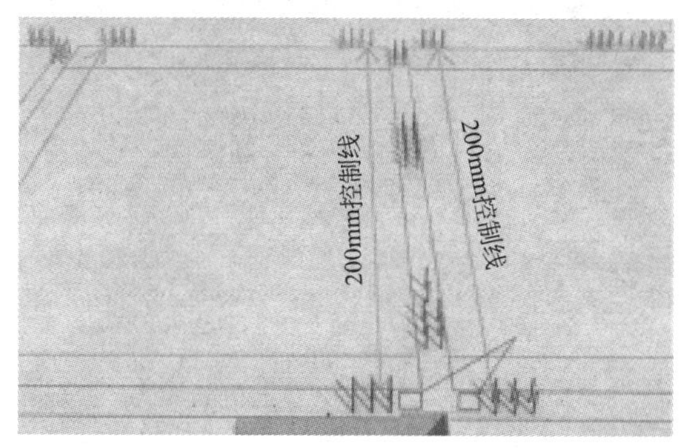

图 5-1　墙体定位线示意图

图 5-2　钢筋卡具

4. 固定弹性密封胶条

使用弹性密封胶条对灌浆区域进行分仓，为后期灌浆作准备。采用水泥钉将密封胶条固定于地面，堵缝效果要确保不漏浆。

5. 预制墙体起吊

吊装时设置2名信号工，起吊处1名，吊装楼层上1名。另外墙吊装时配备1名挂钩人员，楼层上配备3名安放及固定墙体人员。

吊装前由质量负责人核对墙板型号、尺寸，检查质量无误后，由专人负责挂钩，待挂钩人员撤离至安全区域时，由下面信号工确认构件四周安全情况，确认无误后进行试吊，指挥缓慢起吊，起吊至距离地面0.5m左右时暂时停止，对塔式起重机起吊装置确定安全后，继续起吊。

6. 预制墙体安装

待墙体下放至距楼面0.5m处，根据预先定位的导向架及控制线微调，微调完成后减缓下放。由2名专业操作工人手扶引导降落，降落至距楼面100mm时，1名工人利用专用目视镜观察连接钢筋是否对孔。

工作面上吊装人员提前按构件就位线和标高控制线及预埋钢筋位置调整好，将垫铁准备好，构件就位至控制线内，并放置钢垫片。采用钢管斜支撑进行临时支撑固定，采用专用工具进行预制墙体的标高及轴线位置调整（图5-3、图5-4）。

5.1.2　预制柱

一、预制柱吊装构造

预制柱的吊装构造主要有如下几种。

（1）在柱顶预埋吊钉，吊钉数量根据柱的长度及重量布置，一般布置有2～4颗。吊钉的型号及荷载量应满足自身的额定荷载，以及混凝土对吊钉的锚固要求。

（2）若预制柱较长较重，也可在预制柱顶部预留孔洞，穿芯棒进行吊装。吊装时，芯棒与预制柱预留孔洞可转动，从而使预制柱从水平状态到垂直状态的受力较平稳，当预制柱吊装就位完毕后，将芯棒取出。

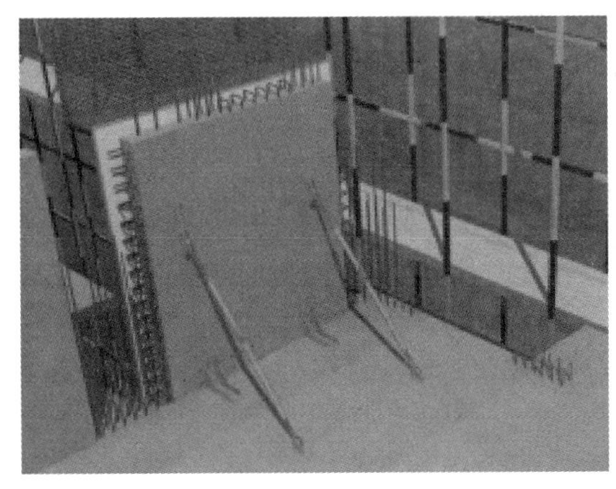

图 5-3　七字码加斜撑安装示意图

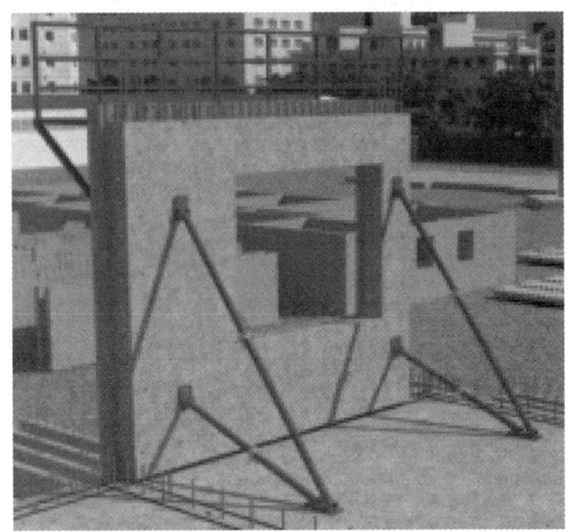

图 5-4　双斜撑安装示意图

（3）在预制柱的顶部侧面预埋套筒，固定连接件进行吊装。此方法需在柱的两侧对称布置预埋套筒，对称进行吊装。

（4）对于预制柱通长，且在梁柱节点处预留钢筋节点现浇的预制柱，吊装时，应重点关注预留钢筋节点部位的钢筋强度是否满足吊装要求，若不满足吊装要求，则应对钢筋预留节点部位进行加固处理。

（5）对于预制预应力框架结构，框架柱为通长预制柱，长度较长，重量较大，且长细比较大。此柱在吊装前，应进行预制柱的吊装工况下的强度验算，选择合适的吊点位置和吊装方法，以避免产生吊装开裂甚至断裂现象。当强度允许时，可在预制柱顶部设置主吊点，预制柱尾部设置辅助吊点，2 台起重机同时进行起吊。顶部吊点起重机主要负责竖向提升，底部吊点起重机负责溜放，逐渐将预制柱由水平状态提升至竖直状态，再松开底部吊点。

当强度不允许时，可将预制柱主吊点下移至 2/3 处或以上位置，采用侧面两点吊装预制柱，尾部配溜放吊点并进行起吊。

二、预制柱安装工艺

1. 安装面准备

凿毛并清理结合面。根据定位轴线，在已施工完成的楼地面上放出构件边线及 200mm 控制线。对套筒插筋的垂直度、定位进行复核，偏位误差控制在 5mm 内，确保构件的套筒与下一层的预留插筋能够顺利对孔。

在每根预制柱的安装部位（柱底 4 个角部），根据构件表面上的 500mm 标高控制线（生产时在构件表面标出），测量并计算出钢垫板的高度，放置钢垫板，以调整柱子标高。

2. 预制柱起吊

起吊前仔细核对构件编号，由专人负责挂钩、设置引导绳，待人员撤离至安全区域时，由起吊处信号工确认安全后进行试吊，缓慢起吊至距离地面 0.5m 处，确定安全后，平稳起吊至安装面。

3. 预制柱安装

工作面上安装人员提前将临时斜支撑准备好，待构件下放至距安装面 0.5m 处，由安装工人手扶引导降落，缓慢降落至安装面，通过镜子观察套筒与插筋是否对孔，过程中使用小锤微调钢筋确保构件安装就位。用千斤顶对预制柱的标高及轴线进行微调。用经纬仪控制垂直度。

4. 标高控制

构件吊装之前在室内架设激光扫平仪，扫平标高为 500mm，构件安装后通过激光线与墙面 500mm 控制线进行校核，底部通过垫片调节标高，直至激光线与构件表面 500mm 控制线完全重合。

5. 构件调节及支撑

竖向构件采用斜支撑进行临时固定。预制柱采用两根斜支撑进行临时固定，分别安装在柱子相邻的两个面上。斜支撑还可用于调整构件安装垂直度，待垂直度满足要求后紧固斜支撑。

5.1.3　预制梁

一、预制梁吊装构造

预制梁的吊装，普遍采用梁顶面预埋吊钉的方式进行吊装，也有采用绳索绑扎预制梁起吊的方式。当采用绳索绑扎起吊时，必须用卡环卡牢。

二、预制梁安装工艺

1. 安装面准备

根据叠合梁板平面布置图，在已安装完成的预制柱侧面放出叠合梁平面控制线（图 5-5）。

水平构件临时支撑采用底部带三脚架的独立钢支撑，顶部 U 形托内放置通长的木方或钢梁，标高调节至梁底或板底标高，并通过水准仪进行复核。木方或钢梁放置方向应垂直于桁架筋（图 5-6）。

墙、柱底注浆强度满足设计要求后可进行叠合梁吊装。

图 5-5　叠合梁平面控制线示意

图 5-6　独立钢支撑示意

2. 叠合梁起吊

为保证梁在吊运过程中保持水平状态，应使用吊装平衡梁进行叠合梁吊装。吊装时，应保证预制叠合梁的水平度（图 5-7）。

图 5-7　叠合梁吊装示意

3. 叠合梁安装

当叠合梁下放至距安装面 0.5m 处时，由安装工人扶住构件缓慢下落。根据定位控制线，引导构件降落至独立支撑上，校核构件水平位置，并通过调节独立钢支撑，确保标高满足设计要求。

5.1.4　预制叠合楼板

一、预制叠合楼板吊装构造

吊装叠合楼板时，应按设计的吊装点位，起吊桁架筋（此部位进行局部加强处理）。

预制叠合楼板的吊装，条件允许时，可考虑串吊，以提高吊装效率。当预制构件串吊时，下部的叠合楼板的重量应直接传递至吊装点位或钢丝绳，不宜通过上部叠合楼板传递荷载至吊钩（图 5-8）。

图 5-8　叠合板串吊示意

二、预制叠合板安装工艺

1. 叠合板放线

根据定位轴线，在已施工完成的楼层板上，通过铅垂和激光水准仪放出叠合板的定位边线和支撑立杆的定位线，再于已安装完成的预制墙体上弹垂直控制线（图 5-9、图 5-10）。

图 5-9　放出叠合板边线及支撑架体定位线

图 5-10　弹出叠合板独立支撑标高控制线

2. 独立支撑架体搭设

叠合板采用独立固定支撑作为临时固定措施，独立固定支撑包括铝合金工具梁、独立支撑及三角稳定架。影响到叠合板的水平度的直接因素为主龙骨和小横杆的标高，即架体搭设的高度。叠合板的支撑架体为专业的独立钢支撑，上口设有丝扣和顶托，顶托上设置铝合金龙骨。将支撑架放置在指定位置上，然后通过水准仪和卷尺，测出叠合板板底的高度，同时操作人员对上口的丝扣进行调节，使铝合金龙骨顶部达到测量高度的要求。

3. 叠合板起吊

吊装时设置 2 名信号工，构件起吊处 1 名，吊装楼层上 1 名。另于叠合板吊装时配备 1 名挂钩人员，楼层上配备 2 名安放叠合板人员。

吊装前由质量负责人核对墙板编号、尺寸，检查质量无误后，由专人负责挂钩，待挂钩人员撤离至安全区域时，由下面信号工确认构件四周安全情况，指挥缓慢起吊，起吊至距离地面 0.5m 左右处时，塔式起重机起吊装置确定安全后，继续起吊。

吊装时应遵循“慢起、快升、缓降”原则，吊运过程应保持平稳；每班作业时宜先试吊 1 次，测试吊具与塔式起重机是否异常。构件应采用垂直吊运，严禁斜拉、斜吊；吊起的构件应及时安装就位，不得悬挂在空中；吊运和安装过程中，都必须配备信号工、司索工，对构件进行移动、吊升、停止、安装的全过程，应采用远程通信设备进行指挥，信号不明不得吊运和安装。吊装前，对预埋件、临时支撑、临时防护等进行再次检查，配齐装配工人、操作工具及辅助材料。

4. 叠合板安装

待叠合板下放至距楼面 0.5m 处，根据预先定位的导向架及控制线微调，微调完成后减缓下放。由 2 名专业操作工人手扶引导降落，降落至距楼面 100mm 时，1 名工人通过铅垂观察叠合板的边线是否与水平定位线对齐。

吊装完毕后，需要双方管理人员共同检查定位是否与定位线存在偏差，采用铅垂和靠尺进行检测，如超出质量控制要求，管理人员需责令操作人员对叠合板进行调整，若误差较小则采用撬棍即可完成调整，若误差较大，则需要重新起吊落位，直到通过检验为止（图 5-11、图 5-12）。

图 5-11　叠合板就位

图 5-12　使用撬棍微调

5.1.5　预制楼梯

一、预制楼梯吊装构造

预制楼梯吊装时，通常采用四点吊装，一般在楼梯的上下平台面预埋有吊钉，采用鸭嘴吊扣进行连接吊装。

吊装时，可采用平衡梁吊装、吊链吊装或钢丝绳吊装。吊装时，要保证楼梯的倾斜角度与安装就位时的角度相同。

二、预制楼梯安装工艺

1. 安装面准备

根据施工图纸，在上下楼梯休息平台板上分别放出楼梯定位线；同时在梯梁面放置钢垫片，并铺设细石混凝土找平。钢垫片厚度为 3～20mm。检查竖向连接钢筋，针对偏位钢筋进行校正。

2. 预制楼梯起吊

根据预制楼梯的设计尺寸，可采用平衡梁吊装、吊链吊装或钢丝绳吊装。

吊装前由质量负责人核对楼梯型号、尺寸进行检查，检查质量无误后，由专人负责挂钩，指挥缓慢起吊，起吊至距离地面 0.5m 左右处，检查吊钩是否紧固，构件倾斜角度是否符合要求，待达到要求后方可继续起吊。

3. 预制楼梯安装

待墙体下放至距楼面 0.5m 处，由专业操作工人稳住预制楼梯，根据水平控制线缓慢下放楼梯，对准预留钢筋，安装至设计位置。

预制楼梯落位时先用钢管独立支撑进行临时支撑。在预制楼梯上下平台面底部两端各设置不少于 2 个钢管独立支撑，通过独立支撑调整楼梯的标高。

预制楼梯标高及轴线调整到位后，立即进行灌浆或浇筑细石混凝土，避免对灌浆和封堵区域造成污染。

4. 安装连接件、踏步板及永久栏杆

楼梯停止降落后，由专人安装预制楼梯与墙体之间的连接件，然后安装踏步板及永久栏杆或临时栏杆（预制墙体上需预埋螺母，以便连接件固定）。

预制楼梯安装完成后，应立即使用废旧模板覆盖保护，避免施工过程中对其阳角处造成破坏。

5.1.6　预制阳台

一、预制阳台吊装构造

预制阳台吊装时，一般采用四点吊装。在阳台的四周预埋有吊钉，采用鸭嘴扣进行连接吊装。

预制阳台吊装类似于预制楼梯，使用平衡梁、钢丝绳或吊链进行吊装。

由于预制阳台的重心有可能不在中心位置，对预制阳台吊装时，可采用框架式平衡梁进行吊装，并配备捯链进行水平度调整。也可采用四点吊装，其中 2 根吊索串捯链进行水平度调整（图 5-13、图 5-14）。

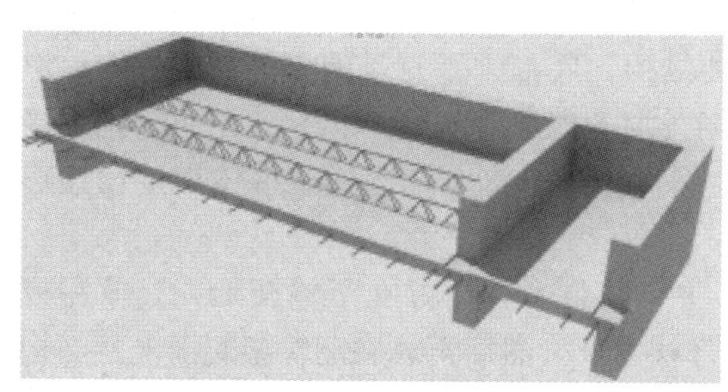

图 5-13　预制阳台示意

图 5-14　预制阳台实物图

二、预制阳台安装工艺

1. 安装面准备

预制阳台临时支撑采用底部带三脚架的独立钢支撑，顶部 U 形托内放置通长的 50mm×100mm 木方，标高调节至阳台板底标高。

2. 预制阳台起吊

起吊处安排 1 名挂钩人员，楼面上安排 3 名安装人员，采用框架式平衡梁并配备 4 根钢丝绳或吊链进行吊装，确保预制阳台起吊时的水平度。

3. 预制阳台安装

当预制阳台下放至距安装面 500mm 处时，由安装工人扶住阳台缓慢下落。

当预制阳台板吊装至作业面上空 500mm 处时，减缓降落，由专业操作工人稳住预制阳台板，根据叠合板上控制线，引导预制阳台板降落至独立支撑上，根据预制墙体上水平控制线及预制叠合板上控制线，校核预制阳台板水平位置及竖向标高情况，通过调节竖向独立支撑，确保预制阳台板满足设计标高要求，允许误差为±5mm。

通过撬棍调节预制阳台板水平位移，确保预制阳台板满足设计图纸平面位置要求，允许误差为 5mm，叠合板与阳台板平整度误差为±5mm。

5.2 工具化工装系统

5.2.1 构件运输、存放工装系统

一、带成品保护功能的双A形运输架

双A形运输架主要用来运输预制剪力墙及平面墙板，该运输架利用了构件自身的重量作为构件之间的支撑力，与传统单A字形运输架相比，使用该运输架使预制墙板之间无摩擦、碰撞，墙板之间无需再用木方隔开，装车方便，更利于构件运输过程中的保护。单个双A形运输架能同时运输4块墙板，4块墙板分别斜靠在双A架体上，保证墙体分离，避免产生擦痕，同时亦能保证构件重心在车厢内。

双A形运输架如图5-15所示，采用2个单架体组合焊接形成，单体采用2组×2根80号槽钢互成角度交叉焊接，2组槽钢顶部和底部分别焊接不同长度的120号槽钢连接形成主体骨架；在此基础上两侧采用120号槽钢，凹槽面朝外焊接，同时顶部水平焊接1根120号槽钢作为抵消两侧墙板的水平分力的主要结构，底部则垂直于两侧的槽钢焊接，形成与地面有一定角度的支撑，形成主体框架；在主体框架的基础上，两侧水平再分别焊接2根槽钢（凹槽面朝外），凹槽面内垫木方作为缓冲。最后将2个运输架单体焊接相连形成双A形架体。

构件吊装前，先将运输架安置在构件车板上，并将木方放好在运输架上。安放完成后，起吊构件。构件吊放时应先垂直安放在底部枕木上，然后再靠在运输架侧面上。当构件下落至距离底部枕木约15mm时，观察枕木是否与构件有充分的接触面积并调整位置。随后指挥行车缓慢卸力，加以人工引导，使构件靠向存放架。安放完成后，安装安全带同时调紧，增加构件与运输架之间的连接力。

图5-15 双A形运输架

二、预制墙板存放运输一体架

墙板存放运输一体架主要由2个副架与1个主体刚架组成，副架与主体刚架的长宽可

根据工程中墙板的实际长宽进行设计，且可用不同长度规格的副架与主体刚架进行组合，更好适应墙板的长度变化。副架上由方钢管组成2个滑槽，第一个滑槽上装有移动钢管，可在滑槽上移动，主要用来固定墙板，防止倾覆；第二个滑槽上设有螺纹顶撑，通过拧动螺母调整合适长度顶紧墙侧，防止墙板在运输过程中滑动、碰撞，造成墙板损坏。一体架由方钢管、工字钢、槽钢等组成，主要材质为Q235。

根据墙板的长度，选择合适长度的主体刚架与副架，墙板的长度不得超过组合后一体架的长度。在墙板存放前，先将1个副架与主体刚架进行组合，将生产好的墙板吊运至刚架上，移动钢管，使其紧靠墙板，同时拧紧螺母进行固定。随后继续装载墙板，重复上述步骤，当墙板装载完以后，再将另一个副架通过螺栓与刚架连接，随后调整第二个滑槽上的螺纹顶撑顶住墙板，防止墙板沿其长度方向滑动。需装车时，直接通过龙门式起重机将一体架及墙板直接吊运至运输车上，减少了装车时间，节约了时间及人工成本（图5-16、图5-17）。

图5-16　墙板存放运输一体架存放

图5-17　墙板存放运输一体架装车

三、可调凸窗存放运输架

根据现在凸窗运输架及存放架的缺点，重新设计凸窗可调式运输架，该架子的通用性更强，上部有可伸缩的顶托，可应用于不同高度的凸窗。采用槽钢焊接成俯视图为一字形的架体，架体两侧和中部为带支撑调节的立柱，可通过旋转两侧立柱上的螺杆来适应不同厚度的凸窗；为节约型材，将底部支撑座焊接在两侧的立柱上，支撑座上方连接螺杆以调节支撑座高度，以适应凸台高度不同的预制凸窗；每个构件使用两个一字形架体存放，架体之间的间距可根据构件的宽度调整，以适应不同宽度的构件。架体各部位与构件接触的固定钢板和调节钢板上均铺设白色橡胶垫，此橡胶垫既可保护混凝土面不被与构件接触的钢板磨损，也能在放置构件时起到缓冲减震的作用。放置构件后，在构件顶部增设一道拉压杆，增加构件的稳定性，防止倾覆。另外在架体底部设置两个限位卡，防止运输架在车板上侧滑（图5-18）。

图 5-18　可调凸窗存放运输架

在凸窗构件装车前将运输架安装至车板上，固定好限位卡，防止滑移，通过调节各支撑点的螺杆以适应不同项目中不同结构类型的凸窗；在使用时，先将底座竖向支撑点的高度调节好（在同一个项目中就无需再次调节），之后松开两侧和中部的横向螺杆，放入构件后拧紧螺杆即可，最后安装顶部的防倾覆拉压杆，使两件产品连接成一个整体。

四、叠合板存放运输一体架

一体架主体使用 125mm×125mmH 型钢制作，4 个角分别制作了一个长度 540mm 的插入式伸缩销，可进行宽度伸缩调节，同时在伸缩销上分别安装了防滑限位装置，使其可在标准宽度 2.5m 及超宽尺寸 3.1m 间调整。在底盘上对称焊接 4 个综合应用托盘，能使不同宽度的叠合板放置在托架上时，4 条木方垫块的间距调整范围扩大，在对称的受力均匀位置，亦可满足两叠木方垫块间距不同时的立体叠放，不会出现受力不均损坏产品的情况（图 5-19）。

图 5-19　叠合板存放运输一体架

平时使用时，架子的伸缩销处于缩入状态，由缩入防滑扣扣住。叠放叠合板产品前先根据叠放组合图纸确定产品数量及宽度，对于宽度没有超过 2.5m 的产品，先将 4 条木方垫块放置在综合应用托盘上，调整好合适的宽度间距，使其宽度能适用该叠全部叠合板的受力支点，不至于多层叠放时出现受力不均匀损坏产品的情况；然后放置第一件叠合板，再在上面放置 4 条木方垫块，以一层一层循环放置，每层木方垫块的位置必须一致，竖向形成 1 条受力线。

对于超宽的叠合板，需将 4 个伸缩销拉出，先将防滑扣向上扳出，拉出伸缩销，直至拉到尾端挡块限位，将4条木方垫块放在综合应用托盘上，调整好宽度间距后，即可按照上述步骤一层一层地把叠合板叠放上去。

全部的叠合板产品叠放完成后，使用起重设备用吊索吊住4个角的吊耳或用大型叉车从下方叉起来，整叠放到运输车上，再转运到堆场内卸下暂存。立体双层存放时，只需将下面一叠的最上层放4条木方垫块，垫块位置需与下方对齐，上面一叠托架的综合应用托盘压到4条木方垫块上即可，然后装车运输到项目工地。

五、改进型叠合板存放架

常规叠合板堆放会导致叠合板存放占地面积较大。通过设置叠合板存放架，分隔码放，提高叠合板的存放高度，从而增大堆放空间的使用率。

叠合板存放架包括柱底脚板、底座框架、立柱、支撑管和支撑件。柱底脚板上设置有连接板和固定孔，用于与地面螺栓固定；底座框架由2个横管和2个纵管与钢柱竖管焊接而成；支撑件包括槽钢件和加劲板，设置在沿横向支撑管方向的竖管的2个侧面上，并交错设置；支撑管放置于支撑件槽钢的凹槽内。在横向支撑管上放置叠合板，并多层码放。该存放架存放叠合板占用面积小，使用方面。

叠合板存放架使用时，应保证地面的平整度。地面应作硬化处理，并满足强度要求。先将存放架柱脚底板与地面固定牢固，再在底座框架上码放叠合楼板。分层码放4层叠合楼板后，安装第一层纵横向支撑管，在第一层纵横向支撑管上码放4层叠合楼板。依次安装，直至第四层。每个叠合板存放架共放置20层叠合楼板。改进型叠合板存放架如图5-20所示。

图5-20 改进型叠合板存放架

5.2.2 构件吊装工装系统

一、工具式横梁

工具式横梁是一种通用性强、安全可靠、适合预制构件的吊装工具，用来改善预制构件吊点的受力状态，并调节预制构件的吊装姿态，方便预制构件的吊装就位。工具式横梁常用于梁、柱、墙板、叠合板等构件的吊装，可以防止因起吊受力不均而对构件造成破坏，便于构件的安装、矫正。

工具式横梁通常采用工字钢或H型钢、角钢或钢板等材料焊接而成，吊梁长度应根据预制构件的宽度最大值确定，钢板上宜间隔 300mm 进行激光切割成孔或其他切割方式成孔以满足不同预制墙体吊装需求（图 5-21）。

图 5-21　工具式横梁实物图

使用时根据被吊预制构件的尺寸、重量以及预制构件上的预留吊环位置，利用卸扣将钢丝绳和预制构件上的预留吊点连接。吊梁上设置有多组圆孔，通过横梁的圆孔连接卸扣和钢丝绳进行吊装，保证吊索的垂直度以及吊装的效率；吊点可调式横梁通过调节活动吊钩的位置，来适应各种尺寸预制构件的吊装。工具式横梁改变了传统吊装梁只适用于较少型号预制构件的情况，可满足一种吊梁吊装多种预制构件的要求，节约工装成本，提高现场效率。

机械式可调式吊梁：在横吊梁中设有 2 个吊点距离可调的活动调节吊钩，通过调节活动吊钩的位置，来适应各种尺寸预制构件的吊装。

当吊装叠合楼板或者 L 形预制墙板时，应采用框架式平衡梁进行吊装。采用 4 个吊点吊装，并配合捯链，保证吊装时预制构件的水平度。

二、液压可伸缩平衡梁

参考液压起重臂等伸缩结构，设计一种液压可伸缩的平衡梁，以适应多种形式预制构件的现场吊装。因平衡梁长度可伸缩，在狭小空间部位，吊装较方便。

基本原理：钢平衡梁为结构件承重部分，分内筒和外筒；外筒固定，内筒可伸缩；在平衡梁内设置液压伸缩油缸，通过控制油缸的行程，控制平衡梁内筒的伸缩，实现平衡梁任意长度的调节（一定长度范围内），从而适应现场 PC 件的吊装（图 5-22）。

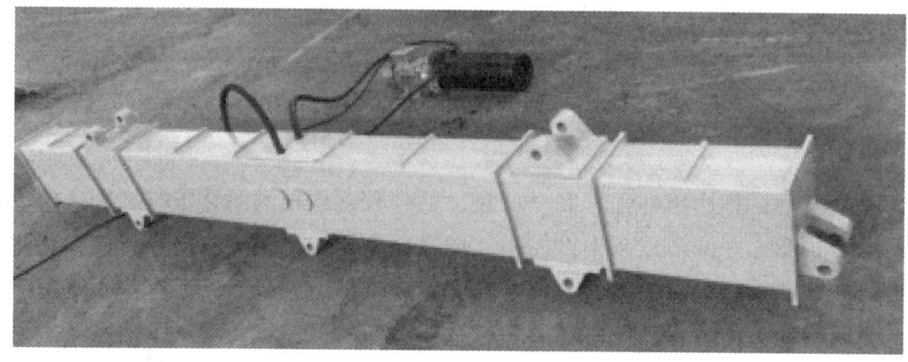

图 5-22　液压可伸缩平衡梁实物图

三、自动脱钩吊钩

现场构件吊装就位后，需要人工搭设爬梯去解除与构件相连的吊钩。有些预制构件高度大（如预制框架柱等）、重量大，在对此类预制构件脱钩时，使用现有的吊钩较不便利，且耗费了时间，增加了危险性。因此，需要研发一套带遥控的自动脱钩吊钩，方便构件的现场吊装，提高工效，降低危险性。

基本原理：从遥控器发出信号，由卸扣上的信号接收器接收该信号，经电子控制器 ECU 识别信号代码，再由该系统的执行器（电磁继电器）执行启/闭锁的动作；可以远距离、方便地进行卸扣的解锁（脱钩）和闭锁（合钩）（图 5-23、图 5-24）。

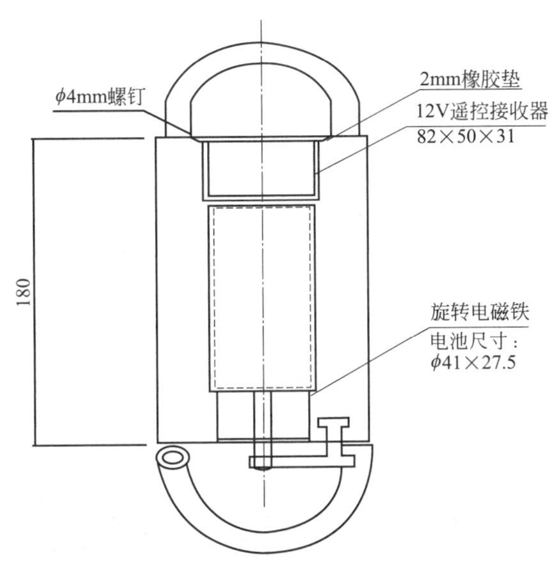

图 5-23　自动脱钩吊钩示意图

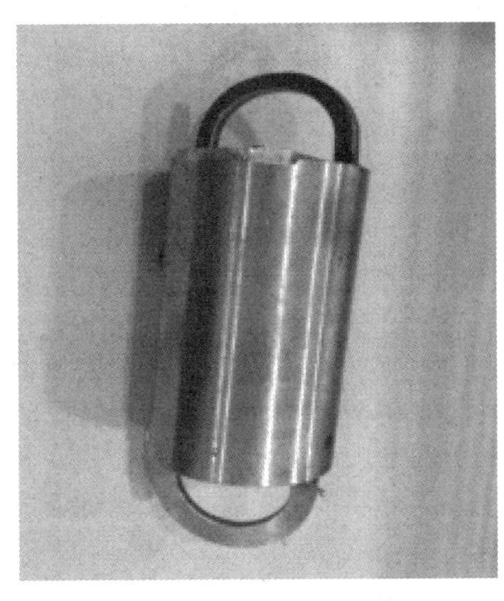

图 5-24　自动脱钩吊钩实物图

（1）将该自动脱钩吊钩上端挂于起重机吊钩上，自动脱钩吊钩处于闭合状态。在地面堆场处，将钢丝绳及卸扣与构件连接，手动拨动自动脱钩吊钩下部吊钩，将卸扣插入下部吊钩，利用自动脱钩使复位弹簧下部吊钩复位，完成自动脱钩吊钩与构件的可靠连接。

（2）起重机提升，将构件吊装至安装位置。

（3）构件吊装就位后，降低吊钩位置，使自动脱钩吊钩不再承受构件重量。按动遥控器开按钮，遥控器无线信号由自动脱钩吊钩内信号接收器接收，电磁继电器通电工作，驱动电动机轴及附属钢销转动，下部吊钩脱钩。下部吊钩脱钩后，按动遥控器复位按钮，电磁继电器断电，电动机轴及附属钢销在复位弹簧作用下复位。

四、预制墙体吊装远程调平装置

现阶段，预制墙体构件因墙体上开门或开洞，导致构件重心不居中，构件起吊后，构件成倾斜状态，工人用捯链或其他方式来调整预制构件的方向，待预制墙体调整至水平后，方进行下一步的吊装和安装。由此带来调整时间长，工效低、安全性差等问题。

研发一种用于预制墙体吊装的调平装置，调平装置包括塔式起重机、平衡梁、水平仪、伺服电机、变速齿轮、轴和拉力传感器。该装置能够实现预制墙体起吊后水平度的移动端远程调节，吊装数据实时上传至装配式施工管理平台，吊装效率显著提高，提高了预制墙体的安装效率，提高了装配式建筑施工效率与质量。预制墙体吊装远程调平装置示意如图 5-25 所示。

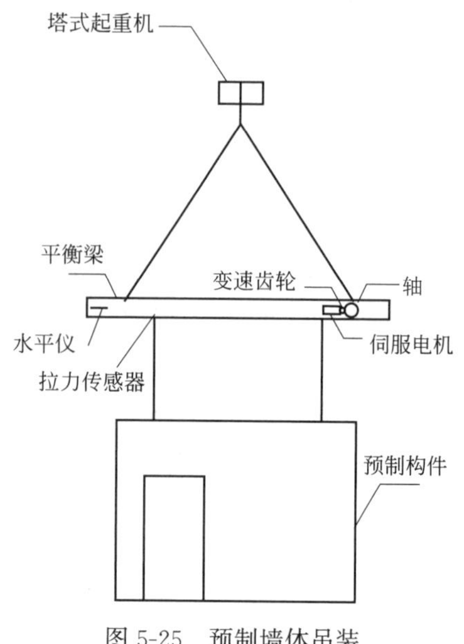

图 5-25 预制墙体吊装远程调平装置示意图

经现场统计，采用捯链进行预制墙体的调平，平均每块预制墙体的调平时间大约为 20min，采用远程调平装置及智能吊装 App 程序后，调平时间缩短为 10min，工效提升 50%。

5.2.3 构件安装工装系统

一、钢筋定位检查工具

由于构件的标准化生产，各预制墙体套筒连接区域钢筋布置基本一致。此钢筋定位检查工具主要由上下两块钢板组成，钢板上根据连接钢筋的设计位置进行开孔，4 个边角的螺杆具有调节高度的作用，钢板上的气泡调平后可直接检测钢筋外伸长度，如图 5-26 所示。若外伸钢筋定位准确，则此工具能顺利套入钢筋。

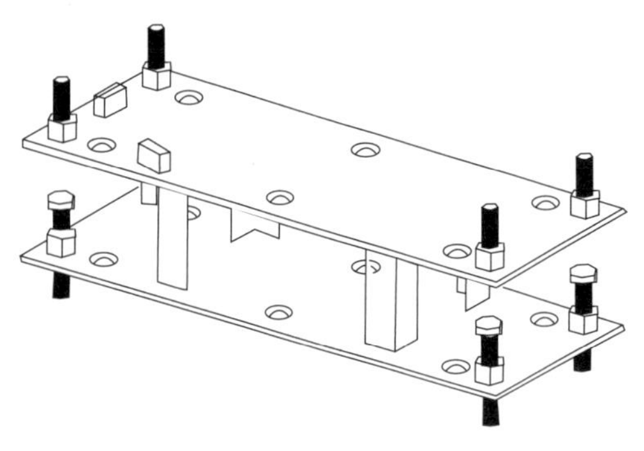
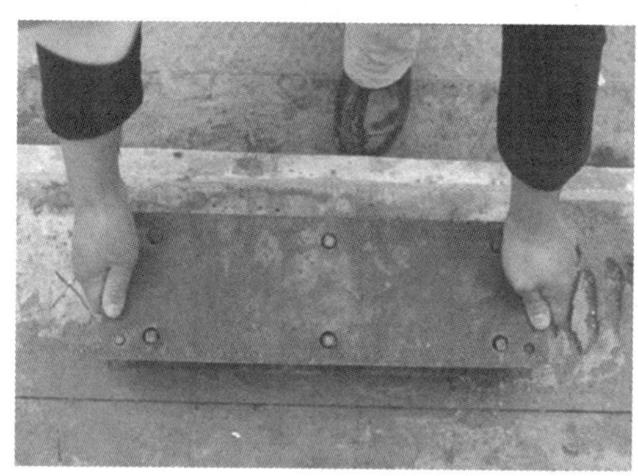

图 5-26 钢筋定位检查工具

在竖向钢筋浇筑楼层混凝土之前，竖向钢筋处于可调节状态。将该装置套在竖向钢筋上。通过四角的螺栓进行调整，使装置达到水平状态。然后对竖向钢筋进行绑扎固定或点焊固定，取出钢筋定位检查工具，浇筑楼层混凝土。

在吊装预制构件前，使用钢筋定位检查装置对套筒钢筋的定位进行复核，若此工具能顺利套入钢筋，则外伸钢筋定位准确；若此工具无法顺利套入钢筋，则需对钢筋进行矫正，直至钢筋定位检查工具能顺利套入钢筋。

二、钢筋矫正工具

该装置由主结构系统、底部测量系统、中部水平系统以及顶部把手组成。其中，主结构系统是把 3 根钢筋或钢制水管焊接在 1 串固定间距的六角螺母上，并通过紧固铁带将钢筋或钢制水管紧固；底部测量系统是设置在装置底部的刻度标尺，用于测量竖向钢筋长度；中部水平系统是在装置中部设有圆形气泡水平仪，用于检查钢筋垂直度（图 5-27）。

图 5-27　钢筋矫正检查测量工具

三、液压爪式千斤顶

对现场预制构件安装进行分析，预制墙体（外墙）的重量最重，构件数量多，安装难度大，用传统撬棍配合塔式起重机进行标高调整，工效较低，塔式起重机的时间被大量占用。

针对上述问题，研发了液压爪式千斤顶，其爪钩厚 14mm，伸入灌浆缝隙 25mm，采用锻造工艺整体成型。千斤顶顶升重量 5t，顶升高度 200mm。顶升时，关闭油缸的回流阀。利用千斤顶的爪钩托住预制墙体下部上升和下降，实现预制墙体标高调整的目的（图 5-28）。

图 5-28　液压爪式千斤顶应用实例

四、液压扩张器

1. 用途

预制外墙与楼板的灌浆缝隙图纸尺寸为 20mm，预制外墙的承重墙厚 200mm，普遍重量在 3～7t，采用可调式钢管进行斜支撑调节。针对以上情况，结合现场实际情况，研发一种标高调整工具，可以较轻松快捷地对预制外墙进行标高调整。

参考工业设备管道法兰扩张器的工作原理，开发液压扩张器。扩张器内置顶升油缸，油缸的顶升额定重量 5t，采用合金钢材料制作。

2. 应用

将分体式液压扩张器与超高压手动泵通过油管连接，按动手动泵，手动泵驱动分体式液压扩张器内油缸，扩张器张开，带动预制墙体上升或者下降，轻松实现预制墙体的标高调整，替代传统撬棍，提高安装效率，减轻安装工人的劳动强度，以及减少对预制墙体的损坏，避免安全事故（图 5-29）。

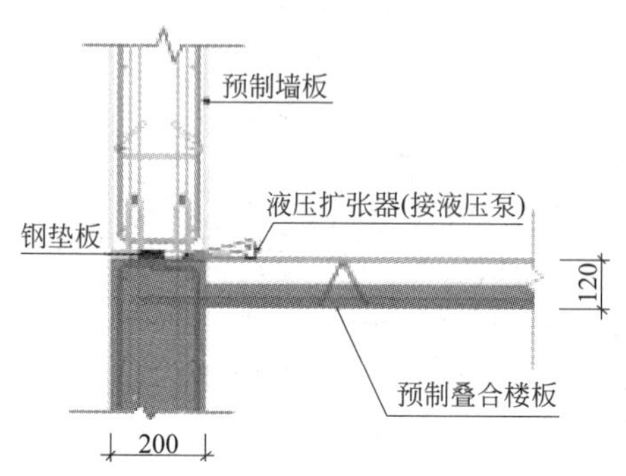

图 5-29　液压扩张器标高调整

五、水平顶推装置

水平顶推装置采用钢板制作而成。钢板采用 20mm 厚钢板，钢板钻 4 个 M12 孔，焊接 M30 粗牙螺栓，配 M30 粗牙螺杆，螺杆顶部有连接装置，尾部焊接操作手柄。可采用预制构件内预埋螺栓套筒或预埋钢筋，实现预制构件的水平调节。

将预制构件水平顶推装置固定于楼板上，顶推装置前端连接板与预制构件相连，转动顶推装置尾端的螺杆，通过螺杆与螺母之间的相对运动，使得螺杆做前后运动，带动预制构件的前后运动，以调节预制构件的轴线位置（图 5-30）。

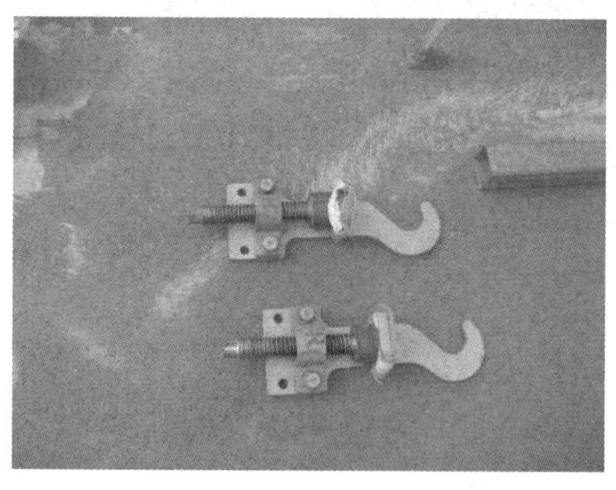

图 5-30　预制构件水平顶推装置

六、水平及竖向机械调整装置

1. 水平及竖向机械调整装置的构造

由底座钢板、导轨、升降机、升降机连接底板、丝杆、丝杆轴承座、丝杆螺母及手轮、爪钩钢板装配而成。导轨及滑块各布置有 2 根。底座为 U 形平面，对应于爪钩部位开缺口，爪钩钢板嵌套安装于 U 形缺口部位（图 5-31）。

图 5-31　水平及竖向机械调整装置

2. 水平及竖向机械调整装置的工作原理

先将机械调整装置的爪钩伸入预制构件底部的缝隙。通过旋转升降机的手轮，使得升降机的竖向蜗杆上下运动，带动下部爪钩上下运动，爪钩托住预制构件上下运动，实现预制构件的标高调整。

爪钩托住预制构件后，机械调整装置的底座与楼板产生压力及摩擦力。旋转丝杆尾部的手轮，水平丝杆与丝杆螺母相对运动，丝杆螺母前后运动，带动升降机的底板及滑块沿导轨前后运动，带动预制构件的前后运动，实现预制构件的轴线位置调整。

塔式起重机卸扣解钩后，采用水平及竖向机械调整装置进行标高调整，节省塔式起重机时间。剪力墙吊装与安装可形成搭接流水作业。选取标准预制构件装配层，现场统计取样，采用传统工具和水平及竖向调整工具各 20 次，记录操作人员数量和安装时间。经采样统计计算，工效提高 47.10%。

七、双向调节液压千斤顶

1. 双向调节液压千斤顶的构造

由底座钢板、液压千斤顶、液压千斤顶连接底板、水平丝杆、丝杆轴承座、丝杆螺母及手轮、爪钩钢板装配而成。导轨及滑块各布置有 2 根。底座为 U 形平面，对应于爪钩部位开缺口，爪钩钢板嵌套安装于 U 形缺口部位。用此设备调整预制剪力墙的标高和轴线位置。

2. 双向调节液压千斤顶的工作原理

在预制剪力墙安装处，布置 2 台双向调节液压千斤顶。先将液压千斤顶爪钩顶升至 250～300mm 高，用塔式起重机将预制剪力墙吊装至安装位置，缓慢落钩。将预制剪力墙放置于双向调节液压千斤顶的爪钩上，安装斜支撑。再将塔式起重机松钩，通过双向调节液压千斤顶将钢筋插入套筒内，预制剪力墙缓慢下降至安装标高，通过旋转丝杆尾部的手轮，调整预制剪力墙的轴线位置。

采用此设备，塔式起重机可快速松钩，利用此设备进行套筒钢筋的对孔插入，提高安装效率。采用双向调节液压千斤顶进行预制剪力墙安装工序流程：连接卸扣→起吊→千斤顶托住预制墙体→塔式起重机卸扣解钩→千斤顶爪钩降落就位→临时支撑安装。塔式起重机卸扣解钩后，采用液压千斤顶进行标高及轴线调整，节省塔式起重机时间，剪力墙吊装与安装可形成搭接流水作业（图 5-32）。

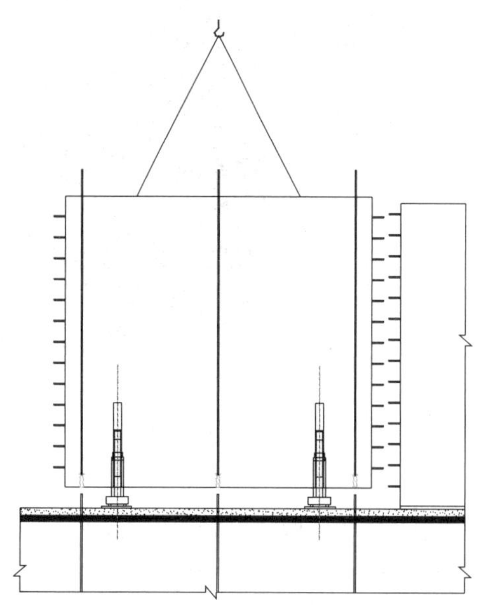

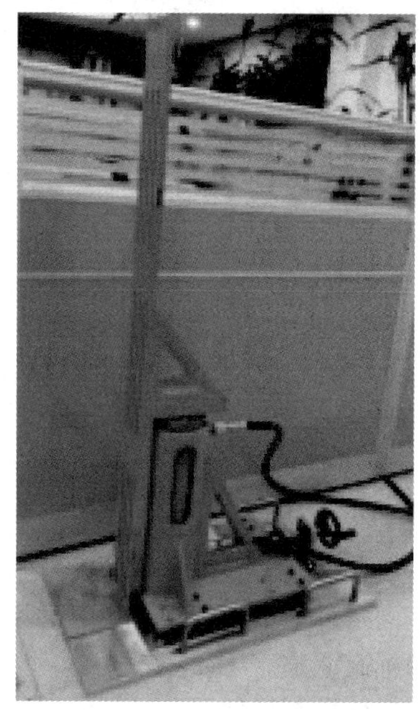

图 5-32　双向调节液压千斤顶

八、锤击型可周转锚固工具

预制墙体安装时，采用钢管斜支撑进行临时支撑。常规斜撑在地面一般采用膨胀螺栓或预埋的丝杆进行固定，需要通过扳手进行固定，固定效率慢、材料无法周转。

因此，需要研发一种新型可周转使用锚固工具，安装及拆除过程采用锤击施工，节约材料的同时，提高钢管斜支撑安装的效率。锤击型可周转锚固工具主要解决混凝土楼面及墙面的连接件的固定及锚固。锤击型可周转锚固工具如图 5-33 所示。

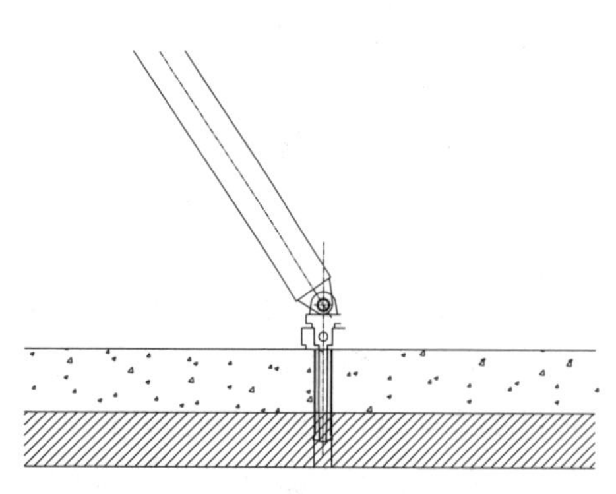

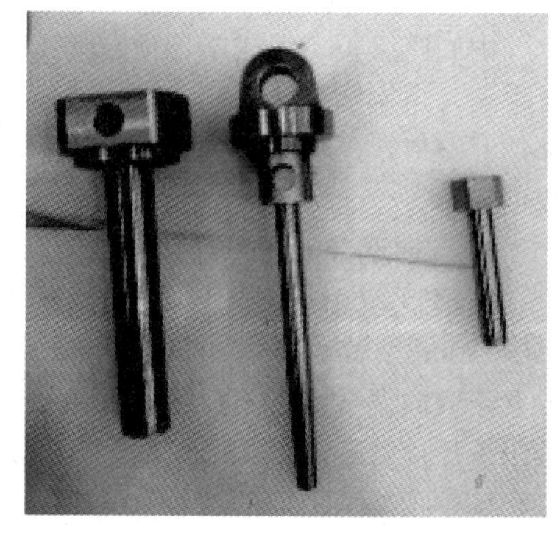

图 5-33　锤击型可周转锚固工具

九、角码复合调整装置

角码复合调整装置是由七字码、钢板与调整标高用的粗牙螺栓组成，主要分为水平位置调整器与竖向位置调整器。采用钢板或者∟100×10角钢制作而成，与预制构件面接触面钻 ϕ12孔，与楼板平行面钻 ϕ16孔，焊接M16粗牙螺母，配M16粗牙螺杆。安装时建议装置间距不应大于2m。

可通过七字码竖向螺栓的抬升或降低来微调预制构件的标高和平整度。将水平调整连接件与楼面螺栓固定，通过调节竖向构件的螺栓，使螺杆顶部顶紧竖向预制构件，通过螺栓与螺母相对运动，从而带动预制构件的前后运动，实现轴线调节的目的（图5-34）。

图5-34　角码复合调整装置

5.2.4　构件支撑工装系统

一、竖向构件支撑体系

目前施工中较为常用的竖向构件（剪力墙结构或框架结构）临时固定安装支撑体系为斜杆支撑工具，临时斜撑系统主要包括：丝杆、螺套、支撑钢管、支座、斜撑托座。斜撑托座分楼面斜撑托座和墙、柱斜撑托座，用来与斜撑钢管连接固定。支撑杆两端焊有内螺纹旋向相反的螺套，中间焊手把；螺套旋合在丝杆无通孔的一端，丝杆端部设有防脱挡板；丝杆与支座耳板以高强度螺栓连接；支座底部开有螺栓孔，在预制构件安装时用螺栓将其固定在预制构件的预埋螺母上。

对于外墙板，斜撑角度宜为45°～60°；对于内墙，根据墙体开间大小斜撑角度可为55°～75°；对于框架结构，斜撑角度宜为55°～60°。单片预制剪力墙可设置2根斜杆及墙底三角角码件，或者设置2根长斜杆与2根短斜杆，两种支撑方法均能实现施工便捷、快速安装目的。预制墙板构件的临时支撑不宜少于2道，每道可由上部长斜杆与下部短斜杆组成（图5-35）。

二、水平构件支撑体系

目前工程中较为常见的水平构件支撑体系包括：三角独立支撑、盘扣式脚手架支

图 5-35　竖向构件支撑体系

撑、工具式钢管立柱及钢桁架支撑。三角独立支撑具有结构科学新颖，能够通过 1 根钢支撑选用不同插销孔来满足不同的支撑高度需求。水平构件支撑体系主要包括早拆柱头、插管、套管、插销、调节螺母及摇杆等部件。套管底部焊接底板，底板上留有定位的 4 个螺丝孔；套管上部焊接外螺纹，在外螺纹表面套上带有内螺纹的调节螺母；插管上套插销后插入套管内，插管上配有插销孔，插管上部焊有中心开孔的顶板；早拆柱头由上部焊有 U 形板的丝杆、早拆托座、早拆螺母等部件；早拆柱头的丝杆坐于插管顶板中心孔中（图 5-36）。

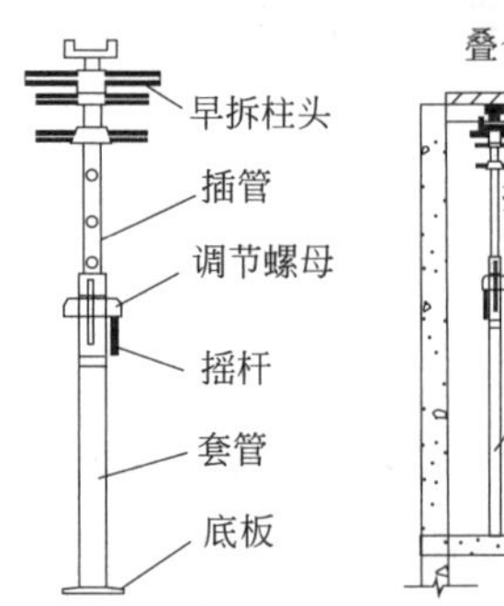

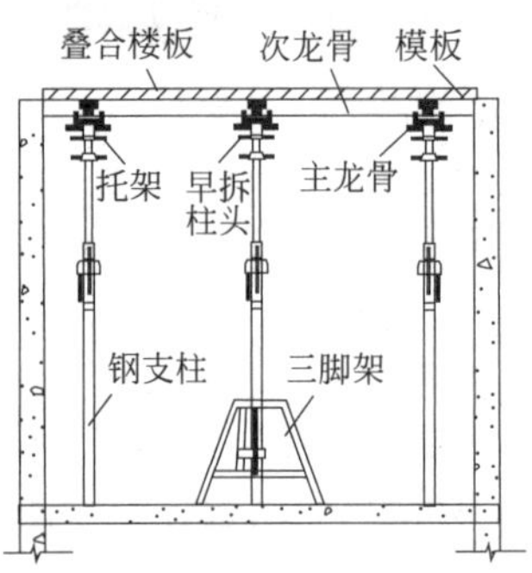

图 5-36　水平构件支撑体系

三、钢桁架支撑体系

钢桁架支撑体系主要包括：钢桁架梁、可拆式水平支撑、可监控式液压系统、双槽钢立柱及用于连接立柱与竖向预制构件（预制剪力墙或预制柱）的可调式螺栓。立柱可采用 2 根 10＃或 12＃槽钢焊接在钢支座上，桁架为可拆卸铰接桁架，桁架弦杆直径 20mm，斜杆直径 15mm。

双槽钢立柱固定在楼面，通过连接立柱与竖向预制构件的上下可调式水平螺栓临时固定竖向构件，并对竖向预制构件进行垂直度调节，放置可监控式液压千斤顶搭设桁架系统，通过千斤顶进行桁架水平调节满足要求后，放置预制板，形成竖向、水平构件一体式临时支撑体系，用于大跨度框架结构或剪力墙结构竖向与水平构件的临时支撑（图 5-37）。

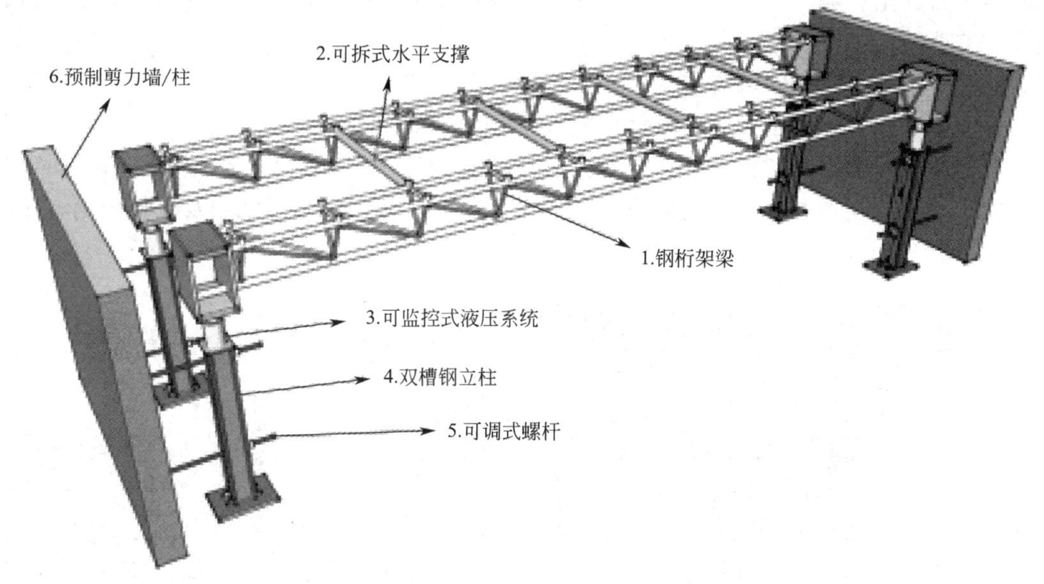

图 5-37 钢桁架支撑体系

四、水平构件临时支撑早拆体系

以往的装配式建筑施工工程中，叠合梁板的临时支撑体系为独立支撑上架设长条木方或钢梁，此种支撑形式在进行多层回顶时，木方或钢梁难以进行周转，不利于资源合理利用。因此在原有支撑体系基础上深化设计，研发了一种叠合梁板临时支撑早拆系统（图 5-38、图 5-39）。

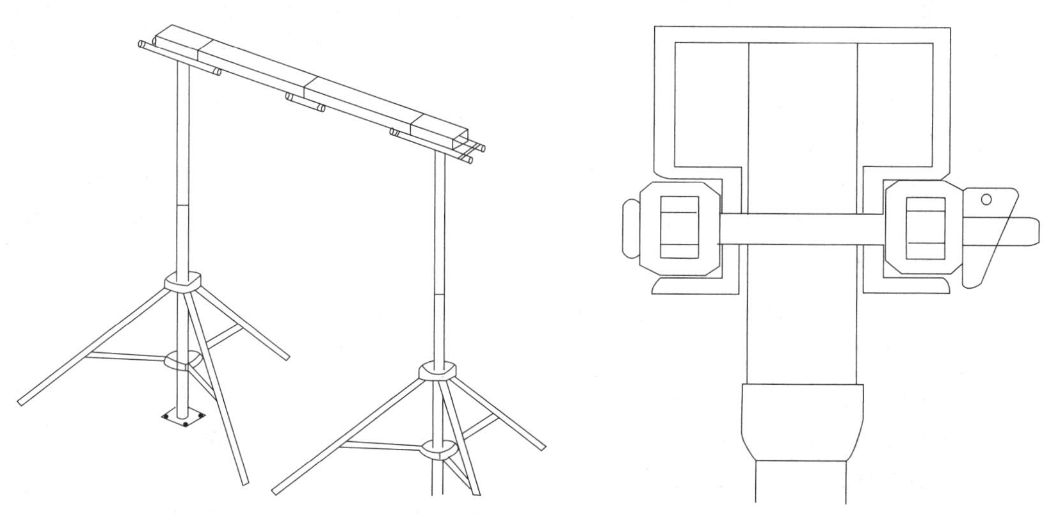

图 5-38 水平构件临时支撑早拆体系

图 5-39 免拆头侧视图

此支撑系统顶部的水平钢梁由免拆头与早拆钢梁组成，钢梁采用模数化制作。安装时将免拆头插入独立立杆顶部，并通过夹板与早拆钢梁连接成整体，然后调节钢梁顶面标高至叠合梁板底标高，可根据叠合梁板的尺寸调整钢梁的数量。

拆除支撑时先拆除早拆钢梁周转至上层使用，免拆头暂不拆除，待混凝土达到强度要求时再进行完全拆除。水平构件采用此支撑体系避免了现场材料堆积，提高了支撑材料的使用率并节约了物资成本。

五、预制框架梁支撑调整装置

此支撑调整装置用于预制框架结构的混凝土预制梁安装。

支撑调整装置由支撑钢板、调节螺杆（正、反丝）、螺纹套筒、不等边角钢、固定螺栓及螺母组成。支撑调整装置的调节螺杆（正、反丝）分别于上部钢板及下部角钢焊接固定（图 5-40）。

图 5-40　预制框架梁支撑调整装置现场图

在预制柱上预埋螺栓套筒。预制柱安装就位后，将固定螺栓拧入螺栓套筒内，再将支撑调整装置用螺母固定于预制柱上。将预制梁吊装就位于相应位置，两端分别支撑于支撑调整装置上。通过扭转支撑调整装置的螺纹套筒，螺杆伸长或缩短，带动预制梁上升或下降，实现预制梁的标高调整。待预制梁与预制柱及楼板正式固定及达到强度后，扭转螺纹套筒，使顶部支撑钢板与预制梁分离，拆除支撑调整装置，周转至下一层使用。

六、可调式免竖向支撑工具

对于框架与剪力墙结构可通过在柱或墙上安置预制梁托座或者预制板托座来实现水平构件的免支撑安装，此方法安拆方便，但对于较大跨度或较重构件应配置三角独立支撑，保证结构安装过程中的安全。

通过固定在竖向构件的预制梁/板托形成临时支座支撑水平预制构件，并通过丝杆调节预制板的水平（图 5-41）。

七、一体化支撑工具

一体化支撑工具将竖向构件的临时固定装置集成在水平构件的支撑装置上，实现临时固定、节约施工空间、提高施工效率。

（1）原理：由竖向轮扣式工具式支撑与可调节横杆组成，并设有早拆接头。

（2）用途：用于预制剪力墙结构体系，一般用于内墙结构，可与独立支撑混合使用。

（3）安装关键技术：预制墙板吊装就位时，将竖向轮扣式工具支撑固定在楼板上，底部与预埋件固定，然后将水平横杆安装在预制墙板与支撑之间，调整横杆使墙体垂直，另外为保持稳定，上部固定位置竖向支撑之间应设置 1 道横杆（图 5-42）。

图5-41 可调式免竖向支撑工具

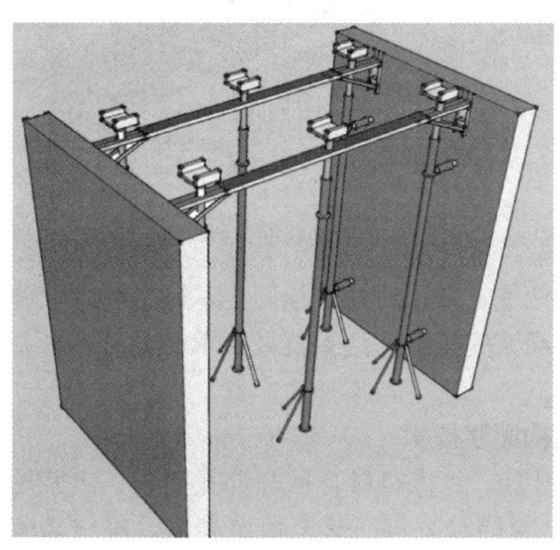

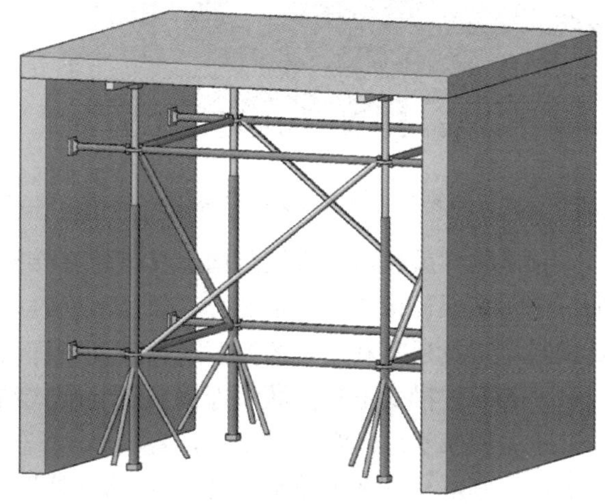

图5-42 一体式支撑系统

（4）适用范围：适用于水平荷载较小，跨度较小的剪力墙结构，一般可用于预制剪力墙体系内墙安装。

5.2.5 套筒灌浆施工工装系统

一、便携式灌浆设备研制

为了避免现场施工电线的拉扯产生安全隐患，考虑到运输方便、节约成本、提高施工效率，在传统交流电灌浆设备基础上进行研发，研制了便携式灌浆设备，该设备主要运用合理的逆变器+直流电源结合的原理，将设备集成在灌浆机支架上，质量轻、成本低、方便运输，在示范工程中应用，发现该设备能够使用2.5h，可节约人力、提高灌浆效率，1层灌浆时间可节约3h，综合功效能提高50%以上（图5-43）。

二、工具式灌浆封堵工具

工具式灌浆封堵工具采用5～8mm钢板按照一定模数定制，工具一面附着一层2mm橡胶，在封堵接缝处橡胶厚度为5mm，每块封堵钢板按间距250mm设置对拉螺栓用于固定封堵工具，并保证满足一定灌浆压力，工具按照标准化模数定制，即装即灌浆，可循环使用。

工具式灌浆封堵工具通过对拉螺栓连接形成密闭的灌浆空间，内部的橡胶垫与外部钢板组合能保证空隙的密闭性与模板刚度，同时能够承担一定灌浆压力。用于预制结构拼装时接缝处灌浆封堵，防止传统封堵方法跑浆漏浆，也可应用于梁柱节点处封堵（图 5-44）。

图 5-43　便携式灌浆设备

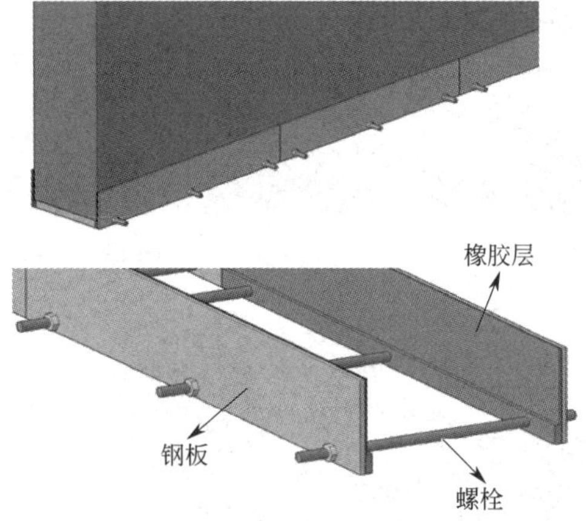

图 5-44　工具式灌浆封堵工具

预制构件就位后，将该封堵工具就位在接缝两侧，并用对拉螺栓固定，固定时螺栓施加一定扭矩保证橡胶层完全贴合，保证气密性，灌浆完毕后，达到拆模要求时，可拆卸工具式封堵工具反复利用，螺栓多余长度切割即可。

三、一种双控模式下套筒灌浆连接预制装配式结构灌浆技术

重力回浆法原理：在出浆口设置 500mm 塑料管，并将塑料管抬升绑扎固定，出浆抬升 100～200mm 可停止灌浆，灌浆完成后静置，等待灌浆料回落至恒定高度，确定灌浆饱满时，实际测算，每层楼灌浆料仅多出 0.1m^3，施工效率高，灌浆密实，适当释放灌浆压力，降低封堵要求，操作方便，节省人力，综合效益显著（图 5-45）。

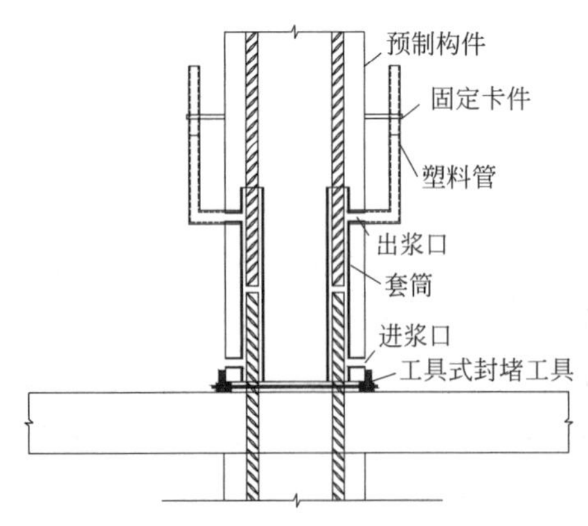

图 5-45　压力控制＋重力回浆法灌浆工艺

在套筒出浆口安装固定塑料管并抬高 500mm，灌浆时等出浆至 200mm 处停止灌浆。利用重力作用，通过灌浆料回落保证灌浆的密实度与饱满度。

5.3 数字化建造平台

数字化建造平台，是应用BIM技术支撑工业化建造全产业链信息贯通、信息共享、协同工作的平台。融合BIM与ERP相结合的信息化技术，利用云计算、物联网、人工智能等技术，建立一体化的数字管理平台。

该平台将设计、生产、施工的需求和建筑、结构、机电、内装各专业的设计成果集成到一个统一的建筑信息模型系统之中，系统建立了模块化的构件库、部品库和资源库等，支持查询图纸信息、材料清单信息、施工安装信息、构件施工进度信息，实现了各参与方基于同一平台在设计阶段提前参与决策、工作过程实时协同、构件及部品的属性信息实时交互修改等功能。

5.3.1 数字化设计

设计环节是装配式建筑方案从构思到形成的过程，也是建筑信息产生并不断丰富的过程，而装配式建筑系统性的特征对设计环节提出了极高的要求。在设计环节中，建筑、结构、机电、装修各专业需在建筑物设计信息对称的情况下才能相互配合，协同工作。

一、建筑、结构、机电、装修协同设计

基于平台化设计软件，统一各专业的建模坐标系、命名规则、设计版本和深度，明确各专业设计协同流程、准则和专业接口，可实现装配式建筑、结构、机电、内装的三维协同设计和信息共享。各专业的数字化设计内容构成见表5-1。

各专业的数字化设计内容构成　　表5-1

专业	数字化设计内容
建筑	①三维可视化优化设计（建筑功能、平立面等）；②采光通风模拟；③人流动向模拟；④能耗模拟
结构	①创新装配式建筑构件参数化的标准化、模块化组装设计；②基于受力分析的标准化配筋和预留预埋的深化设计；③设计优化，利于生产和装配
机电	①采用专业软件进行机电管线的全BIM深化设计，进行管线、机电设备功能最优化布置；②管线空间集成综合布置（综合考虑机房检修空间、常规操作空间、支吊架综合布置、机房设备布置等）；③机电设计考虑机电安装工艺，利于集成化装配
内装	①内装系统多样化、套餐式组装设计；②VR/AR体验、确定内装方案；③内装设计与建筑功能相协同（空间宜居、风格适宜）；④内装系统与主体结构的预留预埋协同

在基于BIM技术的协同平台上，建筑、结构、机电、绿建和装修等专业间的数据顺畅流转，无缝衔接。建筑模型、结构模型、机电模型组装后，可自动进行碰撞检查，方便建筑、结构、机电模型同步修改。

二、建立构件、部品等标准化族库

创新建立装配式建筑标准化、系列化的构件族库和部品件库，如户型标准化族库、构件标准化族库、门窗部品标准化族库、厨卫部品标准化族库、零配件及预埋件标准化族库、机电管线标准化族库、生产模具标准化族库、装配工具标准化族库等。利用以上族库，加强通用化设计，提高设计效率。实现基于全产业链的装配式建筑标准化族库，各标准化族库应便于预制构件工厂生产加工、利于物流运输、易于现场装配，实现基于建筑模型的设计信息、生产信息、装配信息的一体化。

三、关联并共享模型信息

BIM模型更改后，与模型相关联的二维图纸信息、数据库信息自动关联更改，保证模型与数据信息的一致性；建筑模型与装配式建造过程各阶段的信息关联，同时实现信息数据自动归并和集成，便于后期工厂及装配现场的数据共享和共用。

5.3.2 信息化采购

根据各专业协同完成的全专业BIM模型，对BIM轻量化模型进行数据提取和数据加工，自动生成工程量及造价清单，对接到云筑网完成在线采购，实现算量和采购的无缝对接，保证准确算量与高效采购。通过BIM模型建立物资材料数据库，结合综合管理平台，根据构件生产、施工工序和工程计划进度安排材料采购计划，快速准确地提取施工各阶段的材料用量和材料种类，通过BIM模型的底层数据支撑作为物资采购和管理的控制依据。

一、供应商信息的共享

利用信息化手段，一方面使资源集中起来各项目进行共享，另一方面对于重复性的信息收集、分类也更加规范准确，这样可以节约大量人力物力，并且通过分类、分级的细致管理还方便了使用和检索。此栏目既可以按照供应商服务范围在左侧进行分类，又可以通过上方的分级栏目进行分级。待审供应商与不合格供应商因未通过企业审核或审核后不符合要求，均不可参与投标，在源头上减少了不合格供应商的风险。审核通过的供应商还可以根据投标与合作业绩划分试用、合格、战略等细致分级。如此立体交叉的管理思路，如果没有信息化的手段，其实现难度可想而知。

二、物料编码体系的统一管理

无论与供应商沟通采购目标，还是各项目间进行价格对标，或是计划采购合同各业务环节在不同部门间的流转，均离不开统一的物料信息基础。一套完整的物料编码体系最主要的是解决新增、共享与监管问题。

物料信息的新增时需注意：（1）不能有重复编码；（2）不能影响正常采购的流程；（3）正视施工项目现场人员技术水平有限的客观事实。对于以上几点，物料信息要区分编码及信息描述。编码分类由企业公司一级统一管理，并进行审核。物料编码根据对应的分类层级，审核通过后由系统自动赋码。施工现场业务人员只负责进行物料信息、规格等描述即可。物料使用时原则上应用现有物料编码，库内没有的才允许新增。此时新增的物料为临时物料，可以正常进行采购流程。审核由专业人员进行，或与现有物料对应，或审批通过，或退回要求再描述，或加入现有编码库。审核后信息对临时编码的信息进行更新与替换。为避免业务人员随意新增，可以对审核通过率进行考核。如此一来，既使得物料编码体系不会因编码问题影响采购业务进行，又使得系统、项目人员、专业人员有效分工并各自负责。

三、采购计划分类管理

施工现场的采购计划性差与监管困难是企业面临的难题，虽然各企业也制定了很多制度来优化，却一直执行困难。通过系统平台，一方面计划必须提前申报，杜绝了计划的随意性，另一方面通过应用系统进行审批以及向分公司、集团一级申报集采计划变得更加方便，并且通过系统还可以随时监管及查询，便于各部门与人员间的协同配合。

四、标准流程及模板化文件管理

系统通过流程化设置，使得采购活动只能按既定步骤规范进行，即使以前管理水平较差的项目部，也能通过系统使采购活动更加规范。系统对使用人员各操作步骤会自动详细记录，便于管理人员监管。系统还可以设置模板文件库，由公司统一管理、编制，各项目部按需选取调用，对内便于审批，对外有专业标准的采购文件，便于项目部使用，使采购环节高水平进行，利于提高企业整体形象。

五、协同及智能化评定标

评标是采购中最复杂也是对管理及技术水平要求最高的环节，利用传统方式项目施工现场很少能达到独立进行的水平，利用信息化手段很好地实现了这点。工地现场评标有以下几个难点，一是评标标准制定所需的专业力量薄弱；二是不具备评标所需的专家，现场评标工地又大多偏僻。通过系统可以很好地解决这两个难题。第一个问题通过建立专门的评标标准库及专家库，使公司的整体资源进行高标准地统筹应用得到解决。第二个问题可以通过在线远程评标的方式来解决。

六、移动互联网支持下的在线发验货

在线签收、移动验货可以快速调取合同及订单数据，智能化对比校验，既可克服验货时录入数据错误的问题，又可解决前期数据因工作人员休息获取不易等困难，及时使各方迅速达成一致，提高工作效率。

5.3.3 生产信息管理系统

生产信息化是基于 BIM 的设计、生产、装配全过程信息集成和共享，互联网技术与先进制造技术的深度融合，贯穿于用户、设计、生产、管理、服务等制造全过程，对所有工厂生产的建筑部品部件及设备进行管控的生产信息系统，实现工厂生产排产、物料采购、生产控制、构件查询、构件库存和运输的信息化管理，实现生产全过程的成本、进度、合同、物料等各业务信息化管控，提高信息化应用水平，提高建造效率和效益。

一、生产管理信息化

设计环节完成的部品部件加工信息，通过云端导入生产管理系统，经过信息化识别，传递给对应的生产线；生产过程数据通过后续监控反馈，与设计原始数据形成回路，持续优化调整，最终生产全过程数据汇集至智能建造平台，实现装配式建筑全过程的信息化管理。

二、计划协同与进度信息化

依据 BIM 模型数据信息，实现计划和进度协同管理。呈现计划动态调整，将施工进度计划、构件生产计划和发货计划进行及时匹配协调。

三、采购与库存信息化

通过 BIM 设计信息，自动分析构件生产的物料所需量，对比物料库存及需求量，确定采购量生成采购报表。生产过程中，实时记录构件生产过程中的物料消耗，关联构件排产信息，库存量数据化实时显示，适时提醒与材料供应商沟通，实时监控材料的进销存量。

四、生产设备信息化

将基于 BIM 的装配式结构构件信息，直接导入加工设备，对设备对应的设计信息进行识别，无需二次录入信息即可进行构件制作，减少输入错误，提高效率。

五、质量检验信息化

使用移动端填写质量检验表单，与构件模型信息进行对照，合格后方可进入下一道工序，移动端与系统联动，实时显示构件质量状态。

六、构件可追溯信息化

基于BIM设计信息，融合无线射频识别（RFID）等物联网技术，通过移动终端，共享设计、生产、运输过程等信息，实现现场装配全过程的构件质量及属性的信息共享和可追溯。通过赋予构件唯一身份标识，通过移动终端实现实时采集数据，进行原材料、生产质量、生产装配、运输物流等全生命期可追溯管理。

七、堆场及物流运输信息化

将条形码、射频识别技术、传感器、全球定位系统等先进的物联网技术通过信息处理和网络通信技术平台应用于预制构件运输、配送、包装、装卸等基本活动环节，自动规划装载路线，精确预测到达时间，运输状态实时监控，实现预制构件运输过程信息化运作和高效率优化管理，提高物流水平，降低成本，减少自然资源和社会资源消耗。

5.3.4 施工管理信息系统

一、基于BIM的施工信息化技术

BIM是工程项目的数字化信息的集成，通过在3D建筑空间模型的基础上叠加时间、成本信息，实现从3D到4D、5D的多维度表达，最终形成集成建筑实体、时间和成本多维度的5D-BIM应用。毫无疑问，BIM技术的应用理念和装配式建筑施工管理的思路不谋而合。因此需要在总承包的发展模式下，建立以BIM模型为基础的建筑信息云平台，集成RFID/二维码的物联网、移动终端等信息化创新技术，实现装配式建筑在施工阶段的信息交互和共享，形成全过程信息化管理，提高管理效率和水平，确立智慧建筑的信息数据基础。

基于BIM的信息共享、协同工作的核心价值，以进度计划为主线，以BIM模型为载体，以成本为核心，将各专业设计模型在同一平台上进行拼装整合，实现施工管理中全过程全专业信息数据在建筑信息模型中不同深度的集成，以及快速灵活的提取应用；通过多维度和多专业的信息交互、现场装配信息同设计信息和工厂生产信息的协同与共享、信息数据的积累等功能，实现基于5D-BIM的装配式建筑项目进度、成本、施工方案、工作面、质量、安全、工程量、碰撞检查等数字化、精细化和可视化管理，将装配式建筑的现场装配真实地还原为虚拟装配，从而提高项目设计及施工的质量和效率，减少后续实施阶段的洽商和返工，保障项目建设周期，节约项目投资。

二、基于BIM的装配施工总平面布置模拟

装配式建筑装配施工过程中，装配阶段、现浇阶段以及装饰装修阶段交叉进行，对项目的组织协调要求越来越高，项目周边复杂的环境往往会带来场地狭小、基坑深度大、周边建筑物距离近、绿色施工和安全文明施工要求高等问题，并且加上有时施工现场作业面大，各个分区施工存在高低差，现场复杂多变，容易造成现场平面布置不断变化，且变化的频率越来越高，给项目现场合理布置带来困难。BIM技术的出现给平面布置工作提供了一个很好的方式，通过应用工程现场设备设施族资源，在创建好工程场地模型与建筑模

型后，将工程周边及现场的实际环境以数据信息的方式关联到模型中，建立三维的现场场地平面布置，并通过参照工程进度计划，形象直观地模拟各个阶段的现场情况，灵活地进行现场平面布置，实现现场平面布置合理、高效（图 5-46）。

图 5-46　各阶段施工平面布置三维模拟

三、基于 BIM 的施工方案模拟和技术交底

1. 基于 BIM 的施工方案模拟

施工方案可视化模拟 BIM 应用主要是通过运用 BIM 技术，以三维模型为基础关联施工方案和工艺的相关数据来确定最佳的施工方案和工艺。通过制定出详细的施工方案和工艺，借助可视化的 BIM 三维模型直观地展现施工过程，通过对施工全过程中的构件运输、堆放、吊装及预拼装等专项施工工序进行模拟，验证方案和工艺的可行性，以便指导施工，从而加强可控性管理，提高工程质量，保证施工安全。

专项施工方案模拟中的工序安排模拟通过结合项目施工工作内容、工艺选择及配套资源等，明确工序间的搭接、穿插等关系，优化项目工序组织安排。资源组织模拟通过结合施工进度计划、合同信息以及各施工工艺对资源的需求等，优化资源配置计划。平面组织模拟需结合施工进度安排，优化各施工阶段的塔式起重机布置、现场车间加工布置以及施工道路布置等，满足施工需求的同时，避免塔式起重机碰撞、减少二次搬运、保证施工道路畅通等问题。装配式建筑专项施工方案模拟主要应包括对预制构件运输、堆放、吊装及预拼装等施工方案的模拟，土方工程施工方案模拟，模板工程施工方案模拟，临时支撑施工方案模拟，大型设备及构件安装方案模拟，复杂节点施工方案模拟，垂直运输施工方案模拟，脚手架施工方案模拟等（图 5-47）。

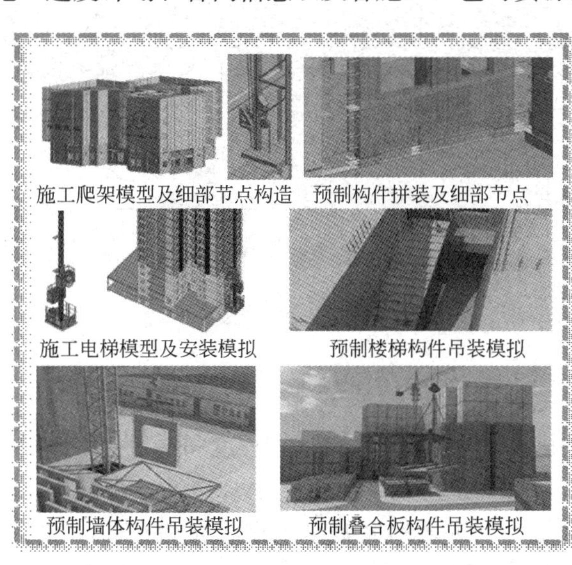

图 5-47　施工方案模拟

2. 基于 BIM 的技术交底

(1) 设计交底

由于装配式建筑构造和各专业设计相对复杂，项目实施过程中的新技术、新工艺和新材料较多，因此让一线施工操作人员正确而有效地理解设计意图十分必要。而传统的设计交底主要依靠的平台是 2D 设计图纸，信息传递的效率和准确性较低。为了提高

设计交底的效率和准确性，项目管理人员可以通过集成了各专业信息的三维BIM模型，高效浏览建筑模型中各专业复杂节点和关键部位。管理人员还可以使用漫游、旋转、平移、放大、缩小等通用的浏览功能。同时还可对模型进行视点管理，即在自己设置的特定视角下观看模型，并在此视角下对模型进行关键点批注、文字批注等操作。保存视点后，可随时点击视点名称切到所保存的视角来观察模型及批注，方便设计人员对施工管理人员进行设计交底。另外，模型中还可以根据需要设置切面，对模型进行剖切，展示复杂节点中各专业施工的空间逻辑关系。通过基于三维模型的设计交底，可以让项目施工管理人员直观理解交底涉及的所有关键部位，极大地提高了设计交底的准确性和效率。对于大体量且复杂的项目，利用BIM模型进行设计交底，更加凸显了三维模型设计交底的优势。

（2）施工组织交底

传统的施工组织交底是施工组织设计书，以文字和图片形式表达施工组织的意图。这种信息传递方式的效率较低。对于结构复杂、新技术难点较多的装配式建筑项目，传统的施工组织交底更是难以保证交底效果，同时耗时耗力。因此通过关联时间和成本信息的BIM模型，可以直观地对关键节点的工序排布、施工难点加以优化并进行三维技术交底，使施工人员了解施工步骤和各项施工要求，确保施工质量和效率。图5-48为铝模安装三维模型技术交底。

图5-48　铝模安装三维模型技术交底

四、基于BIM的进度控制

1. 技术简介

项目进度计划管理是在项目实施过程中，对项目各阶段的进展程度和项目最终完成的期限所进行的管理。项目管理者围绕着项目目标工期的要求拟定出合理且经济的进度计划，并且在实施过程中不断检查实际进度与计划进度的偏差，在分析偏差的原因的基础上，不断地调整、修改计划直至工程竣工交付使用。通过BIM虚拟施工技术的应用，项目管理者可以通过可视化效果直观地了解项目计划进度的实施过程，从而为编制及优化进度计划提供更有效的支撑。同时通过二维码/RFID等物联网技术的应用对现场装配施工进度进行实时采集，并将实际进度信息关联到BIM进度模拟模型中，从而实现了现场可视化的进度实时管理。此外，可视化的施工进度与计划进度实时对比也为项目计划分析和调整提供了可靠的数据支持，供项目管理者进行决策（图5-49）。

2. 基于BIM的施工进度计划的模拟、优化

可基于项目特点创建工作分解结构（WBS），通过将编制的进度计划与BIM模型相关联，形成进度模拟模型。在三维可视化的环境下检查进度计划的时间参数是否合理，即各工作的持续时间是否合理，工作之间的逻辑关系是否准确等，从而对项目的进度计划进行检查和优化，最终确定最优的施工进度计划方案。基于进度模拟模型关联实际进度信息，完成计划进度与实际进度的对比分析，并可基于偏差分析结果调整进度管理模型。

图5-49 基于BIM的进度控制模型

3. 施工进度信息预警与控制

施工进度信息预警与控制是通过采用移动终端及物联网等技术对实际进度的原始数据进行收集、整理、统计和分析，并将实际进度信息关联到进度模拟模型中实现的。预制构件装配施工时，为了使预制构件安装能够按计划有序进行，BIM系统中的信息模型与构件运输、堆放及安装等计划进度相关联，并通过可以实时采集装配现场信息的物联网技术（RFID/二维码）等来获得实际进度，通过在进度控制可视化模型中检查实际进度与计划进度的偏差，BIM系统发出会预警提醒现场管理人员预制构件运输、堆放及安装是否滞后，同时，BIM计划与现场施工日报相关联，通过日报信息可快速查询现场工期滞后的原因，结合滞后原因进行偏差分析并修改相应的施工部署，编制相应的赶工进度计划。

五、基于BIM的成本控制

1. 技术简介

BIM的成本控制主要基于5D-BIM技术。5D-BIM是在3D建筑信息模型基础上，融入“时间进度信息”与“成本造价信息”，形成由3D模型＋1D进度＋1D造价的五维建筑信息模型。5D-BIM集成了工程量信息、工程进度信息、工程造价信息，不仅能统计工程量，还能将建筑构件的3D模型与施工进度的各种分解工作（WBS）相链接，动态地模拟施工变化过程，实施进度控制的实时监控。

BIM技术在处理实际工程成本核算中有着巨大的优势。基于BIM可视化模型，利用清单规范和消耗量定额确定成本计划并创建成本管理模型，同时通过计算合同预算成本和集成进度信息，定期进行成本核算、成本分析、三算对比等工作。成本管理的目的是将成本与图形结合，在成本分析文件中提供最直观最形象的可视化建筑模型作为依据，实现图形变化与成本变化的同步，充分利用建筑可视化模型进行成本管理。

2. 进度及成本的关联

工程施工进度与成本之间存在着相互影响、相互制约的关系。加快施工速度，缩短工期，资源的投入就会相应增加，因此应根据项目特点和成本控制需求，编制不同层次（整体工程、单位工程、单项工程、分部分项工程等）、不同周期的成本计划。

利用BIM技术进行可视化成本核算能够及时准确地获取各项物资财产实时状态。在BIM可视化成本核算中，可以实时地把工程建设过程中所发生的费用按其性质和发生地点，分类归集、汇总、核算，计算出该过程中各项成本费用发生总额并分别计算出每项活动的实际成本和单位成本，并将核算结果与模型同步，并通过可视化图形进行展示。及时准确的成本核算不仅能如实反映承包商施工过程以及经营过程中的各项耗费，也是对承包商成本计划实施情况的检查和控制。从而实现进度与成本的相互关联，达到综合最优的效果。

3. 工程量、成本预算的信息化管理

将BIM模型与算量计价软件深度结合，各建模软件创建的专业BIM模型可直接进行算量和计价工作，BIM模型集成了实体进度的带价工程量信息，系统能识别并自动提取建筑构件的清单类型和工程量等信息，自动计算实体进度中建筑构件的资源用量及综合总价。同时满足在平台中查询模型的基本工程量、总包清单量及分包清单量。项目进度管理人员只需简单地操作，就可以按楼层、进度计划、工作面及时间维度查询施工实体的相关工程量及汇总情况。这些数据为物资采购计划、材料准备及领料提供相应的数据支持。

六、质量信息化管理技术

全产业链的整合是建设装配式建筑的核心需求，从建筑供应链及装配式建筑生产流程角度分析，预制混凝土结构就是将混凝土结构拆分为众多构件单元（梁、柱、楼板、窗体等），在预制构件工厂加工成型，再由专业物流公司运输至施工现场，在施工现场进行构件的吊装、支撑及安装，最后由各个独立的构件装配形成的整体式装配式结构。预制构件作为最核心的元素贯穿于整条装配式建筑建设供应链中，从而实现对整个装配式建筑全产业链的质量管理和优化，进而实现对构件全生命周期的质量管理和优化。因此，为保证装配式建筑建造过程的顺利进行，需要对各阶段构件质量状态的数据进行及时采集、共享和分析。

七、基于BIM的全过程移动物联网技术

1. 技术简介

建筑物生命周期的每个阶段都要产生信息的交互，而构成装配式建筑的最基本元素——构件，是建筑物最基本的信息载体，所有构件的信息的集合组成了建筑物的整体信息。对装配式建筑全生命周期的信息交互归根结底是对每个构件全生命周期的信息交互，对装配式建筑的全生命周期信息管理和追溯归根结底是对每个构件信息全生命周期的管理和追溯。此外在运维阶段，建筑物内的人与物成为主要的信息来源，需要基于建筑信息模型与建筑物产生信息交互和共享。

物联网技术是通过二维码识读设备、无线射频识别（RFID）装置、红外感应器、全球定位系统和激光扫描器等信息传感设备，按约定的协议，把任何物品与互联网相连接，进行信息交换和通信，以实现智能化识别、定位、跟踪、监控和管理的一种网络技术。时至今日，基于RFID/二维码的物联网技术已经广泛应用于仓储物流、门禁管制、牲畜管理、移动支付、共享单车等各个领域，为我们的日常生活和工作带来了极大的方便和乐趣。而装配式建筑的出现为基于RFID/二维码的物联网技术提供了更为广阔的应用空间。

2. 构件全过程质量信息追溯

基于BIM和RFID/二维码的装配式建筑移动物联网系统架构是以BIM模型为核心，在建筑的生命周期内将利用RFID/二维码技术实时收集的生产工厂、运输过程及施工现场的状态信息不断传递给BIM模型，形成信息交互，赋予BIM模型更多精确、详细的过程信息，形成BIM数据库。

RFID/二维码系统的优势在于数据的实时收集和传输，本质是对信息流、知识流的控

制，而装配式建筑以工业化为发展目标，其发展途径是建造过程的信息化、智能化、可视化等。在设计基于 RFID/二维码的装配式建筑物联网系统之前，首先应分析装配式建筑在构件设计、生产、装配、运维全生命周期管理活动中所涉及的数据和信息，建立装配式建筑物联网系统的信息流模型。

装配式建筑供应网络中存在众多节点企业，如项目业主、构件设计方、材料供应商和加工生产商、构件运输单位、安装施工单位等，在建造过程中构件安装施工单位在该网络中处于核心位置，是项目质量、进度和成本的直接把控方，与其他节点企业的联系最多，所需信息最多，信息流更加复杂。构件安装施工单位运行过程中信息来源主要分为：(1) 构件设计信息；(2) 工厂加工信息；(3) 现场安装信息；(4) 建筑运维信息，见图 5-50。

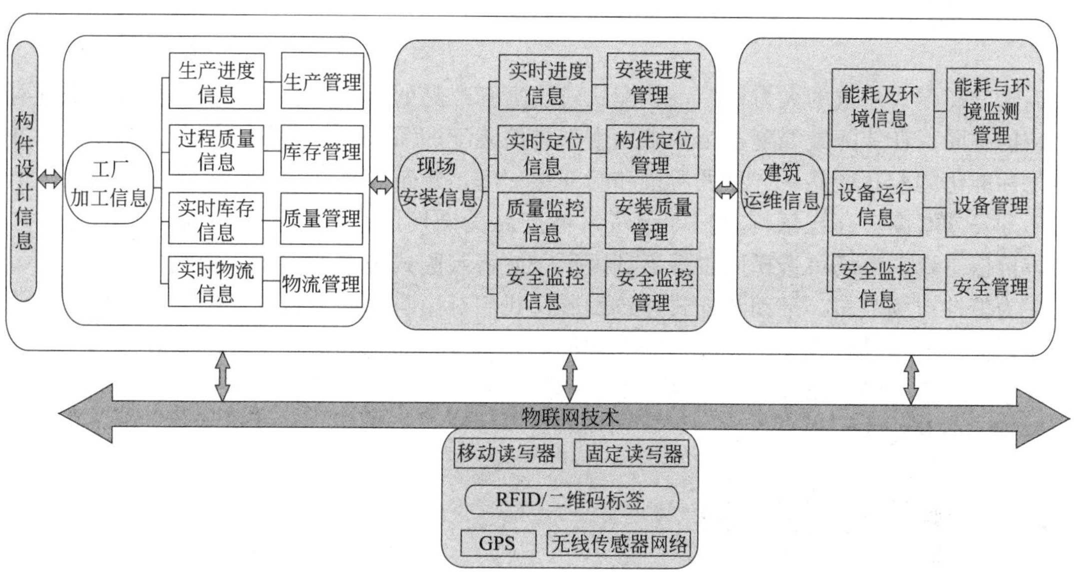

图 5-50 基于 BIM 的装配式建筑移动物联网系统信息流模型

第 6 章　配套产品开发及应用

6.1　概述

随着装配式建筑的大力推广，装配式建筑配套产品的市场需求与日俱增。与现浇混凝土结构不同，在装配式混凝土结构中，由于构件装配的需求、产业化的需求，需要大量通用化标准化的配套产品。产品的质量和标准化程度是建筑质量和效率的关键影响因素，但由于开发成本高，存在依赖进口，无法掌握产品关键性能指标及设计方法，产品种类单一，价格昂贵，市场可选择面少等不利因素，使得装配式技术的推广遇到瓶颈。

为填补市场空白，推动装配式建筑发展，我们对影响结构安全性、耐久性、质量、施工便利性、成本等且应用量大面广的关键配套产品进行研究，研发了钢筋连接产品、预制构件连接产品、围护墙及隔墙产品、防水密封产品等几大类产品，可用于高层住宅、低多层住宅、公共建筑。

6.2　结构连接产品

6.2.1　500MPa 级大直径钢筋用灌浆套筒

一、研发背景

预制构件中钢筋的连接技术是装配式混凝土结构中的关键技术。相邻预制构件的钢筋通常采用套筒灌浆连接。钢筋套筒灌浆接头总体上可分为全灌浆接头和半灌浆接头两大类，全灌浆接头的两端均采用灌浆方式连接钢筋；半灌浆接头在预制端采用直螺纹方式连接钢筋，在现场装配端采用灌浆方式连接钢筋。

目前国内既有的钢筋套筒灌浆接头主要适用于 400MPa 级及以下牌号的钢筋。研发 500MPa 级大直径钢筋套筒灌浆接头，弥补钢筋套筒灌浆连接领域的技术缺口，有利于促进 500MPa 级大直径钢筋在装配式混凝土结构工程中的应用，提高安装效率。

二、产品研发及设计

灌浆套筒产品研发时遵循有利于提高接头性能、便于现场施工、提高生产效率、降低生产成本、节能环保的原则进行，主要包括套筒原材料、套筒截面尺寸、钢筋锚固长度、剪力槽数量及形式、预制端钢筋定位构造、套筒加工工艺 6 个方面的优化设计，同时确保灌浆套筒各项参数满足《钢筋连接用灌浆套筒》JG/T 398—2012 的相关要求。灌浆套筒产品如图 6-1 所示，产品参数见表 6-1。

(a) 半灌浆套筒

(b) 全灌浆套筒

图 6-1 灌浆套筒产品

灌浆套筒产品参数 **表 6-1**

套筒类型	钢筋规格(mm)	套筒长度(mm)	套筒外径(mm)	钢筋锚固长度(mm)	套筒重量(kg)	单套筒灌浆料用量(kg)
半灌浆套筒	ϕ12	138	32	96	0.45	0.098
	ϕ14	156	34	112	0.55	0.124
	ϕ16	174	38	128	0.66	0.152
	ϕ18	193	40	144	0.80	0.200
	ϕ20	211	42	160	0.95	0.236
	ϕ22	230	45	176	1.26	0.307
	ϕ25	256	50	200	1.68	0.459
	ϕ28	292	56	224	2.13	0.602
	ϕ32	330	63	256	2.95	0.950
	ϕ36	357	68	288	3.80	1.012
全灌浆套筒	ϕ12	247	40	96	0.88	0.399
	ϕ14	280	42	112	1.05	0.492
	ϕ16	312	45	128	1.23	0.592
	ϕ18	347	48	144	1.50	0.752
	ϕ20	381	51	160	1.78	0.934
	ϕ22	413	54	176	2.31	1.076
	ϕ25	464	60	200	3.15	1.356
	ϕ28	513	63	224	4.08	1.580
	ϕ32	577	68	256	4.93	1.688
	ϕ36	740	89	350	11.82	4.88
	ϕ40	840	95	400	17.60	6.90

注：实测灌浆料拌合物密度为 2275kg/m^3，灌浆料：水=1：0.12。

套筒原材料：采用45＃精轧无缝钢管，该材料属于优质碳素结构钢，具有较高的强度和较好的加工性，经适当的热处理后可获得一定的韧性、塑性和耐磨性，且材料获取方便，是加工灌浆套筒的理想原材料。

加工工艺：采用挤压加工工艺，通过对钢管外壁向内进行径向挤压使钢管内壁形成若干凸台，从而在套筒纵剖面形成若干锥状斜坡，该锥状斜坡在灌浆接头受拉时对灌浆料产生环向挤压力，可增大灌浆料与钢筋间机械咬合力及摩擦力，有效防止钢筋从灌浆料中拔出。该工艺不仅生产效率高、生产成本低，而且受力更合理，可有效提高钢筋套筒灌浆接头的力学性能。

钢筋锚固长度及剪力键槽：钢筋锚固长度取约 10 倍钢筋直径，并设置 5 个剪力槽。同时，为方便加工、减小挤压区的应力集中，采用间断式一字形凸台代替连续环状凸台，每个挤压横截面均匀分布 4 个一字形凸台。

套筒截面尺寸：应保证套筒最不利截面的受拉承载力大于该截面所受最大拉力，并留有一定安全储备。灌浆套筒内壁和套筒内钢筋之间应留有足够的间隙，以保证灌浆套筒与钢筋之间填充足够的灌浆料，同时可吸收灌浆套筒与钢筋之间的装配位置偏差。

全灌浆套筒预制端的钢筋定位构造：采用螺杆定位，在套筒预制端具有一定间距的 2 个截面设置定位螺杆，通过 2 个截面定位螺杆对钢筋进行两点固定，实现钢筋在灌浆套筒内的居中定位以及钢筋轴线与灌浆套筒轴线的重合。该定位构造不仅安装方便、钢筋定位牢固、钢筋居中性好，而且加工简便、节约产品生产成本。

三、应用技术

500MPa 级大直径灌浆套筒产品可满足建筑行业不同情况钢筋连接需求，根据套筒是否需要预埋可分为预埋连接、非预埋连接。

预埋连接一般应用于装配式建筑预制构件间无后浇带钢筋连接，多为竖向预制构件间的钢筋连接，套筒在预制构件加工时与钢筋一同预埋至构件内，预制构件现场吊装就位时，被连接钢筋插入套筒，灌注灌浆料后实现钢筋连接，半灌浆套筒产品应用时，预制端采用直螺纹方式连接钢筋，装配端采用灌浆连接；全灌浆套筒产品应用时，两端均采用灌浆连接，预埋加工时需保证预制端钢筋与套筒连接牢固及密封。预埋连接工艺流程如图 6-2 所示。

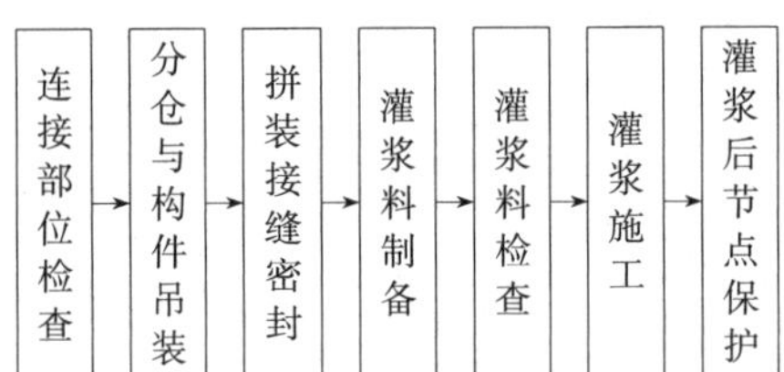

图 6-2　预埋连接工艺流程

非预埋连接一般应用于装配式建筑预制构件间后浇带内钢筋连接，多为水平构件间的钢件连接，或应用于传统现浇建筑钢筋连接，连接钢筋可单根连接可成组连接。非预埋连接工艺流程如图 6-3 所示。

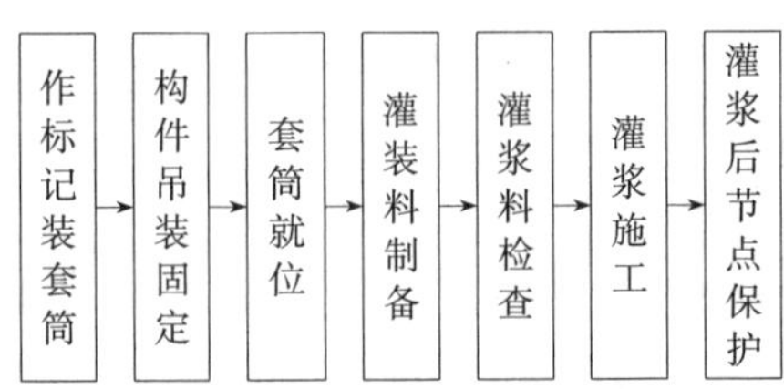

图 6-3　非预埋连接工艺流程

6.2.2　套管组合式钢筋接头

一、研发背景

直螺纹钢筋机械连接在我国已经应用了 20 多年，是一种成熟的钢筋连接技术，并在传统的现浇施工工艺中得到广泛使用，连接过程中需要至少有 1 根钢筋既可以旋转又可以轴向移动实现连接。因此，这种接头无法应用于相邻预制构件之间钢筋的连接。为了解决相邻预制构件及成型钢筋骨架之间的钢筋机械连接问题，需要研发一种能够用于两根固定钢筋之间、具有一定容错能力的钢筋机械连接产品。

二、产品研发及设计

套管组合式钢筋连接接头是一种无需灌浆施工的干式连接接头，通过套筒及相应的配件组合，实现两根不能旋转钢筋的连接，具有施工简单方便、连接性能可靠等优点，且可允许被连接钢筋之间有一定的尺寸偏差。接头主要由套管、内丝螺套、外丝锁紧螺套和双丝锁紧螺套组成。套管组合式钢筋连接接头结构如图 6-4 所示。

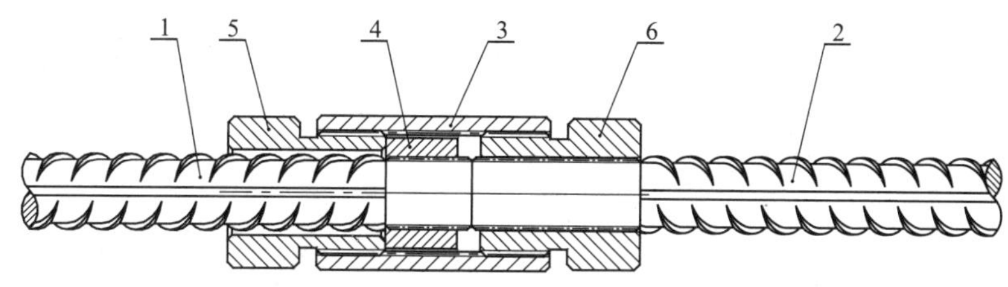

图 6-4　套管组合式钢筋连接接头结构

1—连接钢筋；2—被连接钢筋；3—套管；4—内丝螺套；5—外丝锁紧螺套；6—双丝锁紧螺套

两根钢筋端头分别加工有滚轧直螺纹钢筋丝头（或镦粗直螺纹钢筋丝头），一根钢筋为标准螺纹，另一根钢筋为加长螺纹，不同规格钢筋的螺纹加工参数见表 6-2。

钢筋的螺纹加工参数　　**表 6-2**

钢筋规格(mm)	10	12	14	16	18	20	22	25	28	32	36	40
标准螺纹(mm)	12	14	16	18	21	23	25	27	31	35	40	44
加长螺纹(mm)	24	28	32	36	41	46	50	54	62	70	80	88

内丝螺套为含有内螺纹的套筒，内螺纹与标准螺纹匹配，外表面光滑，其作用是通过与外丝锁紧螺套的端面接触承压，将连接钢筋拉力传递给外丝锁紧螺套；外丝锁紧螺套为含有外螺纹的套筒，其内表面光滑，一端带有用于拧紧螺套的六角头螺母构造，外螺纹与套管内螺纹匹配，其作用是通过螺纹将连接钢筋的拉力传递给套管；双丝锁紧螺套含有内螺纹和外螺纹，一端带有用于拧紧螺套的六角头螺母构造，内螺纹与加长螺纹匹配，外螺纹与套管内螺纹匹配，其作用是通过螺纹将套管的拉力传递给被连接钢筋，从而实现钢筋连接。

三、应用技术

1. 施工工艺

套管组合式钢筋连接接头现场使用时，应按图 6-5 所示工艺安装。

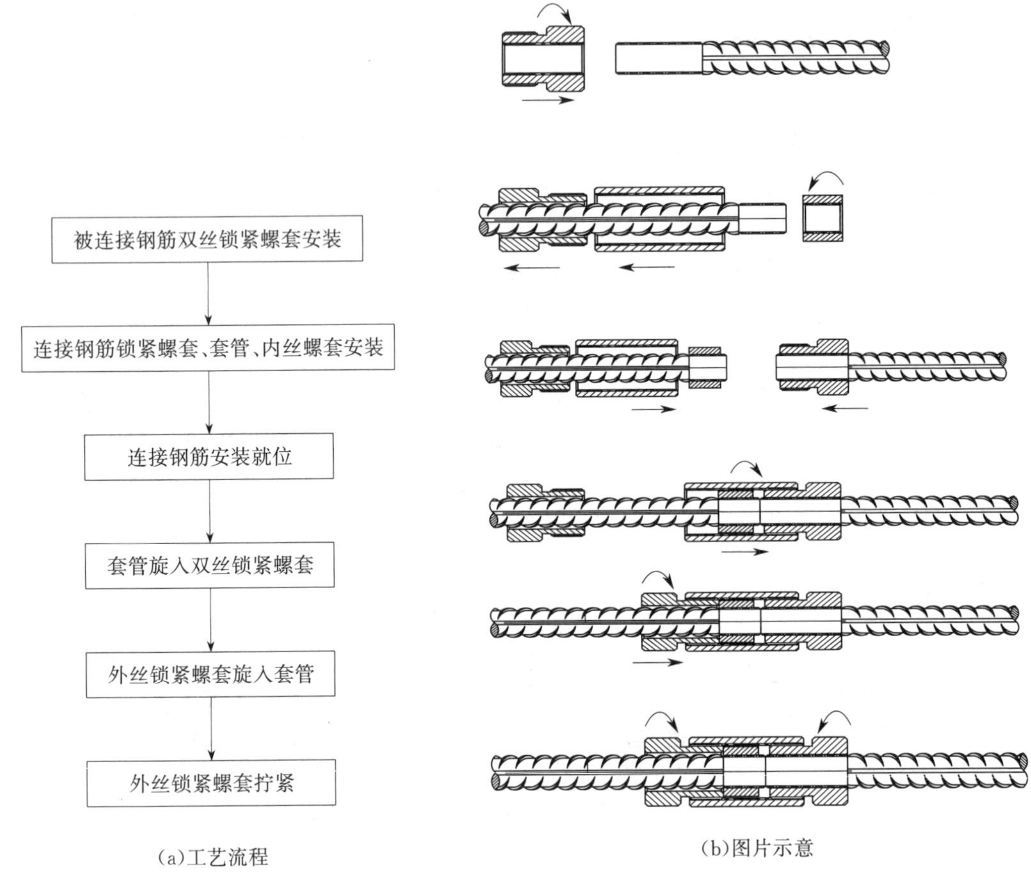

(a)工艺流程

(b)图片示意

图 6-5 套管组合式钢筋连接接头施工工艺

2. 注意事项

(1)单边外露螺纹不应超过 2 扣。

(2)套管两端与 2 个自锁螺套的间隙应一致，不能出现偏置现象，出现后应及时调整，以保证有效螺纹的均匀。

(3)接头的具体拧紧力矩值见表 6-3。

接头拧紧力矩 **表 6-3**

钢筋直径(mm)	≤16	18～20	22～25	28～32	34～40
拧紧力矩(N·m)	100	200	260	320	360

6.2.3 500MPa 级热镦成型机械锚固件

一、研发背景

钢筋与混凝土之间的粘结与锚固性能是装配式混凝土结构研究的基本问题之一，它对结构中钢筋强度的发挥、裂缝控制、配筋构造以及结构的安全性均有重要影响。钢筋在混凝土中埋入段的锚固能力是由钢筋与混凝土间的粘结力、摩擦力和钢筋表面横肋与混凝土的机械咬合力 3 部分组成，可统称为粘结锚固。当钢筋的锚固长度有限，仅靠自身的粘结锚固性能无法满足受力钢筋承载力要求时，可以采用机械锚固措施。

目前常见钢筋锚固方式有弯折锚固、锚固板锚固，其中锚固板锚固又分为摩擦焊锚固、机械连接锚固、热镦成型锚固等，性能对比见表 6-4。可以看出，摩擦焊锚固、机械连接锚固等方式在施工成本、可靠性、便利性上存在弊端，热镦锚固板由钢筋端头热镦成型，无需额外连接，具有安全可靠、施工便利、成本低等优点。

钢筋锚固方式分析与比较　　　　**表 6-4**

序号	名称	优势	缺点
1	摩擦焊锚固	加工效率高、无需现场安装	设备昂贵、锚固板制造消耗钢材
2	锥螺纹锚固	—	钢筋与锚固板连接效果不稳定、锚固板制造消耗钢材
3	直螺纹锚固	钢筋与锚固板连接方式与钢筋接头连接方式相同	加工效率较低、锚固板制造消耗钢材
4	热镦成型锚固	加工效率高、无需现场安装、使用成本低	设备参数需适应 500MPa 级钢筋

二、产品研发及设计

500MPa 级钢筋热镦成型机械锚固件，将热镦成型锚固板与钢筋机械连接、套筒预埋技术相结合，适合装配式混凝土结构应用，是一种安全可靠、施工便利、成本较低的新型钢筋锚固件产品，其一端为热镦成型锚固板，另一端为带螺纹的钢筋丝头，与预埋套筒及预置丝头的预埋钢筋配用。热镦成型锚固板示意如图 6-6 所示，热镦成型锚固板规格见表 6-5。

图 6-6　热镦成型锚固板示意图

热镦成型锚固板规格表　　　　**表 6-5**

参数示意	钢筋规格	*D* 最小值(mm)	*H* 最小值(mm)
D H	ϕ14	33.1	14
	ϕ16	37.8	16
	ϕ18	42.5	18
	ϕ20	47.2	20
	ϕ22	51.9	22
	ϕ25	59.0	25
	ϕ28	66.0	28
	ϕ32	75.4	32

500MPa 级热镦成型机械锚固件力学性能应符合《钢筋锚固板应用技术规程》JGJ 256—2011 第 3.2.3 条中关于极限拉力的规定，破坏位置应在钢筋丝头或热镦锚固板影响区段外（钢筋截面因丝头加工或热镦锚固板加工而导致变化的区域）。

三、应用技术

1. 设计方法

（1）锚固板在结构中可以等效代替传统 90°弯折钢筋的弯折段用于相同条件下钢筋的机械锚固。

（2）当计算中充分利用钢筋的抗拉强度时，埋入长度不应小于 $0.4l_a$（非抗震区）或 $0.4l_{aE}$（抗震区）。

（3）为充分发挥钢筋锚固板中钢筋的抗拉强度，其周围混凝土应有足够的抗剪或抗冲切强度，必要时（例如多根钢筋集中锚固时）应按《混凝土结构设计规范》GB 50010—2010（2015 年版）中相关规定进行抗剪或抗冲切强度验算。

2. 构造要求

（1）钢筋锚固板中钢筋的混凝土保护层厚度不应小于《混凝土结构设计规范》GB 50010—2010（2015 年版）规定的主筋的最小保护层厚度；当钢筋混凝土保护层厚度小于 $3d$（d 为被锚固钢筋直径）时，在其埋入长度范围内应配置横向箍筋，其直径不小于 $d/4$，且不小于 10mm，其间距不大于 $5d$，且不大于 100mm，第一根横向箍筋应配置在离锚固板承压面 $1d$ 的范围内。

（2）锚固板端面的混凝土保护层厚度不应小于 25mm，锚固板侧边的混凝土保护层厚度不应小于 15mm，必要时可选用带防锈涂层的锚固板。

（3）钢筋锚固板在混凝土框架梁柱节点中应用时，其构造做法如图 6-7 所示。

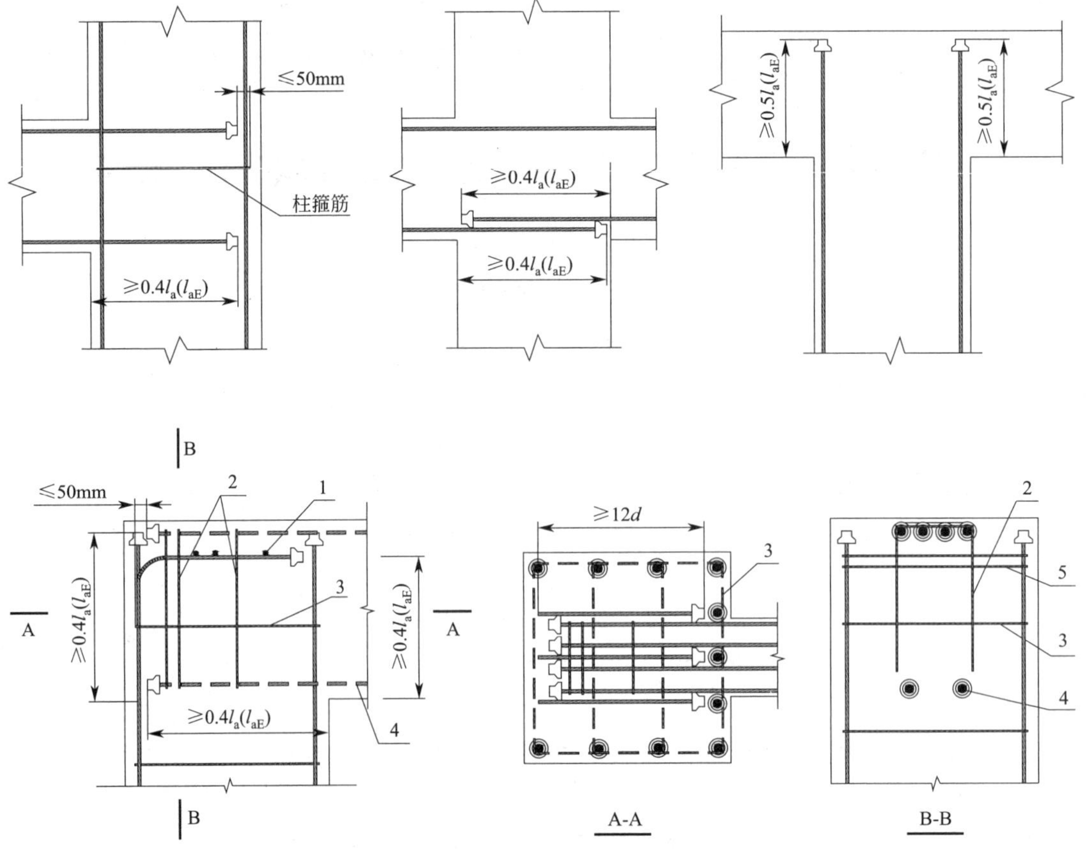

图 6-7 混凝土框架梁柱节点中的锚固板构造做法

1—垂直方向梁上部纵筋；2—倒 U 形箍筋；3—水平箍筋；4—梁下部钢筋；5—柱筋锚固板下双层箍筋

3. 施工工艺

热镦锚固件安装之前，先将钢筋丝头上的保护帽及套筒上的保护盖取下并回收；检查钢筋丝头与套筒规格是否一致、钢筋丝头是否完好；套筒内如有杂物需用铁刷清理干净。手动将热镦锚固件拧入套筒内，随后用机械扳手将热镦锚固件与套筒拧紧。锚固件组装最小扭矩值见表 6-6。

锚固件组装最小扭矩值　　表 6-6

钢筋直径(mm)	≤16	18～20	22～25	28～32
最小扭矩(N·m)	100	200	260	320

6.2.4　钢锚环

一、研发背景

目前国内装配式建筑结构体系中所采用的装配式混凝土结构形式主要包括装配整体式混凝土框架结构和装配整体式混凝土剪力墙结构两种形式。其中装配整体式混凝土剪力墙结构体系在我国应用广泛，在装配式建筑市场中占主导地位。装配整体式混凝土剪力墙结构中，预制墙板在生产时通常会在侧边预留连接钢筋，现场通过后浇段连接预制构件，后浇段内设置箍筋和纵筋。构件生产难度大，且在运输过程中占用较大空间，现场施工效率较低。为解决此问题，研发了竖缝采用钢锚环灌浆连接预制剪力墙的技术，其中关键产品为钢锚环。

二、产品研发及设计

钢锚环如图 6-8 所示，主要由锚环、连接套筒以及相应的螺母、垫片等组成，锚环与套筒采用螺纹连接，钢锚环主要由优质碳素结构钢调质而成，钢锚环灌浆连接主要应用于装配式多层剪力墙结构竖向接缝中，套筒在预制构件加工时预埋进墙板，墙板侧面无外露钢筋；墙板吊装就位后通过板端操作手孔安装锚环，然后在锚环内插筋并灌浆实现预制构件连接，这种新型的连接构造便于生产，且施工效率高，相比于整体式连接，经济性也有一定提高。钢锚环性能指标见表 6-7，竖向接缝构造做法如图 6-9 所示。

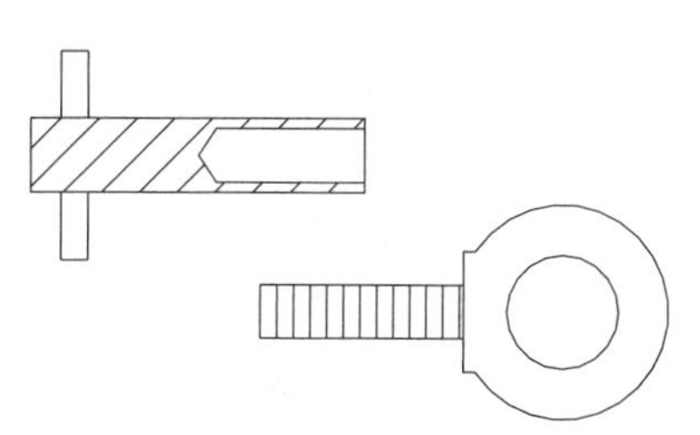

图 6-8　钢锚环样品

钢锚环性能指标　　表 6-7

规格	受拉承载力(kN)	受剪承载力(kN)	适用墙厚(mm)
M16	87	54	≤200
M20	135	83	150～300
M25	210	130	300～400

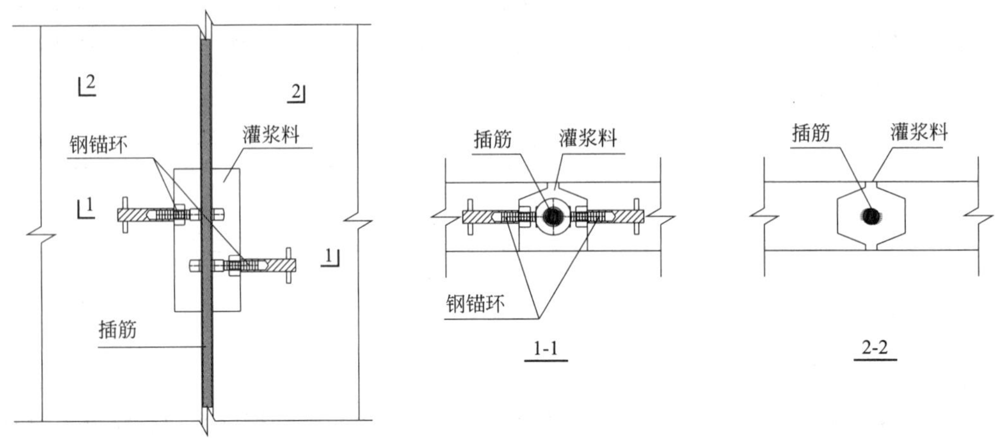

图 6-9　竖向接缝构造做法

三、应用技术

1. 设计方法

竖缝采用钢锚环灌浆连接的多层装配式剪力墙结构的设计可以按照《装配式多层混凝土结构技术规程》T/CECS 604—2019 进行。多遇地震及风荷载作用下，竖向接缝一般不会发生开裂破坏，能实现承载力及变形的连续传递，结构模型中可按照整体受力考虑，忽略接缝的影响。必要时补充罕遇地震验算。

2. 接缝承载力计算

钢锚环灌浆连接预制构件结合面受剪承载力按下列公式计算：

$$V=\alpha_1 f_c A_1+(0.15 f_c A_2'+0.11 f_c A_2'')+1.85 A_s \sqrt{f_c f_y}$$

式中　α_1——剪力键验算的承压系数，取 $\alpha_1=1.25$；

A_1——为剪力键凸出部的承压面积；

A_2'——结合面最上面和最下面可能发生受拉破坏的剪力键的根部剪切面积；

A_2''——含多个剪力键时其余各剪力键根部的剪切面积；

A_s——钢锚环杆横截面面积。

3. 构造要求

装配式多层剪力墙结构墙板钢锚环灌浆连接构造做法如图 6-10 所示，并应符合下列规定：

（1）竖向接缝处后浇段横截面面积宜为 0.01m^2，且截面边长不宜小于 100mm；

（2）穿过竖向接缝的锚环总抗拉强度设计值不应小于墙体水平钢筋总抗拉强度设计值；

（3）锚环竖向间距不宜大于 600mm，左右相邻水平钢筋锚环的竖向距离不宜大于 4d（d 为水平钢筋锚环的直径），且不应大于 50mm；

（4）预制墙板侧边应设置抗剪键槽或者粗糙面，抗剪键槽宜沿墙体高度均匀布置，且键槽宽度宜等于键槽间距，键槽深度不宜小于 20mm，粗糙面凹凸深度不应小于 6mm；

（5）锚环宜采用一体锻造且其直径不宜小于 12mm，锚环内径不宜小于 50mm，竖向接缝内后插纵筋直径不应小于 10mm，上下层节点后插筋可不相连接。

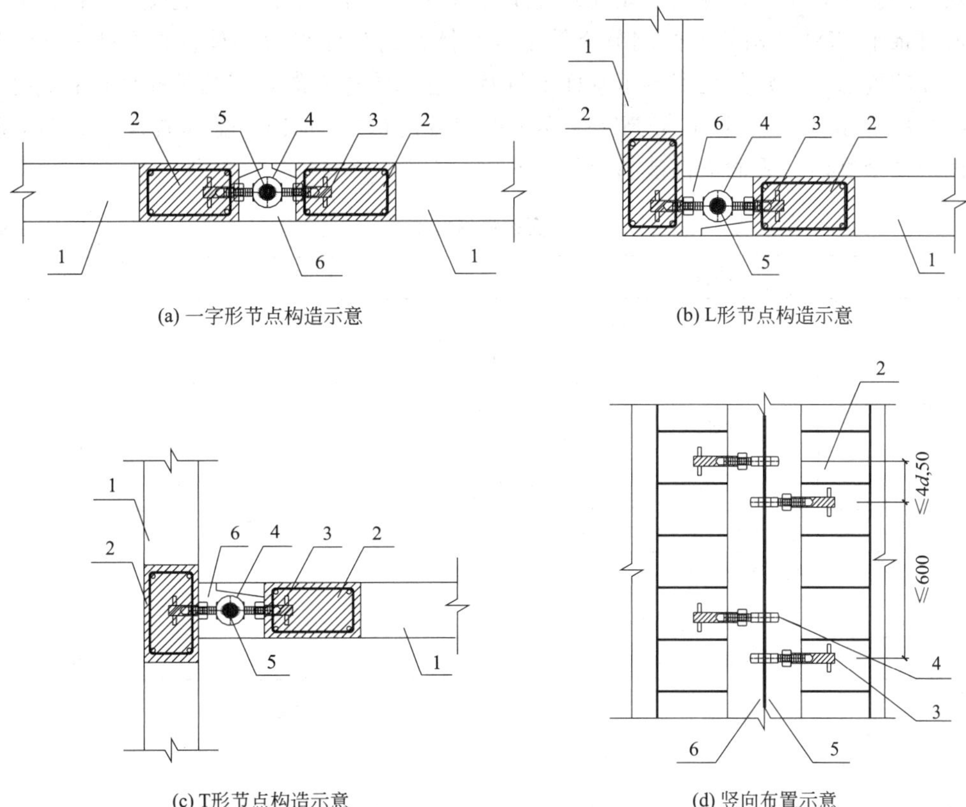

图 6-10　水平钢锚环灌浆连接构造示意

1—纵向预制墙体；2—构造柱；3—套筒；4—锚环；5—节点后插纵筋；6—接缝灌浆

6.2.5　新型界面处理剂

一、研发背景

新旧混凝土结合面的性能决定了混凝土整体的抗拉、抗剪强度以及耐久性能，其连接质量好坏直接关系到结构的安全性和耐久性。目前，国内在提高界面粗糙度方面的处理技术较为成熟，工程应用也较多。但是在处理材料收缩性能对界面粘结效果的影响、新旧混凝土变形协调性、表层反应机理等方面研究较少。在现有标准及产品方面，市场产品主要适用于砂浆-砂浆或砂浆-混凝土间的界面粘结，从而减少抹灰砂浆层的大面积空鼓或脱落，但难以满足结构混凝土的界面强化要求。

装配式建筑构件施工中，涉及大量叠合板、阳台、空调板、楼梯、预制梁、预制柱等构件的新老混凝土粘结问题，目前大多将预制构件在工厂采用印花、刻槽等方式增加粗糙度，但由于预制生产过程中，模具均涂抹油性隔离剂，使得脱模后产品仍比较光滑，且现有界面剂渗透性差，后续现场浇筑新混凝土时，易出现空鼓、脱空等问题，降低了施工的质量；同时，装配式结构具有四季连续施工的特点，对界面剂的耐低温性能要求更高。

二、产品研发及设计

新型界面剂产品采用多组分复合，采用现涂现浇筑新混凝土的工艺，需在涂刷后凝固前浇筑新混凝土，是一种专用于装配式建筑的水性、环保型、高性能混凝土结构界面增强剂。通过亲水-亲油结构的平衡调节降低了水性体系的表面张力，具有黏度低、与混凝土浸润性高的优点，特别是在混凝土基面上具有极佳的渗透性能，产品可提高新旧混凝土结合面粘结强度超过 2.0MPa，提高结合面抗剪强度超过 1.0MPa，显著提高了新旧混凝土结合面的粘结性能。界面剂性能指标见表 6-8。

界面剂性能指标 **表 6-8**

项目			指标要求	JM200
拉伸粘结强度(MPa)	未处理		≥0.6	2.5
	处理后	浸水处理	≥0.5	1.8
		热处理		2.1
		冻融循环处理		1.5
		碱处理		1.4
28d 干燥收缩率(με)			—	425
28d 碳化深度(mm)			—	6.8
剪切强度比(%)			—	185
抗冻耐久性指数 DF(%)			—	65

三、应用技术

1. 施工工艺

新型界面剂产品使用时，应按图 6-11 所示工艺流程施工。

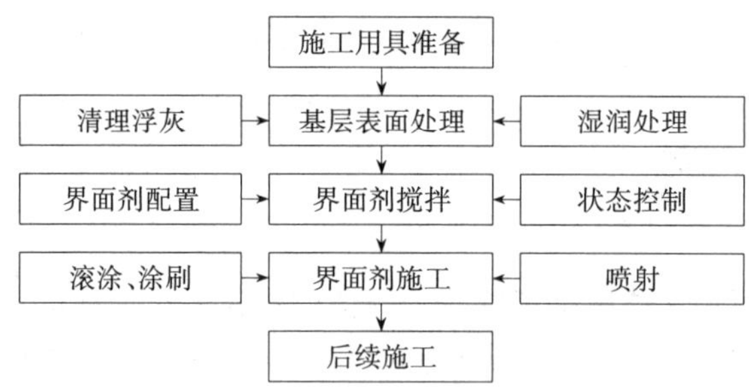

图 6-11 新型界面剂产品施工流程

2. 注意事项

(1) 施工环境应不低于 0℃且不超过 40℃，可用于无明水潮湿环境施工。

(2) 拌和好的浆液应及时使用，不宜超过 30min，以免浆液在桶内失去流动性或者提前凝固导致无法使用。

(3) A 组分和 B 组分存放时间较长后或者存储温度超过 40℃会出现轻微分层现象，使用前应先摇匀方可使用。

(4) 搬运和使用过程中，应做好个人防护，佩戴防护手套和防护眼镜，避免直接接触皮肤。如不慎入眼或溅在皮肤表面，应立即用大量清水冲洗，如仍有不适应尽快就医。

(5) 认真做好施工区域的安全文明施工工作，及时清理施工环境卫生。

6.3　外围护及隔墙产品

6.3.1　轻钢龙骨混凝土组合外挂墙板

一、研发背景

装配式建筑中，外墙是决定建筑质量、能耗、安装施工效率、成本等的关键构件。传统单一材料的预制墙体往往难以同时满足力学性能及较高的保温隔热要求，因此复合墙板应运而生。复合墙板是一种工业化生产的新一代高性能建筑墙板，由多种建筑材料复合而成。其中，薄板类新型材料一般与轻钢龙骨复合组成墙体，该墙体具有施工快捷、轻质高强、延性好、环保无污染、可回收利用率高等明显优点。然而，轻钢龙骨复合墙体在建筑结构中多用作内隔墙，作为外墙尚不成熟。该墙体的抗渗、保温隔热、外墙面装饰和大面积开窗等问题尚未得到很好的解决。

轻钢龙骨混凝土组合外挂墙板由混凝土板、轻钢龙骨骨架和水泥纤维板组成，可以一体化集成外装饰面、结构层、保温层、内饰面和窗户，施工简便迅速。同时可起到建筑外围护作用，有效实现保温、隔声、防火和防渗漏等功能。通过面外约束节点和承重节点外挂于框架，实现墙板的快速装配，具有一定的创新性和实用性，在装配式混凝土结构和钢结构建筑中均可应用。

二、产品研发和设计

轻钢龙骨混凝土组合外挂墙板结构构造和防水构造如图 6-12 所示，从外向内依次可分为外饰面层、绝热层、结构层和保温层，主要由混凝土板、轻钢龙骨骨架、水泥纤维板和岩棉通过剪力钉和自攻螺钉连接而成。防水构造由内外两道防水层和中间滞水层构成，内侧防水层由最里背衬材料（如聚乙烯泡沫棒）和密封胶组成，外侧防水层由密封胶组成。中间滞水层位于内外侧防水层之间，该层内填充网状泡沫或海绵等，每隔 2～3 层设有排水管。

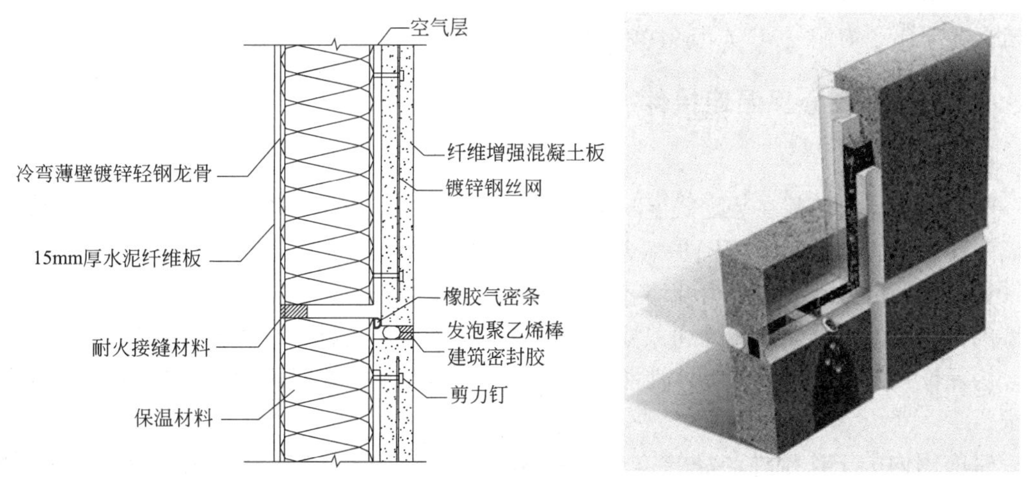

图 6-12　轻钢龙骨混凝土组合外挂墙板

轻钢龙骨混凝土组合外挂墙板轻质高强，自重最低可至 120kg/m^2，抗震性能好，对运输和吊装要求低，板幅最大可至 4.2m×13.2m，现场安装更加快捷和高效；采用保温装饰一体化，外观造型丰富，可做成自密实高强性能混凝土（HPC）饰面，耐久性极高，与建筑结构同寿命。轻钢龙骨混凝土组合外挂墙体物理性能指标见表 6-9。

轻钢龙骨混凝土组合外挂墙体物理性能指标　　表 6-9

项目	性能指标
抗震性能	层间位移角为 1/250 时，墙体处于屈服阶段；层间位移角为 1/50 时，墙体不掉落
抗弯开裂挠度	≤L/200mm
抗冲击性	经 3 次冲击试验后板正面无裂纹
抗风压性能	满足墙体所受风荷载设计要求；抗弯挠度≤L/200mm
水密性能	受热带风暴或台风袭击地区，固定部分水密性能≥1000Pa；其他地区水密性能≥700Pa
气密性能	≥3 级
平面内变形性能	≥3 级
防火性能	耐火极限≥1h
热工性能	满足墙体传热系数设计要求
隔声性能	≥45dB

注：L 为跨长。

三、应用技术

轻钢龙骨混凝土组合外挂墙板划分设计应根据建筑平立面进行，墙板类型可以是整间板，竖条板，横条板甚至是异形板，划分时应遵循以下原则：尊重建筑设计风格的要求；满足力学性能、制作、运输和安装的条件下，板幅尽量大；标准化设计，减少墙板类型；安装节点在主体结构上；保证安装作业空间。

轻钢龙骨混凝土组合外挂墙板形式多样，可划分为以下类型：(1) 梁挂板（横条板），形成横向通窗；(2) 梁挂板结合柱挂板；(3) 横条单元板（1 个层高，横向 2 个窗洞）；(4) 梁柱板组合，围出窗洞；(5) 异形板组合，如 T 形、F 形、L 形墙板；(6) 单元板（1 个层高，1 个窗洞）；(7) 竖条单元板（跨 2 个层高）（图 6-13）。

6.3.2　GFRP 夹心保温连接件

一、研发背景

预制夹心保温墙板在装配式混凝土建筑的外墙中广泛应用，主要包括预制夹心保温剪力墙、预制夹心保温非承重围护墙两种形式。在预制夹心保温墙板中，连接件是关键产品。连接件两端分别锚固于内叶墙和外叶墙的混凝土之中，起到拉结内叶墙、保温板、外叶墙的作用，不仅承受外叶墙和保温板的自重，还承受风荷载、地震作用等其他荷载。同时，为保证预制夹心墙板的整体性能，连接件还需满足耐久性、耐火性、导热性等方面的要求。

目前国内关于连接件产品的技术体系不够完善，应用中尚存在不少问题。产品主要借鉴国外成熟品牌的外观，但对连接件的设计方法和产品自身性能缺乏系统研究。目前应用较为广泛的是玻璃纤维连接件，其受力杆材料采用玻璃纤维，受力杆截面为圆

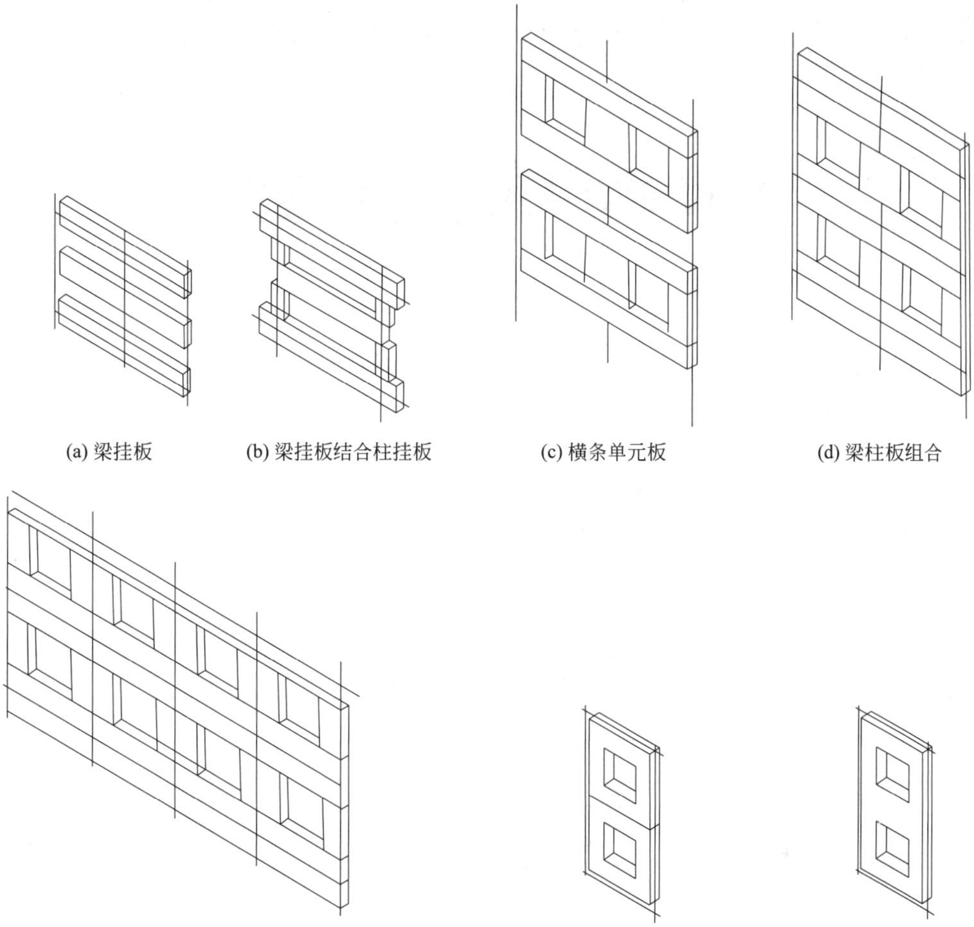

(a) 梁挂板　(b) 梁挂板结合柱挂板　(c) 横条单元板　(d) 梁柱板组合

(e) 异形板组合　(f) 单元板　(g) 竖条单元板

图 6-13　墙板划分类型示意

形或方形，在受力杆上通过注塑的方式形成一个用于控制受力杆插入深度的塑料套管。玻璃纤维材料强度高、导热系数低、耐久性好、耐火性好，可满足连接件的使用要求，但目前市面上存在的玻璃纤维连接件仍具有以下缺点：（1）对于圆形截面的受力杆，在安装后容易发生转动，从而影响受力杆在混凝土中的锚固效果；（2）方形截面受力杆虽然可有效防止安装后的转动，但是由于方形截面存在强轴和弱轴，受力杆的实际工作性能难以控制；（3）通过注塑的方式在受力杆上形成的套管虽然能起到控制受力杆插入深度的作用，但是由于塑料材质较硬，塑料套管与保温板孔的实际密封效果难以保证，混凝土浆料可能渗入保温板孔隙，形成冷、热桥，降低预制夹心墙的保温性能。

二、产品研发及设计

为解决以上问题，研发了玻璃纤维复合材料（GFRP）连接件产品，包括螺纹式 GFRP 杆体和塑料定位套两部分。其中螺纹式 GFRP 杆体加工时形成通长的外螺纹，加工过程无破坏性的切削，确保连接件具有良好的锚固效果及较大的承载力，杆体下端设置尖锥状构造，安装时无需在保温板上预先打孔，可通过锤击或旋拧直接插入保温板，有效提高安装效率。塑料定位套通过注塑的方式一体浇铸在螺纹式 GFRP 杆体中部，与杆体粘结牢固（图 6-14）。

图 6-14　螺纹式保温连接件

螺纹式 GFRP 连接件产品分为“GS”和“GL”两种型号，其中“GS”型连接件锚固段长度为 40mm，适用于外叶墙厚度≤60mm 的预制夹心保温墙体；“GL”型连接件锚固段长度为 50mm，适用于外叶墙厚度>60mm 的预制夹心保温墙体。每种型号的连接件又根据保温层厚度不同划分为不同的规格，例如外叶墙厚度为 60mm、保温层厚度为 50mm 的预制夹心保温墙体，适用“GS”型连接件产品，具体规格为“GS-50”。螺纹式 GFRP 连接件产品规格及力学性能见表 6-10、表 6-11。

螺纹式 GFRP 连接件产品规格　　表 6-10

序号	规格	总长度(mm)	保温板厚度(mm)	外叶墙厚度(mm)
1	GS-15	95	15	≤60
2	GS-20	100	20	
3	GS-30	110	30	
4	GS-40	120	40	
5	GS-50	130	50	
6	GS-60	140	60	
7	GS-70	150	70	
8	GS-80	160	80	
9	GS-90	170	90	
10	GS-100	180	100	
11	GS-110	190	110	
12	GS-120	200	120	
13	GL-15	115	15	>60
14	GL-20	120	20	
15	GL-30	130	30	
16	GL-40	140	40	
17	GL-50	150	50	
18	GL-60	160	60	
19	GL-70	170	70	
20	GL-80	180	80	

续表

序号	规格	总长度(mm)	保温板厚度(mm)	外叶墙厚度(mm)
21	GL-90	190	90	>60
22	GL-100	200	100	
23	GL-110	210	110	
24	GL-120	220	120	

螺纹式 GFRP 连接件力学性能　　**表 6-11**

型号	混凝土强度等级	锚固受剪承载力(N)	允许剪力 V_t(N)	锚固受拉承载力(N)	允许拉力 P_t(N)	受弯承载力(N·m)	允许弯矩 M_t(N·m)
GS	C30	6430	1607	11720	2930	109.9	25
	C40	6430	1607	12836	3209	109.9	25
GL	C30	6430	1607	14870	3717	109.9	25
	C40	6430	1607	16216	4054	109.9	25

三、应用技术

1. 连接件布置方案设计

连接件布置方案设计是预制夹心保温墙体设计的重要环节，螺纹式 GFRP 连接件布置方案设计可按图 6-15 所示流程完成。

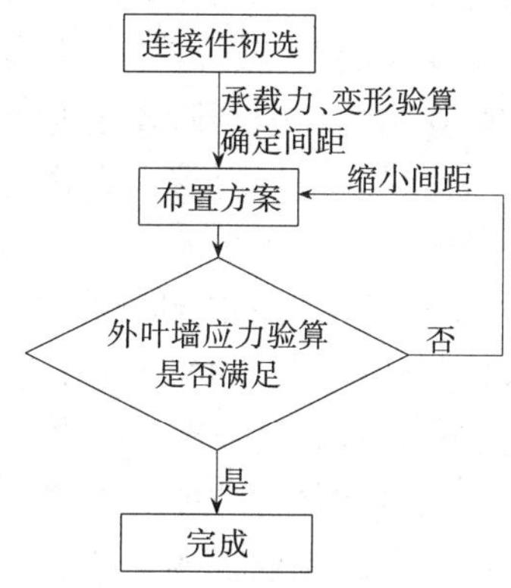

图 6-15　螺纹式 GFRP 连接件布置方案设计流程

(1) 承载力及变形验算

根据连接件实际应用工况分为脱模阶段、运输和吊装阶段、正常使用阶段，分别进行验算，正常使用阶段的承载力验算分为持久设计状况、水平地震作用和竖向地震作用三种设计状况，每个阶段或设计状况下的验算项目包括连接件拉力、剪力、拉力和剪力的组合作用及弯矩，具体荷载计算及荷载组合规则主要参照《建筑结构荷载规范》GB 50009—2012 和《装配式混凝土结构技术规程》JGJ 1—2014 的相关规定。

(2) 温度及自重耦合作用应力验算

对外叶墙施加最大温差后，可根据温度荷载及连接件抗侧移刚度算出外叶墙实际胀缩变形及温度应力，将该应力与自重应力叠加可求得外叶墙的实际应力分布。如最大拉应力小于外叶墙混凝土轴心抗拉强度设计值，则可保证外叶墙在温差作用下不会开裂。外叶墙在温差及自重耦合作用下开裂验算可采用 ANSYS 等有限元分析软件实现。

（3）连接件排布

根据连接件承载力和变形验算结果，确定 1 组满足承载力和变形要求的连接件横向和竖向布置间距，该间距为参考间距；所有连接件相邻间距均不超过参考间距，距构件边缘或门窗洞口的垂直距离不超过参考间距的一半。

2. 连接件施工工艺

螺纹式 GFRP 连接件宜按图 6-16 所示流程施工。

（1）混凝土浇筑前的坍落度范围应控制在 130～180mm。

（2）采用连续浇筑时，需在外叶墙混凝土初凝之前安装内叶墙的钢筋、吊装预埋件和其他插件并浇筑混凝土；采用非连续浇筑时，外叶墙混凝土达到设计强度的 25%后，方可安装内叶墙的钢筋、吊装预埋件和其他插件并浇筑混凝土。

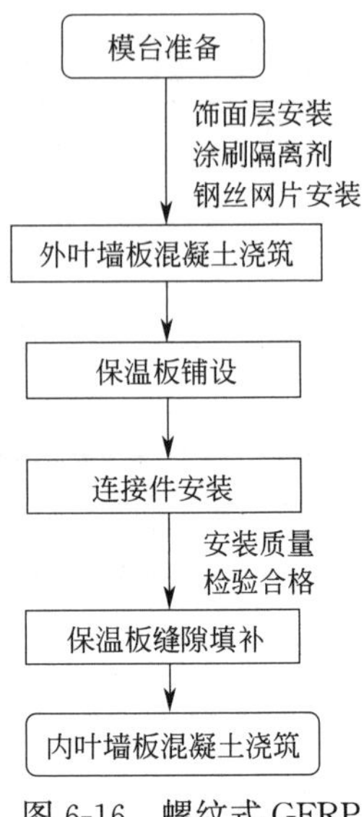

图 6-16　螺纹式 GFRP 连接件施工流程

6.3.3　发泡陶瓷隔墙板

一、产品背景

近几十年来我国经济长期高速发展，资源消耗速度越来越快，产生的固体废物量（包括各种金属尾矿、非金属尾矿、工业废渣、建筑垃圾、有毒有害污泥等）也越来越大，面临的环保问题也越发严重。固体废弃物中，全国陶瓷工业废料的年生成量估计在 1000 万 t 左右，陶瓷废料的堆积、填埋挤占大量土地，耗费人力物力，还造成当地空气和地下水质的污染。随着我国陶瓷工业的快速发展，陶瓷工业的废料还在日益增多，而对其处理利用的程度比较低，不仅对城市环境造成影响，也制约了陶瓷工业自身的发展。如何变废为宝，化废料为资源，已经成为科技和环保部门的当务之急。

利用陶瓷工业废弃物生产发泡陶瓷板，既能节约自然资源，又变废为宝，降低了废弃物对环境的影响，符合国家的一贯政策和加快节能环保产业发展的要求。而且发泡陶瓷板具有良好的物理力学性能，是装配式建筑隔墙板的优选。

二、产品研发

发泡陶瓷板是以黏土、石英、碱金属或碱土金属氧化物矿物为原料，或以陶瓷废渣、珍珠岩尾矿、铁矿尾矿、赤泥、煤矸石等工业固体废弃物中一种或几种为原料，辅以发泡剂等，经高温烧结制成的具有保温隔热性能的轻质板状陶瓷制品，适用于新建、改建、扩建民用建筑和既有建筑节能改造工程中的非承重隔墙（图 6-17）。

发泡陶瓷隔墙板自重轻、强度高、表面平整，尺寸稳定性高无干缩开裂问题，隔声性、隔热性、耐久性良好，长期使用不会出现热工性能衰退，可永久性高效节能，施工现场采用干法作业，施工速度快，劳动强度低，建筑垃圾少，易于实现绿色施工。发泡陶瓷隔墙板的性能指标和规格尺寸分别见表 6-12、表 6-13。

图 6-17　发泡陶瓷板产品样品

发泡陶瓷隔墙板的性能指标　　**表 6-12**

项目		指标		
密度(kg/m^3)		≤400	≤500	≤600
抗冲击性能	软质撞击	经 5 次抗冲击试验后，板面无裂纹		
	硬质撞击	落球法试验冲击 1 次，板面无贯通裂纹		
弯曲抗拉强度(MPa)		≥1.6	≥2.3	≥3.0
弯曲弹性模量(MPa)		≥2500	≥3000	≥5000
抗压强度(MPa)		≥5.0	≥7.5	≥12.5
导热系数(平均温度 25±2℃)[W/(m·K)]		≤0.14	≤0.17	≤0.20
垂直于板面方向的抗拉强度(MPa)		≥0.4		
空气声隔声量		满足设计要求		
吊挂力		荷载 1000N 静置 24h，板面无宽度超过 0.5mm 的裂缝		
抗冻性		不应出现可见的裂纹且表面无变化		
耐火极限		满足设计要求		
燃烧性能		A1		
抗风荷载性能		不小于风荷载设计值		
放射性	内照射指数 I_{Ra}	≤1.0		
	外照射指数 I_r	≤1.0		

发泡陶瓷隔墙板的规格尺寸　　**表 6-13**

项目	指标
厚度(mm)	80～150
宽度(mm)	600，1200
长度(mm)	2400～3200
其他尺寸(mm)	由供需双方商定

三、应用技术

1. 设计构造

(1) 发泡陶瓷隔墙板墙体工程的建筑设计应按模数协调的原则实现构配件标准化、产品定型化；应根据不同隔墙的技术性能及不同建筑使用功能和不同使用部位而选择单层板隔墙或双层板隔墙。

(2) 应根据建筑抗震、防火、隔声等功能要求确定发泡陶瓷隔墙板的厚度。单层条板用作室内分隔墙时，条板厚度不应小于 80mm；单层条板用作分户墙时，条板厚度不宜小于 100mm；双层条板用作室内分隔墙或分户墙时，条板厚度不宜小于 80mm，并且两条板间距宜为 10～50mm；单层条板用于外围护墙时，条板不宜小于 100mm；条板用于外围护墙时，应对主体结构的热桥部位作保温处理。

(3) 应按隔墙长度方向排列隔墙板，排板应采用标准板，当端部尺寸为非标准板宽时，可切割补板，补板宽度不应小于 200mm。

(4) 80～100mm 厚度的隔墙板安装高度不应大于 3.6m，100～150mm 厚度的隔墙板安装高度不应大于 4.5m；隔墙板可竖向接高，接板不宜超过 1 次。

(5) 在非抗震设防区，墙板与混凝土主体墙体、结构柱、顶板之间应采用胶粘剂粘接，胶粘剂应密实饱满；在抗震设防区，发泡陶瓷新型一体化隔墙与顶板、结构柱、主体墙体连接应采用镀锌钢板卡件，并使用膨胀管螺丝、射钉固定（图 6-18）。

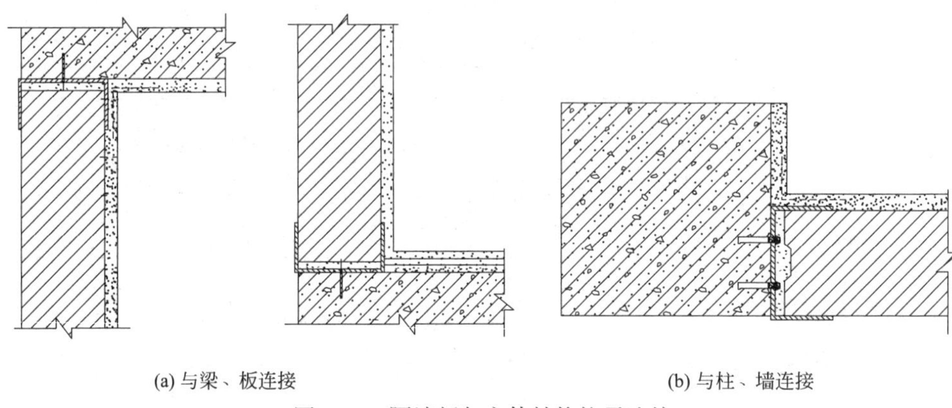

(a) 与梁、板连接　　(b) 与柱、墙连接

图 6-18　隔墙板与主体结构抗震连接

(6) 墙板之间的拼接，宜采用榫接及穿钉的连接方式，墙板榫接处应采用粘接砂浆进行粘合，且饱满度应大于 80%；墙板间、墙板与结构间接缝宜采用抗裂砂浆封堵抹平。

2. 施工工艺

发泡陶瓷墙板产品使用时，应按图 6-19 所示工艺流程施工。

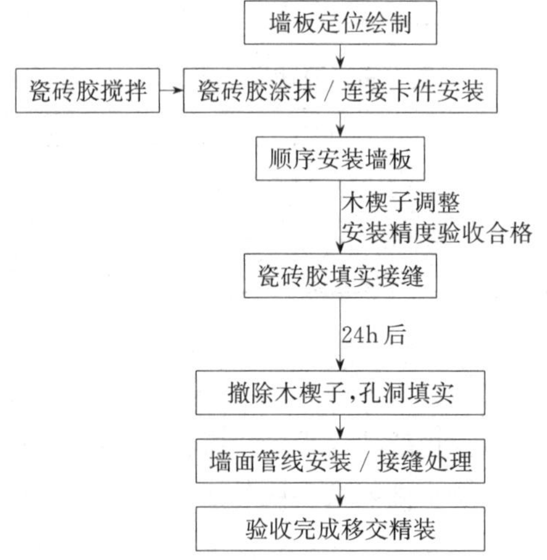

图 6-19　发泡陶瓷墙板产品施工工艺流程

6.4　密封及防护产品

6.4.1　硅烷改性聚氨酯建筑密封胶

一、产品背景

建筑密封胶作为一种重要的建筑材料，具有填缝、防水密封、防风雪、隔声、保温、减震、改善居住条件等功能。随着人们生活水平的提高，市场对建筑密封胶的需求逐渐加大，形成了密封胶发展的巨大推动力。目前，国内普遍应用的密封胶有聚硫密封胶、硅酮密封胶、聚氨酯密封胶 3 大类。

聚硫密封胶具有耐水、油和有机溶剂，耐热老化、常温挠曲性、低温挠曲性、电绝缘的优点，但存在伸长率不佳、耐候和耐紫外线性能不好、长时间会出现深裂纹、耐寒性不佳、固化速率随温度降低而降低、固化后收缩比大、胶料呈刺激性气味等缺点。由于以上缺点，人们在不断地研究新一代的密封胶。

硅酮密封胶具有良好的低温柔顺性、抗形变位移能力、耐高温和耐候性能、电绝缘性、化学稳定性和憎水防潮性，可应用在建筑、公路、铝合金隐框幕墙等领域。但硅酮密封胶也有缺点，例如脱酸型有刺激性气味，对金属基材具有腐蚀性；脱酮肟型也会产生不愉快的气味，粘结性较差，对铜有腐蚀性；脱醇型的表干时间长，内部固化慢，储存稳定性和粘结性差等；长期使用时，硅酮胶内部有低分子物外渗，对接缝及其周边产生污染，且表面可涂饰性差、撕裂强度低等。

聚氨酯密封胶有如下优异的性能：组成变化多、结构和性能可调节范围广，对多种基材有较好的粘结性，分子中含有脲基，具有优良耐化学品性，柔性链段和微相分离结构赋予其较好的弹性和复原性，适用于动态接缝；分子中氨基甲酸酯基和苯基等使其具有较好的耐磨性；强极性基团和微相分离结构赋予其较高的力学强度，广泛用于土木建筑业、交通运输和电子工业等领域。

聚氨酯密封胶的缺点有：主链中的-NHCOO-键在高温下易分解，不适合在高温环境中长期使用（不能超过 120℃）；氨酯键直接连接苯基，使浅色配方密封胶易受紫外光老化产生黄变，力学强度降低；空气中微量水分可使其交联固化，贮存稳定性受环境条件影响较大；固化过程中产生 CO_2 气体，尤其在高温高湿环境下易产生气泡和裂纹，降低胶密封粘结性能，许多场合需使用底涂剂。

二、产品研发

将有机硅化合物引入聚氨酯结构中，可以得到硅烷改性聚氨酯（SPU）。硅烷改性聚氨酯（SPU）是利用有机硅对聚氨酯封端，将端基变成官能硅烷 Si-OR。与聚氨酯（PU）密封胶相比，硅烷改性聚氨酯（SPU）密封胶不含游离-NCO 基团，且 Si-C 键具有疏水性，具有较好的储存稳定性；端基是可水解的硅烷氧基团，以硅烷湿固化代替异氰酸酯湿固化，固化过程中不放出 CO_2 气体，高温高湿环境下不易起泡；固化后的交联结构中有 Si-O-Si 键，使其耐热、耐候性提高；Si-OR 水解生成的 Si-OH 可与基体表面的羟基、金属氧化物形成化学键或氢键，可显著提高粘结性能。

硅烷改性聚氨酯密封胶是一种新型密封胶，它同时具有聚氨酯和有机硅材料的优点，具有耐湿热、耐油、耐化学品、耐磨、良好的储存稳定性等优异性能，克服了单组分聚氨酯靠异氰酸根与湿气反应固化放出 CO_2 而形成气泡的弱点，使用时不需要底涂剂就能与基材表面牢固粘结，是一种高性能建筑密封胶。硅烷改性聚氨酯密封胶理化性能指标见表 6-14。

硅烷改性聚氨酯密封胶理化性能指标　　表 6-14

测试性能		指标参数
下垂度(mm)	垂直	≤3
	水平	0
拉伸模量(MPa)	23℃	≤0.4
	−20℃	≤0.6
密度(20℃)(g/cm³)		1.4±0.05
表干时间(h)		≤3
固化速率(mm/24h)		3
断裂伸长率(%)		≥400
位移级别		25LM
定伸粘结性		无破坏
浸水后定伸粘结性		无破坏
弹性恢复率(%)		≥80

三、应用技术

硅烷改性聚氨酯建筑密封胶产品使用时，宜按图 6-20 所示工艺进行施工。

6.4.2 疏水自清洁涂料

一、产品背景

随着国民经济的发展以及城市化进程的推进，工业及民用建筑总量急剧增加。统计资料表明，我国目前有 400 亿 m^2 既有建筑，每年新增约 20 亿 m^2 建筑总量，超过全球年建筑总量 50%。建筑外墙涂层常受到来自外部环境的污染，主要有尘土、大气中漂浮的微小颗粒、油污等，这些污染物附着在外墙涂层表面，不仅影响建筑的美观，同时这些污染物也会通过物理作用或化学作用损坏外墙涂料，降低外墙涂层的使用年限并增加了维护成本，甚至会危及混凝土结构的稳定性。因此，如何提高外墙涂层的耐污性一直备受人们的关注。

二、产品研发

疏水自清洁涂料是借鉴自然界植物荷叶表面的疏水自清洁效应而研发的，接触角最高可达 150°以上，可在涂料表面实现完美的荷叶效果，在雨水的冲刷下利用重力作用将表面灰尘带走，实现自清洁的效果，具有综合成本低、工艺简单、表面美观等优点，适用于普通建筑、超高层建筑的外墙或预制构件的涂装。

疏水自清洁涂料有多种类型的产品，按照自清洁效果分为疏水型自清洁涂料和超疏水型自清洁涂料；按照装饰效果可分为透明自清洁涂料、彩色自清洁涂料和混凝土色自清洁

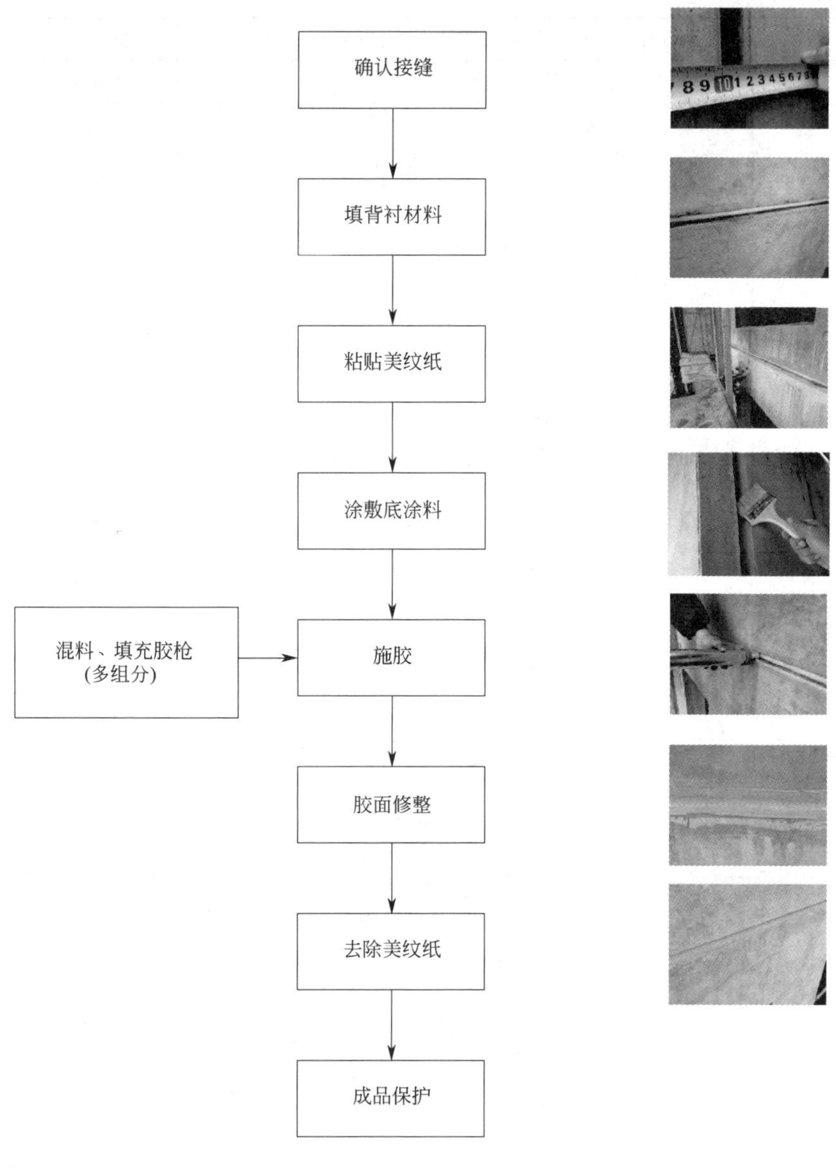

(a) 工艺流程图　　(b) 照片示意

图 6-20　硅烷改性聚氨酯建筑密封胶产品施工工艺

涂料；按照施工部位可分为外墙用自清洁涂料、屋顶用自清洁涂料和路面用自清洁涂料。同时，还可根据需求进行其他附加功能设计，如节能降温等。疏水自清洁涂料性能指标见表 6-15。

疏水自清洁涂料性能指标　　表 6-15

项目		指标
自清洁性能	接触角	≥150°(超疏水型自清洁涂料)
		≥100°(疏水型自清洁涂料)

续表

<table>
<tr><th colspan="4">项目</th><th>指标</th></tr>
<tr><td rowspan="12">基本性能</td><td colspan="3">在容器中状态</td><td>正常</td></tr>
<tr><td colspan="3">低温稳定性</td><td>不变质</td></tr>
<tr><td colspan="2" rowspan="2">干燥时间(表干)(h)</td><td>平涂效果</td><td>≤2</td></tr>
<tr><td>质感效果</td><td>≤4</td></tr>
<tr><td rowspan="8">复合涂层</td><td colspan="2">涂膜外观</td><td>涂膜外观正常</td></tr>
<tr><td rowspan="2">附着力</td><td>平涂效果</td><td>≤1 级</td></tr>
<tr><td>质感效果</td><td>涂膜无脱落</td></tr>
<tr><td colspan="2">耐水性(96h)</td><td>无异常</td></tr>
<tr><td colspan="2">耐碱性(48h)</td><td>无异常</td></tr>
<tr><td colspan="2">耐湿冷热循环性(5 次)</td><td>无异常</td></tr>
<tr><td rowspan="2">耐人工气候老化性(600h)</td><td>平涂效果</td><td>无气泡、无剥落、无裂纹，粉化≤2 级</td></tr>
<tr><td>质感效果</td><td>无气泡、无剥落、无裂纹，无明显粉化</td></tr>
</table>

三、应用技术

疏水自清洁涂料产品应用时，应按图 6-21 所示工艺流程施工。

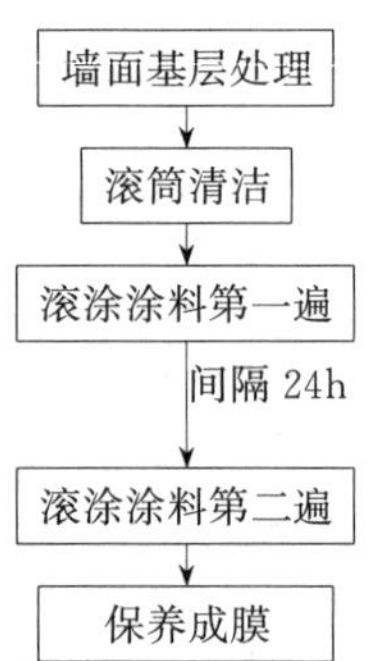

图 6-21　疏水自清洁涂料产品施工工艺流程

1. 控制要点

（1）墙面基层必须干燥清洁，无尘土、油污、溅浆等污染物，否则应用铲刀、钢丝刷、砂纸、洗涤剂等将其除去，再用高压水冲洗干净，干透后方可进行涂装；不应有开裂、掉粉、起砂、起壳、空鼓、剥离、爆裂点等缺陷，否则应进行修补；墙面处理后应该尽快施工，以免重新污染。

（2）刷两道外墙涂料在常规情况下不宜加水稀释，施工不易时可加 2%～4%清水稀释，并要充分搅拌均匀，但不要高速搅拌。

2. 注意事项

（1）相对湿度不大于 85%，气温不低于 10℃的条件下方可施工。

（2）大面积施工前应做好样板，经验收合格后方可进行大面积施工。

第 7 章　一体化协同技术

7.1　设计、生产、施工一体化

设计、生产、施工一体化是工业化生产的要求，从方案阶段开始，贯穿整个工程建造全过程。应建立建筑设计、加工制造、装配施工之间协同设计的组织架构、工作界面划分及工作流程，并建立涵盖生产、装配环节的设计成果确认机制，以保证设计满足工厂加工生产和现场装配施工的需要。为了实现设计、生产、施工一体化，需要在建设过程中进行全过程一体化协同。

设计、生产、施工是装配式建筑完整产业链上的重要以及主要的组成部分，基本涵盖了大部分关键环节。采用逻辑学中的先分散后排列组合的方式进行分析，从错综复杂、相互交织的技术库中筛选出协同集成应注意的要素，并将这些要素归类整理，形成系统。按照这种逻辑，基本环节有 3 个：设计、生产、施工。对这 3 个基本环节进行排列组合可以建立 6 种关系：(1) 设计对生产的正向影响；(2) 生产对设计的反向影响；(3) 设计对施工的正向影响；(4) 施工对设计的反向影响；(5) 生产对施工的正向影响；(6) 施工对生产的反向影响。

在具体技术实施层面通过技术细节的分类与整合，可以建立相对完整的、涵盖产业链主要内容与关键环节的协同集成体系。体系建立的过程是复杂的，且不是一成不变的；在不断完善修正之后，按照成熟完善的协同集成体系开展工作，将设计、生产、施工有机组合成一个整体。

7.1.1　设计与生产协同要点

1. 设计对生产正向影响的实施技术细节

设计标准化、模数与模数协调、接口技术等对于生产效率与生产成本的正向影响。设计标准化应具备设计逻辑，建议按由宏观到微观、由整体到局部的方式逐步落实设计标准化的要求，如按平面标准化、立面标准化、部品标准化、部件标准化的顺序。

预制构件设计时整体技术方案选型与构件划分方式对于生产阶段可实施性的正向影响。例如三维异形构件与平板类二维构件在技术方案选型时的差异对于生产提出高低不同的两种要求，应客观分析，将技术方案合理性放在首位。

装配式建筑设计时，关键连接节点技术方案的选型对于生产阶段可实施性的正向影响。例如装配整体式框架结构中预制框架梁与预制框架框的节点连接方案，行业中存在着多种连接方案，如国标体系、世构体系、PPEFF 体系、PRESS 体系等，不同体系的节点连接方式不同，进而带来的生产工艺要求、生产难度也不同，应根据项目具体情况，选择合理、适用的节点连接方案。

预制构件外伸钢筋与连接构造设计对于生产的正向影响。设计时，预制叠合楼板取消外伸钢筋即是考虑了构件外伸钢筋在生产环节所带来的复杂性；还有双面叠合剪力墙预制墙体构件，也同样实现了竖向与水平外伸钢筋的取消。设计阶段通过采取一些构造措施，在不外伸钢筋的前提下实现了等同的结构受力性能。也正是由于设计阶段尽最大可能取消外伸钢筋，对于提高生产效率影响显著。

预制构件结合面设计对于生产的正向影响。例如预制构件与后浇混凝土的结合面通常设置粗糙面或采用键槽，不同结合面成型工艺做法应结合具体部位、设计要求合理选择；如同样是粗糙面，模板面与开敞面的成型工艺不同；模板面粗糙面成型工艺应根据设计要求严格执行，设计时应综合考虑结构的整体性、力学性能、结构自防水等多种因素来确定粗糙面成型工艺，现阶段推荐采用水冲露骨料方式；开敞面粗糙面多采用拉毛方式。

采用灌浆套筒连接时，灌浆套筒选型对于生产的正向影响。灌浆套筒产品本身有较多类型，如全灌浆套筒、半灌浆套筒，不同类型套筒应合理应用于预制构件之中。每种不同类型的套筒对于生产过程的影响是显著的，如全灌浆套筒需考虑并解决生产阶段套筒与被连接钢筋的临时固定问题，而半灌浆套筒由于通过螺纹连接钢筋，则在构件生产阶段不需要考虑同被连接钢筋的固定问题；但不论何种形式的套筒，都需要考虑并解决灌浆套筒与构件边缘模板之间的临时固定问题，保证在构件混凝土浇筑与振捣时不会出现钢筋偏位现象，并保证套筒的混凝土保护层厚度。

采用灌浆套筒连接时，灌浆套筒产品本身对于生产的正向影响。如现行行业标准《钢筋套筒灌浆连接应用技术规程》JGJ 355 中对于套筒灌浆连接构造要求，半灌浆套筒螺纹连接一侧钢筋丝扣加工精度要求，钢筋丝扣总长度及外露长度要求，钢筋母材、套筒、灌浆料的材料特性要求等，均会对生产产生显著影响。

预制混凝土夹心保温外墙板中保温拉结件选择对于生产的正向影响。现阶段，行业中对于保温拉结件技术选型存在多种解决方案，例如非金属 FRP 拉结件、不锈钢金属拉结件等，不同类型拉结件在生产墙板时均对应不同的工艺与布置要求，对生产提出不同的要求。

预制构件之中不同类型倒角与造型的设计对于生产的正向影响。各类型倒角设计，包括上倒角、下倒角等均有不同的设计目的，例如叠合板上倒角的设置主要考虑增加与后浇混凝土的结合面积及减小应力集中，叠合板下倒角的设置主要考虑预制构件易于脱模。上、下倒角与不同造型的设计技术选择，会对模板方案产生显著影响。

构件深化设计对于运输环节的正向影响。深化设计时的一项重要工作是进行预制构件设计与构件的划分，构件设计的尺度影响运输环节。不同类型构件对应不同的运输方式，如平放、竖直立放、斜靠放置等；另外构件运输绝大部分采用陆路车辆运输方式，道路运输管理规定对于运输高度、宽度、长度、总重量、单轴重量等有明确的要求，深化设计时构件的尺度设计，应深入了解并掌握道路运输要求及运输路况，做到设计与生产运输之间的协同。

2. 生产对设计反向影响的实施技术细节

生产线类型对于设计工作的反向影响。现阶段我国国内的生产线一般有两类，相对自动化程度较高、模台可移动的流水线和固定模台两种生产方式，流水线一般有特定与之相对应的预制构件类型。一般来讲，一类是叠合板与内墙生产线，一类是预制混凝土夹心保温外墙板生产线，还存在双面叠合墙板生产线等。预制构件工厂可生产的预制构件类型是相对固定的，这种情况对于设计工作会产生显著影响。如在可选的工厂中不具备生产预制混凝土夹心保温外墙板的生产线，设计则不能采用此种技术方案；这种影响是决定性的，且在短时间内针对单一项目无法得到妥善处理。

生产线技术参数对于设计工作的反向影响。模台尺寸、养护窑窑口高度、天车吊重、粗糙面成型工艺、钢筋网片焊接机型号、钢筋桁架加工机型号等生产客观条件，均显著影响设计工作的开展。

工厂资源计划（ERP）以及制造执行系统（MES）反向作用于设计 BIM 信息传递的连续性与信息共享。

前文提及的灌浆套筒、粗糙面、外伸钢筋、保温拉结件、倒角、运输方式等所涉及的内容，在设计与生产之间均是正反相互作用与影响的，不再赘述。

7.1.2　设计与施工协同要点

1. 设计对施工正向影响的实施技术细节

叠合板之间的接缝设计方案对施工的正向影响。现行规范中，双向叠合板板侧推荐采用混凝土后浇的整体式接缝，接缝较宽（要求不得小于 200mm，且需考虑预制板出筋的形式及钢筋搭接长度要求），现场施工较复杂，且由于接缝较宽，施工时需采取支模或吊模的做法，导致工效较低、费时费工，且拆模之后的完成质量较差，不符合建筑高质量发展要求。因此设计时可根据楼板厚度，通过调整桁架钢筋、附加钢筋的布置，将接缝调整为密拼式整体接缝，同时，对于密拼式整体接缝长期使用中出现的板底缝开裂现象，应给出有效的解决方案。优先选用露明缝不处理方式，可应用于公共建筑项目；当对板拼缝底部有防开裂要求时，可对拼缝进行遮蔽覆盖，如采用吊顶或其他处理措施（图 7-1）。

图 7-1　居住建筑中预制楼板板底露明缝的案例

装配式框架梁柱节点连接设计对于施工的正向影响。装配式梁柱节点的连接方案有多种类型可选，国标体系是直接体现“等同现浇”的节点连接形式，但是在施工时会存在双向叠合梁下铁钢筋相互碰撞问题，通常采用调整梁高的方式进行钢筋避让；世构体系叠合梁下铁钢筋不伸入节点核心区，预制框架梁下铁钢筋通过核心区设置 U 形钢筋的方式进行间接搭接，有效简化了施工现场的安装环节，提高了装配效率。可见选择合理适用的节点连接方案，对施工的影响非常显著。

叠合梁箍筋设计方案对于施工的正向影响。叠合梁箍筋按照常规设计要求，可以在特定部位选用“开敞箍筋＋箍筋帽”的形式，这种设计初衷是希望在后期放置叠合梁上铁钢筋时能够比较方便地实现垂直下放，避免纵向传筋的困难，既解决了结构受力问题，又实现了高效的装配化施工安装。但在项目具体设计时还应关注更多技术细节，如叠合梁开敞箍筋的肢数问题，在满足箍筋肢距要求的前提下，宜尽量选择两肢箍或三肢箍，避免箍筋135°弯钩平直段相互交错，导致现场上铁钢筋放置时需人工现场弯折箍筋弯钩。可见叠合梁箍筋的设计方案对于施工正向影响显著，也应是设计关注的重点。

预制楼梯设计方案对于施工的正向影响。预制楼梯是被项目参建各方都高度认可的一类标准化预制构件，应用范围广、应用效果好。需要注意的是，因单层层高较高的公共建筑及一些居住建筑多采用双跑楼梯，楼梯的设计方案一般是楼梯梯段预制、休息平台现浇，不利于充分发挥预制楼梯的优势，在整体完成质量上楼梯梯段与平台板也不一致，且整个楼梯间的施工进度受限于休息平台板的现浇混凝土养护等。建议可采用平台与斜梯段一体的整体预制方案，或平台与楼梯梯段各自单独预制、采用暗闩式连接件相互连接，如HALFEN预制平台板的解决方案，实现预制平台板全预制并快速安装，且作为竖向支撑体系与平台板相连的墙体也避免了出现外凸牛腿，是一种很巧妙的设计构造（图7-2）。

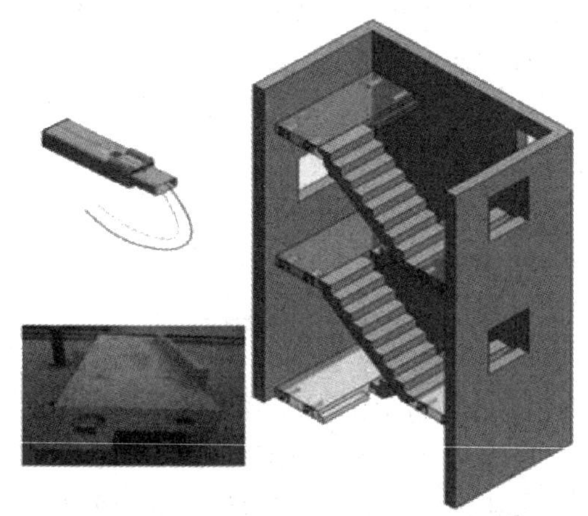

图7-2　HALFEN全预制楼梯休息平台板解决方案

装配式建筑技术体系选配方案对于施工的正向影响。在装配式建筑项目设计过程之中，经常会出现“凑指标”情况，出现“为了装配而装配”的现象，这种方式带来的负面影响会在施工过程中暴露出来。例如在某些项目中，楼板采用装配式叠合楼板后，装配率已满足规范最低要求，主梁与次梁便采用现浇方式，导致在施工阶段出现叠合楼板安装困难的问题；原因如下，由于梁要先于板安装，而现浇梁的顶筋、底筋与箍筋是同时绑扎的，而叠合梁顶筋是要在叠合板安装完成之后放置的。可见，装配式各类预制构件之间具有一定的安装顺序与组合关系，当采用叠合板时，梁构件同样建议采用预制叠合梁，这样才符合装配化施工的要求。不同种类预制构件的设计选择显著影响着施工阶段的工作实施。

装配式框架结构中主次梁以及主次梁连接设计对于施工的正向影响。装配式建筑建议采用大开间、大进深的平面布置方案，尽量减少次梁的使用；如果确实无法避免，可采用单向居中布置的单次梁方案，主次梁采用次梁免出筋的“牛担板”连接方案，次梁与主梁按铰接设计。以上主次梁相关设计及技术的选择对于施工的影响显著。

屋面装配式设计技术的选择对于施工的正向影响。从技术合理性的角度出发，屋面采用装配式技术是合理的。如标准层楼板采用叠合楼板方案，而屋面层出于各种原因选择现浇屋面板方案，这将导致标准层采用预制叠合板下少支撑方案，而顶部现浇屋面层，则采用满堂架的施工支撑方案，增加一种施工措施。现行规范之中已经给出了通过调整叠合板现浇层厚度，以及板顶面钢筋构造等方式实现屋面采用预制叠合板的技术方案。

预制墙体单排/双排钢筋的设计对于施工的正向影响。预制墙体竖向钢筋采用单排梅花状布置还是采用双排布置对于施工产生显著影响，这种影响主要产生于单排布置之后，可以非常有效地减少被连接钢筋的数量，被连接钢筋的数量减少对于竖向预制墙体安装难度可显著降低。在保证结构受力的前提下，依据现行相关规范、标准要求，在可以实施的部位，可采用预制墙体单排钢筋的布置形式。

预制外墙全装配方案对于施工的正向影响。装配式建筑中一般会将楼板与楼梯等水平构件作为预制首选，而竖向构件应首先选择外围护墙体全装配。选择外墙装配且将外装饰、保温与墙体结构进行一体化复合，形成复合保温的夹心外墙板，这在设计技术的层面是很优异的装配方案；对于施工措施优化的影响也非常显著，可取消外脚手架，仅保留外防护架，免去后期吊篮方式外贴保温板的质量问题与安全隐患。

当采用灌浆套筒时，不同类型灌浆套筒的选用对施工的正向影响。套筒灌浆属于装配式建筑钢筋连接的关键技术，不同类型的套筒（如半灌浆套筒、全灌浆套筒）在施工工艺、灌浆方式等方面都有不同的要求，应区别对待。另外，不同灌浆方式的设计选用也同样对施工过程产生不同影响，例如采用一点灌浆的连同腔灌浆方式和采用坐浆的逐一灌浆方式，对于施工过程的质量控制都是不尽相同的。因此，针对灌浆套筒相关技术的选用应考虑与施工相协调，避免出现生搬硬套的情况。

装配式设计对于施工总平面图布置的正向影响。施工总平面布置涉及流水段的划分、塔式起重机的布置、施工出入口的设置、场地内道路的布置、预制构件堆放场地布置、钢筋加工场地布置等内容，装配式建筑设计中采用的预制构件应尽量保证构件重量的均一性，不宜出现大小差异过大的情况，且应根据塔式起重机的布置情况设计预制构件规格；另外，在满足工厂生产、道路运输与现场吊装安装的情况下，预制构件应尽量大型化，减少吊装次数，提升装配效率。

2. 施工对设计反向影响的实施技术细节

各类施工外防护技术方案对设计的反向影响。如目前的施工外防护技术方案主要包括整体提升脚手架、悬挑脚手架、悬挑钢索脚手架、外挂式防护架等，不同外防护体系对于预制外墙的要求是不同的，首先应明确相互之间的匹配性，其次结合外防护体系的特点选择适用于装配式建筑的外架体系。

施工临时支撑的简化要求，反向影响并促进设计阶段对于预制构件的设计工作。例如，目前很多装配式建筑项目，现场仍采用传统的满堂架施工支撑措施，装配式建筑的施工优势未充分体现。应尽量减少施工支撑、优化施工现场环境，充分发挥装配式高效装配的施工优势，这些都反向影响着设计人员对装配式设计技术的改进。

由于涉及低温灌浆料与低温灌浆施工的问题，现阶段装配式建筑在冬季施工的要求比传统现浇建筑还要严格。装配式项目冬季无阻碍的施工要求，反向影响着设计以及研发环节，需尽快研发更易用的低温灌浆料产品或者从整体技术研发的角度完全取消受低温影响的材料，或尽量减少现场湿作业。

采用套筒灌浆时，套筒灌浆全过程的质量检验要求对设计产生显著影响。例如，针对灌浆饱满程度的检验工作，从施工质量检验的角度，不仅涉及第三方检测单位，施工单位本身也同样有自检要求。对于灌浆饱满程度检验的迫切要求也同样反向影响、促进着设计与研发环节。现阶段各种检验手段层出不穷，如灌浆饱满程度观测器（图 7-3）、高位灌浆法等都是很好的创新发明与解决方案。但是即便有很多成果涌现，直接无损检测灌浆饱满程度的方法还处于不成熟状态。

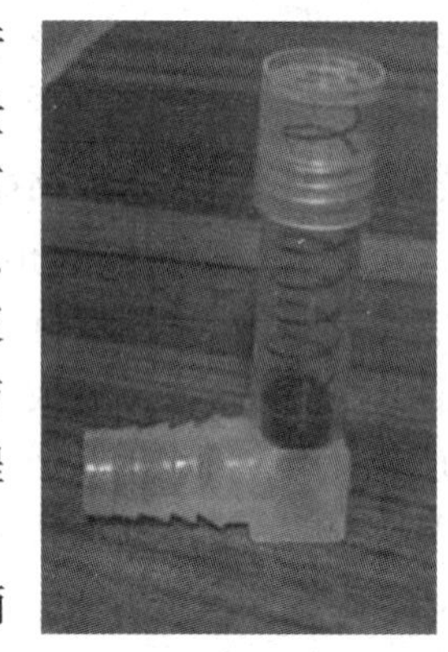
图 7-3　灌浆饱满程度观测器

施工总平面布置中预制构件堆场、临时加工场地、重型车辆场内运输道路等的布置，对于设计产生反向的影响。以上所述内容如无法避让主体结构时，需要在设计阶段与施工组织方案协同，考虑提出相应的解决方案。

塔式起重机布置方案反向影响设计。例如，一般情况下，塔式起重机按照设计总平面图进行布置，但是适用于装配式项目的塔式起重机相比于传统现浇建筑，需采用中型或重型塔式起重机。从吊装效率角度进行评估，需结合具体项目情况进行少量大塔方案与多量小塔方案的吊运效率量化分析，而装配式预制构件尺度的划分也需要考虑塔式起重机布置方案选型，将技术优势充分发挥。

由于人力成本在显著提高，施工阶段需减少现场人工投入，这些需求都反向影响着设计与研发环节。很多产品与做法应运而生，例如外墙保温装饰一体化、内墙管线机电一体化、集成式厨房、整体卫生间等的应用。

施工组织中流水段的划分、标准层施工工序的确定对于装配式设计方案有反向影响。

装配式项目施工过程中有很多工种，如主体结构、机电安装、内装施工等，不同工种的穿插施工要求对装配式设计工作产生显著反向影响。

7.1.3　生产与施工协同要点

1. 生产对施工正向影响的实施技术细节

生产排产及供货进度计划、生产效率对于现场施工进度存在正向影响。

生产运输环节中物流运输调度精细化组织对于施工现场堆场组织安排存在正向影响。

预制构件运输环节中，不同运输方式（如半挂平板与甩挂运输方案的选择）对于现场施工总平面布置存在正向影响。

预制构件预留预埋生产工艺以及预留预埋条件的完整性与准确性，对于现场施工组织特别是机电安装及内装施工存在正向影响。

采用灌浆套筒连接时，工厂生产阶段对于灌浆套筒技术相关的资料准备工作，对于施工现场实际灌浆存在正向影响。

预制构件出厂时质量相关证明文件的完备，对于施工阶段分部分项工厂验收以及最终项目竣工验收存在正向影响。

预制构件出厂质量自检工作对于施工项目构件进场验收存在正向影响。

预制构件生产阶段预埋或粘贴可识别、可追溯信息化编码或条码，在现场施工构件堆放、吊装、安装、检验时对于构件编码要求存在正向影响。

生产阶段预制构件成品保护技术，对于整体建筑质量存在正向影响。

各类预制部品部件，在施工现场的“总装生产线”上进行装配施工时，对于子系统内部以及各子系统之间尺寸协调、接口标准化存在正向影响。

2. 施工对生产反向影响的实施技术细节

项目施工质量检验与验收，如分项分部验收以及竣工验收时的技术要求，对于生产阶段存在反向影响。

采用灌浆套筒时，施工过程中灌浆工艺选择、灌浆饱满程度、灌浆料及灌浆套筒材料检验等关键技术内容，对于生产环节之前或过程之中的型式检验、工艺检验、接头力学检验等存在反向影响。

施工安装过程中由于施工措施需要，在生产环节进行预留预埋的技术细节，如塔式起重机附壁埋件的预埋、施工外防护架埋件的预埋、预制构件施工临时支撑埋件的预埋、吊装构件时吊钩或吊钉的预留预埋等。

施工现场预制构件识别、临时堆放、吊运、安装、检验等工作所需的信息化编码对于生产阶段的工作存在反向影响。

施工总承包方、建设方及监理方驻场监督人员对于预制构件出厂质量检验的控制具体要求。

高效装配化施工对于生产环节存在反向影响或要求。例如，取消叠合板整体式拼缝改为密拼式整体接缝，生产环节需对不出筋叠合板边模以及钢筋桁架布置方式进行相应调整；取消水平类构件如叠合梁、叠合板的施工临时支撑，需要在构件生产阶段进行相应调整，并在竖向构件之上预埋临时承托牛腿类埋件等。

预制构件作为产品在施工现场进场验收时的质量控制要求，对于生产各环节的控制精度及构件质量存在反向影响。

主体结构施工、机电安装施工及内装施工时的允许偏差要求，对于各部品部件生产精度存在反向影响。

施工组织设计时项目整体工期安排以及单栋建筑单体标准层施工工序安排，对于生产环节中的预制构件供货计划以及物流运输存在反向影响。

7.2　建筑、结构、机电、内装一体化

传统建筑设计模式是面向现场施工，很多问题要到施工阶段才能够暴露出来，装配式建筑的重要作用在于将施工阶段的问题提前至设计、生产阶段解决，将设计模式由面向现场施工转变为面向工厂加工和现场施工的新模式。这需要按照产业化的要求审视原有知识结构和技术体系，采用产业化的思维重新建立企业之间的分工与合作，使研发、设计、生产、施工以及装修形成完整的协作机制。

影响装配式建筑实施的因素有技术水平、生产工艺、管理水平、生产能力、运输条件、建设周期等方面。装配式混凝土建筑应将结构系统、外围护系统、设备与管线系统、内装系统集成，实现建筑功能完整、性能优良；应采用系统集成的方法统筹设计、生产运

输、施工安装，实现全过程的协同。在装配式建筑的建设流程中，需要建设、设计、生产和施工等单位精心配合，协同工作。在方案设计阶段之前应增加前期技术策划环节，为配合预制构件的生产加工应增加预制构件加工图纸设计环节。

在装配式建筑设计中，前期技术策划对项目的实施起到十分重要的作用，设计单位应充分了解项目定位、建设规模、产业化目标、成本限额、外部条件等影响因素，制定合理的建筑设计方案，提高预制构件的标准化程度，并与建设单位共同确定技术实施方案，为后续的设计工作提供设计依据。装配式建筑设计流程如图 7-4 所示。

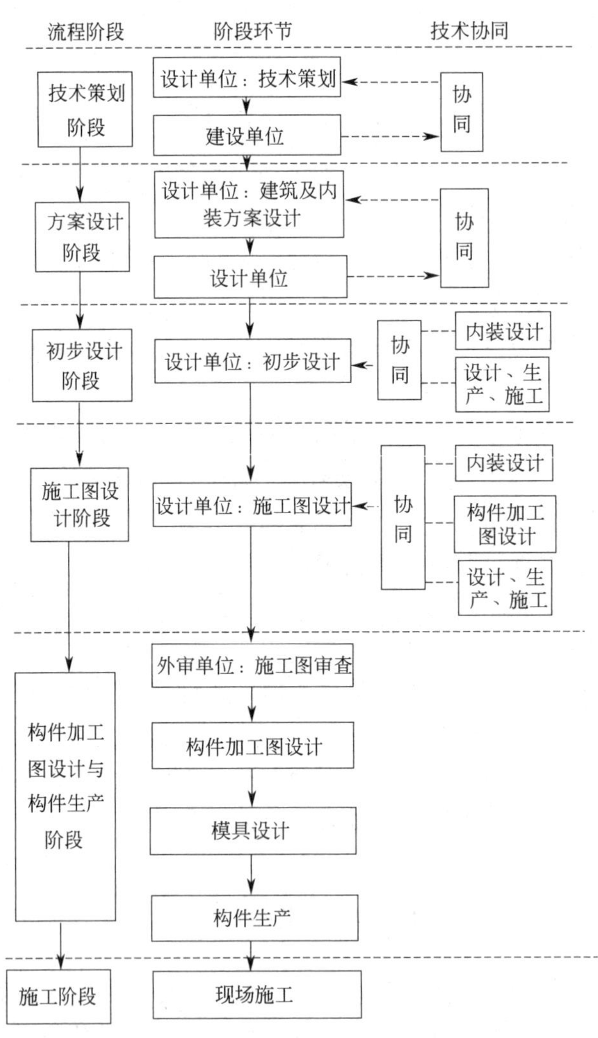

图 7-4　装配式建筑设计流程

在方案设计阶段应根据技术策划要点做好平面设计和立面设计。平面设计在保证满足使用功能的基础上，实现住宅套型设计的标准化与系列化，遵循预制构件“少规格、多组合”的设计原则，立面设计考虑构件生产加工的可能性，根据装配式建造方式的特点实现立面的个性化和多样化。

初步设计阶段应联合各专业的技术要点进行协同设计。优化预制构件种类，充分考虑机电专业管线预留预埋，进行专项的经济性评估，分析影响成本的因素，制定合理的技术措施。

施工图设计阶段按照初步设计阶段制定的技术措施进行设计。各专业根据预制构件、内装部品、设备设施等生产企业提供的设计参数，深化施工图中各专业预留预埋条件。充分考虑连接节点处的防水、防火、隔声等设计。

构件加工图纸可由设计单位与预制构件加工厂配合完成，建筑专业可根据需要提供预制构件的尺寸控制图。建筑设计可采用 BIM 技术，提高预制构件设计完成度与精确度。装配式建筑集成设计要求如图 7-5 所示。

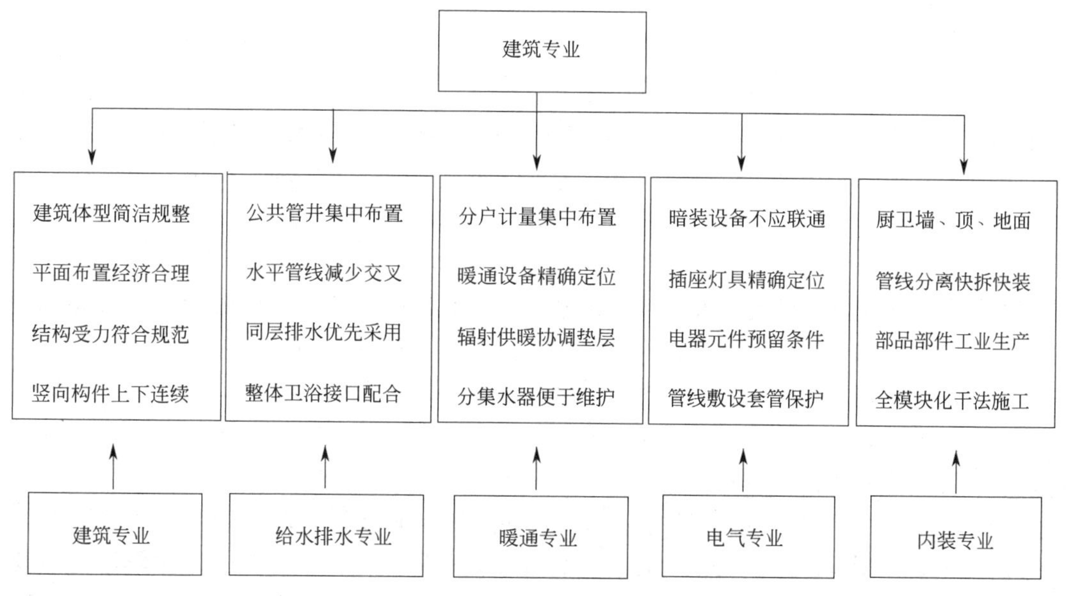

图 7-5　装配式建筑集成设计要求

7.2.1　建筑设计协同

装配式建筑平面设计应遵循模数协调原则，优化套型模块的尺寸和种类，实现住宅预制构件和内装部品的标准化、系列化和通用化，完善装配式建筑配套应用技术，提升工程质量，降低建造成本。在方案设计阶段应对住宅空间按照不同的使用功能进行合理划分，结合设计规范、项目定位及产业化目标等要求，确定套型模块及其组合形式。平面设计可以通过研究符合装配式结构特性的模数系列，形成一定标准化的功能模块，再结合实际的定位要求等形成适合工业化建造的套型模块，由套型模块再组合形成最终的单元模块。

建筑平面宜选用大空间的平面布局方式，合理布置承重墙及管井管线位置，实现住宅空间的灵活性、可变性。各功能空间分区明确、布局合理。通过合理的结构选型，减少承重墙体的出现，使用工业化生产的易于拆除、改装的内隔墙划分套内功能空间。

应对外墙板、幕墙、外门窗、阳台板、空调板及遮阳部件等进行集成设计；应采用提高建筑性能的构造连接措施；宜采用单元式装配外墙系统。

一、预制外墙板设计要求

（1）预制外墙板设计应采用集成技术等立面优化的手法，减少构件的种类，实现立面外墙构件的标准化和类型的最少化。

（2）建筑外墙装饰构件宜结合外墙板集成设计，应注意独立的装饰构件与外墙板连接处的构造，满足安全、防水及热工设计等的要求。

（3）预制外墙设计应选择适宜的内保温或外保温做法，并需重点解决构件接缝、门窗洞口等部位的防水、保温、防火、气密等问题。

（4）预制外墙板连接节点设计要点应符合以下要求。

1）接缝构造：预制外墙板接缝处应根据不同部位、不同条件采用结构自防水＋构造防水＋材料防水 3 道防水相结合的防排水系统；挑出外墙的阳台、雨篷等构件的周边应在板底设置滴水线；预制外墙板接缝采用构造防水时，水平缝宜采用企口缝或高低缝，竖缝宜采用双直槽缝；施工图设计和构件深化设计时，结合当前成熟的混凝土外挂板节点做法，实现了立面和防水企口的有效结合，为材料防水、构造防水创造了条件。

2）接缝宽度：外墙板接缝宽度设计应满足在热胀冷缩及风荷载、地震作用等外界环境的影响下，其尺寸变形不会导致密封胶的破裂或剥离破坏的要求；因此在设计时应考虑接缝的位移，确定接缝宽度，并使其满足密封胶最大容许变形率的要求；外墙板接缝宽度不应小于 10mm，一般设计宜控制在 10～30mm，接缝胶深度一般在 8～15mm。

3）节能措施：预制外墙构造应满足墙体的保温隔热要求；当采用夹心保温预制外墙时，穿透保温材料的连接件，宜采用安全可靠且传热系数低的材料；当采用金属构件连接内外叶板时，应避免连接钢筋的热桥。

4）防水材料：预制外墙板接缝采用材料防水时，必须用防水性能可靠的嵌缝材料；防水材料主要采用发泡芯棒与密封胶；外墙板接缝所用的密封材料应选用耐候性密封胶，耐候性密封胶与混凝土的相容性、低温柔性、最大伸缩变形量、剪切变形性、防霉性及耐水性等均应满足设计要求。

5）预制外墙（夹心保温）接缝构造做法，应符合相关规范标准规定。

预制混凝土外挂墙板（简称“PC 墙板”）是装配在主体结构上的非承重外围护挂板或装饰板，可在工厂批量加工后运至施工现场进行装配。PC 墙板广泛应用于公共建筑，主体结构可为框架类混凝土结构或钢结构；随着住宅产业化的不断推进，其在住宅建筑中的使用与研究也日益增多。

PC 墙板的构造尺寸应根据建筑立面特点进行划分，同时应考虑生产、运输和施工等因素的影响；墙板高度不宜大于 1 个层高，与主体结构可采用点支承连接或线支承连接，墙板、连接节点的承载力计算及构造措施应符合国家现行标准《装配式混凝土建筑技术标准》GB/T 51231、《装配式混凝土结构技术规程》JGJ 1 等的规定。

根据保温构造的不同，PC 墙板可分为单层混凝土墙板和夹心保温墙板，见表 7-1。单层混凝土墙板可与内外保温层、外饰面层相结合；夹心保温墙板是将保温材料置于内外叶墙体中间，通过连接件组成复合保温墙板。夹心保温墙板不仅安全性、耐久性好，而且，保温层、饰面层可同墙体集成为一体，在工厂内一次生产完成。夹心保温外墙板非常适合严寒、寒冷地区。

外挂墙板保温做法　　表 7-1

	单层墙板	单层墙板＋内保温层	夹心保温墙板
简图	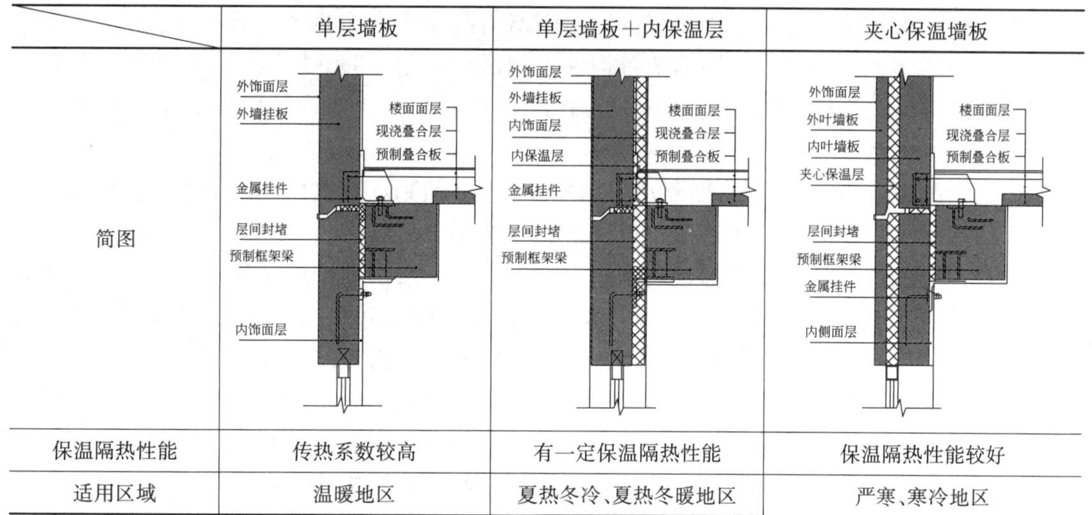		
保温隔热性能	传热系数较高	有一定保温隔热性能	保温隔热性能较好
适用区域	温暖地区	夏热冬冷、夏热冬暖地区	严寒、寒冷地区

PC 墙板自身防水性能良好，薄弱部位是墙板接缝和门窗接缝处。设计时要根据使用环境和设计使用年限要求选用合理的防水构造及防水材料。墙板接缝一般采用材料防水和构造防水相结合的做法，具体构造可参照国标图集《预制混凝土外墙挂板（一）》16J110-2　16G333；接缝宽度应满足主体结构的层间位移、温差引起的变形、各阶段公差（制作公差、位形公差、放线公差、安装公差等）及密缝材料的变形能力等要求，且不宜小于 10mm，当计算缝宽大于 30mm 时，宜调整外挂墙板的形式或连接方式。

二、预制内墙板设计要求

（1）预制内墙板设计应满足保温、隔热、隔声、防水和防火安全等技术性能及室内装修的要求，并减轻自重，有利于工业化生产。

（2）预制内墙宜结合装修、管线一体化集成设计。

（3）住宅部品与预制内墙的连接（如热水器、脱排油烟机附墙管道、管线支架、卫生设备等）应牢固可靠。

（4）内墙的侧面、顶端、底部与主体结构的连接应可靠，满足抗震及日常使用安全性要求。

（5）预制内墙的接缝处理宜根据工程实际需要采用适宜的连接方法（线＋点、点＋点、套筒连接），并采取构造措施防止装饰面层开裂剥落。

三、叠合楼板设计要求

（1）预制叠合楼板的设计应体现标准化、模数化，尽量减少板型规格。

（2）楼板规格尺寸应考虑运输、吊装和结构条件的可能。

（3）预制楼板连接节点的构造设计应满足结构、热工、防水、防火、保温、隔热、隔声及建筑造型设计等要求。

（4）叠合板设计厚度一般为 60～80mm。

四、其他预制构件设计要求

（1）带门窗洞口的墙板设计：墙板洞口尺寸偏差宜控制在±2mm 以内，外门窗应按此误差缩尺加工并做到精确安装；预制外墙板采用后装法安装门窗框，预制外墙板的门窗洞口应采用预埋经防火防腐处理的木砖、预留副框等构造措施与标准化门窗连接，确保连接的安全性、可靠性；并通过密封胶密封，门窗与混凝土构件的接缝不应渗水。

（2）预制阳台板设计：出挑的阳台构件采用部分预制、部分现浇的叠合构件；阳台预制构件的顶部外边缘应设置以斜面过渡，在阳台板底部外边缘设置凹槽滴水线或设置斜面，做好排水构造。

（3）预制空调板、空调机架设计：空调板为全板预制，上铁预留出足够的长度伸入相邻楼板的现浇层内一同浇筑成整体；空调机架可选用玻璃纤维。

（4）预制楼梯设计：预制梯板宜采用一端简支、一端滑动的连接方式；预制梯板搭置在支座上的长度不应小于50mm，且不宜小于层间塑性位移的2倍；预制梯板的简支连接端可采用螺栓连接或焊接；预制梯梁搭置在剪力墙上时，搭置的长度不应小于20mm；预制梯梁端部应设置抗剪键槽，纵向钢筋应采取可靠的锚固措施；预制楼梯宜采用清水混凝土饰面，采取措施加强成品保护；楼梯踏面的防滑构造应在工厂预制时一次成型。

（5）预制女儿墙设计：预制女儿墙应设置泛水收头构造措施，保证屋面防水系统的完整性与防水的严密性；预制女儿墙应采用与下部墙板结构相同的分块方式和节点做法，在女儿墙顶部设置预制混凝土压顶或金属盖板。

（6）预制遮阳板设计：为满足东西向外窗的遮阳及隔热要求，可在窗口部位设置遮阳构件，以满足东西向热工性能要求；遮阳构件的材料可以选用金属或其他材料；遮阳构件的宽度一般不宜小于600mm。

五、外遮阳集成设计

外遮阳集成设计既是一种外遮阳应用在建筑上的表现形式，又是一种外遮阳与建筑整合设计的方法论。外遮阳集成设计要求建筑应该从一开始设计的时候，就要将外遮阳系统包含的所有内容作为建筑不可或缺的设计元素加以考虑，巧妙地将外遮阳系统的各个部件融入建筑设计的相关专业内容中，使外遮阳系统成为建筑组成不可分割的一部分，而不是让外遮阳成为建筑的附加构件。

1. 外遮阳集成设计的基本目标

外遮阳集成设计的基本目标应该包括：

（1）降低能耗，高效低碳；

（2）满足室内热、光舒适性要求；

（3）建筑功能与美观的融合。

2. 外遮阳集成设计原则

新建外遮阳设施要与建筑设计同步进行，统一规划，同时设计、同时施工。改建、扩建和在既有建筑上安装外遮阳系统，应满足该部位的建筑围护、建筑节能、结构安全和电气安全要求。民用建筑外遮阳系统的应用，其规划设计应根据建设地点的地理位置、气候特征及太阳能资源条件，确定建筑的布局、朝向、间距、群体组合和空间环境，并应满足外遮阳系统设计和安装的技术要求。应结合建筑功能、建筑外观以及周围环境条件进行遮阳组件类型、安装位置、安装方式和色泽的选择，并使之成为建筑的有机组成部分。

7.2.2 结构设计协同

装配式建筑体型、平面布置及构造应符合抗震设计的原则和要求。为满足工业化建造的要求，预制构件设计应遵循受力合理、连接简单、施工方便、少规格、多组合的原则，选择适宜的预制构件尺寸和重量，方便加工运输，提高工程质量，控制建设成本。建筑承重墙、柱等竖向构件宜上下连续，门窗洞口宜上下对齐，成列布置，不宜采用转角窗。门窗洞口的平面位置和尺寸应满足结构受力及预制构件设计要求。宜采用功能复合度高的部件进行集成设计，优化部件规格；应满足部件加工、运输、堆放、安装的尺寸和重量要求。

7.2.3 设备与管线设计协同

设备与管线系统是由给水排水、供暖通风空调、电气和智能化、燃气等设备与管线组合而成，满足建筑使用功能的整体。设备管线应进行综合设计，减少平面交叉；竖向管线宜集中布置，并应满足维修更换的要求。建筑的部件之间、部件与设备之间的连接应采用标准化接口，预制构件中电气接口及吊挂配件的孔洞、沟槽应根据装修和设备要求预留。设备管线与预制构件上的预埋件应可靠连接。建筑宜采用同层排水设计，并应结合房间净高、楼板跨度、设备管线等因素确定降板方案。

装配式建筑应考虑公共空间竖向管井位置、尺寸及共用的可能性，将其设于易于检修的部位。竖向管线的设置宜相对集中，水平管线的排布应减少交叉。穿预制构件的管线应预留成预埋套管，穿预制楼板的管道应预留洞，穿预制架的管道应预留或预埋套管。管井及吊顶内的设备管线安装应牢固可靠，应设置方便更换、维修的检修门(孔)等。住宅套内宜优先采用同层排水，同层排水的房间应有可靠的防水构造措施。采用整体卫浴、整体厨房时，应与厂家沟通土建预留净尺寸及设备管道接口的位置。太阳能热水系统集热器、储水罐等的安装应与建筑一体化设计，结构主体做好预留预埋。

供暖系统的主立管及分户控制阀门等部件应设置在公共空间竖向管井内，户内供暖管线宜设置为独立环路。采用低温热水地面辐射供暖系统时，分、集水器宜配合建筑地面垫层的做法设置在便于维修管理的部位。采用散热器供暖系统时，合理布置散热器位置、供暖管线的走向。采用分体式空调机时，满足卧室、起居室预留空调设施的安装位置和预留预埋条件。采用集中新风系统时，应确定设备及风道的位置和走向。住宅厨房及卫生间应确定排气道的位置及尺寸。

确定分户配电箱位置，分户墙两侧暗装电气设备不应连通设置。预制构件设计应考虑内装要求，确定插座、灯具位置以及网络接口、电话接口、有线电视接口等位置。确定线路设置位置与垫层、墙体以及分段连接的配置，在预制墙体内、叠合板内暗敷设时，应采用线管保护。在预制墙体上设置的电气开关、插座、接线盒、连接管线等均应进行预留预埋。在预制外墙板、内墙板的门窗过梁及锚固区内不应埋设设备管线。

设备专业的协同与集成也是装配式建筑的重要部分。装配式建筑的水暖电设计应做到设备布置、设备安装、管线敷设和连接的标准化、模数化和系统化。施工图设计阶段，设备专业设计应对敷设管道作精确定位，且必须与预制构件设计相协同。在深化设计阶段，设备专业应配合预制构件深化设计人员编制预制构件的加工图纸，准确定位和反映构件中设备专业预留预埋，满足预制构件工厂化生产及机械化安装的需要。

酒店客房采用集成式卫生间，根据设备专业要求，确定管道、电源、电话、网络、通风等需求，并结合集成式卫生间内各设备的位置和高度，做好机电管线和接口的预留。

设备专业进行管线综合设计，采用BIM技术开展三维管线建模，通过与建筑、结构模型的综合，对设备专业管线进行调整，避免管线冲突、优化管线平面布置；竖向调整管线增加室内净空高度；对预制构件内的设备、管线预留预埋等做到精确定位，以减少现场返工。

一、同层排水系统技术解决方案研究

同层排水是“建筑排水系统中，器具排水管和排水横支管不穿越本层结构楼板到下层空间，且与卫生器具同层敷设并接入排水立管的排水方式”。排水横支管可沿墙敷设或地面敷设。我国以往工程的同层排水方式几乎都是降板留出排水横支管所需安装高度，并回填陶粒混凝土，再做地砖面层，全部是现场湿作业。这种传统做法跟不上装配式住宅尤其是装配式装修与机电一体化的步伐。同层排水敷设方式应根据使用对象及功能、室外环境、建筑标准、生活排水系统形式、排水立管管井位置、卫生用房面积、卫生器具布置、接入横支管方式、结构梁板条件、装修效果要求等诸多因素综合确定。

采用卫生间整体底盘和快装轻质隔墙系统、快装轻质吊顶系统组成整体卫生间，不降结构板，利用模块式快装地面系统的架空层空间同层敷设排水横支管，现场全部干式装配，安装效率提升3倍。装配整体卫生间如图7-6所示。

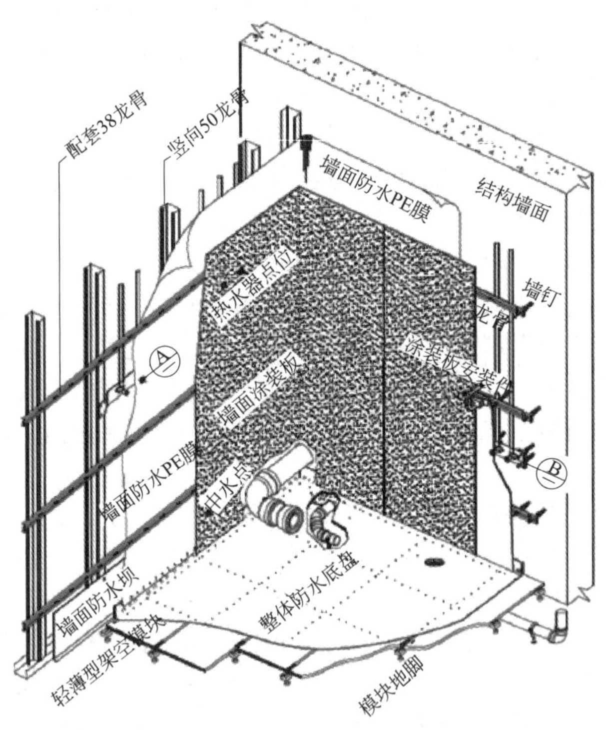

图7-6 装配整体卫生间

排水横支管敷设于最终装饰地面与结构楼板之间的架空层内，架空层高度为130mm。坐便器紧靠排水立管放置，并采用后出水形式，排水横管在最终装饰地面上接至排水立管。洗脸盆排水支管、洗衣机专用地漏排水管汇合后的排水横管与淋浴底盘地漏单独排水支管敷设于架空层内，并到管井内汇合后接入排水立管，架空层内排水管径最大为$De50$，管井内汇合后的排水横管管径为$De75$。这样做可以减小架空层内的排水管占用高度。地漏的最小高度为 85mm，布置位置尽可能靠近排水立管。*De*50 管段最小坡度按 0.012 排布，*De*75 管段最小坡度按 0.007 排布，使用专用支撑件（固定支架）在结构地面上按照上述坡度排至管井。架空层内排水横管采用 HDPE 管材或 PP 管材，胶圈承插连接（图 7-7）。

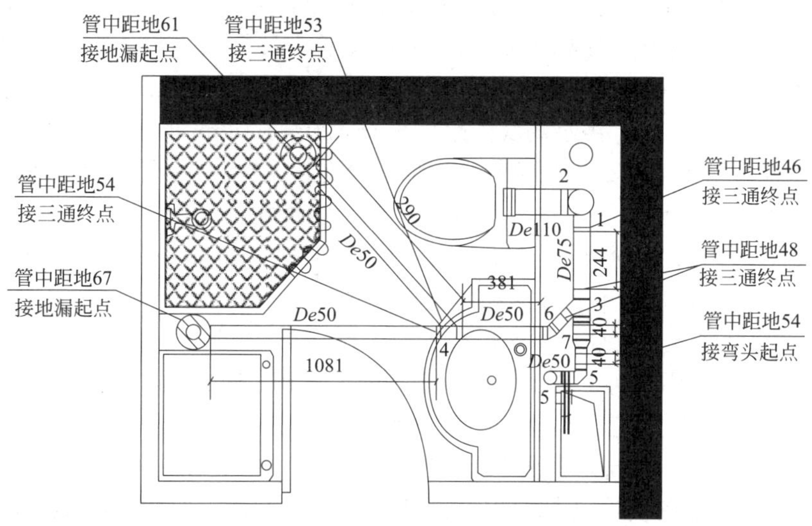

图 7-7　架空层内排水横管布置

1. 排水管管材和敷设方式的选用应注意的问题

选用排水管管材时，需要考虑材料的温变特性，塑料管道与钢筋混凝土之间的热膨胀系数相差的是级数关系。异层排水的横支管离楼板下表面的距离大约有 200mm，穿楼板的直管段形成自由端，随着管道热胀冷缩的变化，直管段可以微量弯曲来补偿。而处于同层排水回填层的弯头、三通都被定位，不能移动。当发生温度变化时，管道与管件之间的拉力，将形成巨大的应力。对于比较刚性的管材，及比较弱力的连接，直管便会与管件之间发生位移，从而引起渗漏。降板回填的同层排水方式几乎使漏水成为必然。所以选择管材时，应选用 HDPE 或 PP 排水管材。管道敷设在架空层内有利于缓解此问题。但是，需要有效地进行管道固定，并采用合适的管道布置和连接方式。设计时尽量减少排水横管与立管的直线连接，至少有 1 个弯头。管道连接采用胶圈承插连接，2 个承插式柔性接口之间的距离最远不得超过 3m，对于需要进行长度补偿时，可将管材完全插入承口之后再退出 10mm。管材管件之间的承插式柔性连接，可以吸收长达 10mm 的管道热膨胀。这个问题在国家现行的所有标准中都未提及，设计时应引起重视。

架空层内的排水塑料管应安装支架，支架的间距应按照表 7-2 的数据安装。固定支架应固定在结构板上，且支承力应大于管道因温度变化引起的膨胀力。

建筑排水塑料管的支架间距　　　　**表 7-2**

管道公称外径(mm)	32	40	50	75
横管(m)	0.5	0.5	0.5	0.75

2. 卫生间地漏处防水防渗漏应注意的问题

采用传统降板的做法，为了减缓回填层的沉降需加设 1 层 C20 细石混凝土配 $\phi6@150$

双向网。在后期需要进行回填层管道漏水维修时，此层处理会增加维修难度。因此大降板下排式的同层排水，会提高建筑成本，而且容易产生积水。

采取架空层的同层排水避免了上述无法维修的问题，不需要降板，但仍存在渗漏隐患，仍需采用两道防水。第一道为涂膜防水层，应从地面延伸到墙面，高出地面≥300mm。第二道 PVC 防水层应从地暖模块表面延伸到墙面，高出地暖模块表面≥100mm，门口处高出地暖模块表面 20mm。解决支管与装饰层之间的胀缩间隙渗水问题，最简单的技术措施，就是墙排。后出水马桶排水口中心距完成面 150～230mm，洗面器排水口中心距完成面 536mm，浴缸的底面跟楼板有 120～150mm 的间隙，墙排孔中心距底面 80mm，因此，所有的洁具均采用墙排，都不存在技术问题，剩下的就是地漏的防水问题。在地漏处可以参照雨水斗的防水方案，把地面防水层与地漏主体法兰固定在一起，采用类似的方案，可以解决地漏的外表面与装饰层之间的渗水问题，采用特殊的防温变防水型地漏，需要市场提高地漏产品性能和质量。

3. 防止排水立管支管管件反溢的措施

不降板或架空层同层排水，与其他排水系统的区别之一是地漏的表面与立管支管管件的垂直距离较小，有的只有几厘米，从而衍生出地漏反溢的风险，甚至有地漏里的水冲击出地面的风险。这些是传统异层排水系统不需要考虑的问题，在同层排水系统中，无论是双立管还是单立管系统，都应特别重视支管的反溢问题。排水试验塔上的试验表明这是立管支管管件的问题。因此，采用同层排水方式，对于立管的支管管件应有特殊要求。宜采用特殊单立管系统，并选择切向支管接入的旋流器；应采用顺水三通，其圆弧半径应大于 30mm。

4. 地漏流量应注意的问题

不降板同层排水，同时需要注意的问题是，在地面与排水横支管只有几十毫米高度的时候，流量会达到多少。横支管在充盈度 50%的情况下，标准坡度时，*DN*50 的管道是 0.6～0.7L/s。根据洁具标准，水嘴的流量，在较高压力下是 0.33L/s，淋浴花洒的流量，标准的是 0.15L/s。选用地漏的流量应≥0.4L/s，不可过小，也不可过大；口径为 *DN*50 的地漏，横支管管径为 *DN*50 的流量就可以满足一般住宅卫生间的排水需求，不需刻意加大管径。大降板（沉箱式）同层排水回填地面做法如图 7-8 所示。

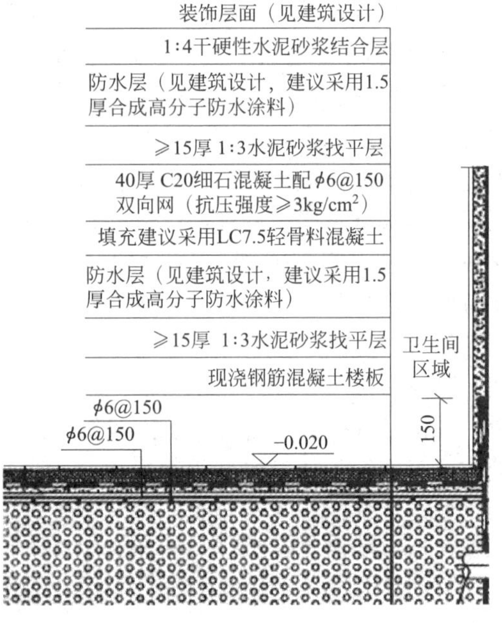

图 7-8　大降板（沉箱式）同层排水回填地面做法

5. 坐便器选择与安装应注意的问题

后出水坐便器有 2 种，落地式和壁挂式。根据《卫生陶瓷》GB 6952—2015，落地后排式坐便器的排水孔中心距底座的安装面的距离允许偏差是－10～＋15mm，即 25mm 的公差。排水立管预留的坐便器接口也会有偏差；卫生间地面装饰面层铺装同样会有偏差；地面找坡正负零的基准位置也会带来一定的偏差。这 4 个偏差合在一起，怎么才能做到落地式坐便器安装高度准确，做到排水不倒坡、不漏水、寿命长呢？工程上批量安装，这样的情况是很难对准的。同时也发现，没有一个规范表明可以使用软连接方式，况且软连接既不卫生，又不美观，又易损坏，需要频繁维修。采用何种方式消除解决工程批量安装下落地式的误差是特别需要注意的问题。一种办法是先施工户内卫生间洁具管道，后安装排水立管，施工组织上应考虑。另外，壁挂式后出水坐便器可以很好地解决此问题，工程设计过程中应充分注意。

6. 积水排除系统应注意的问题

无论是降板同层排水还是不降板或架空层同层排水方式，实际工程中都会出现渗漏水的积存，这已经成了同层排水工程的一大公害。积水排除系统就是为了排除这部分渗漏水。工程中，一方面需要完善施工工艺，避免漏水；另一方面，还需进一步深入研究，创造新模式、新产品，满足工程需要。

实践结论证明，同层排水技术还有许多问题要在实际工程中检验。最有保障的同层排水设计方式需要综合设计。随着建筑装修一体化的发展和需要，多专业联合设计越来越重要。

二、集成给水系统技术解决方案

装配式住宅机电系统追求工厂预制现场装配施工的理念，提出集成给水系统方案，快速即插安装的方式如图 7-9 和图 7-10 所示。

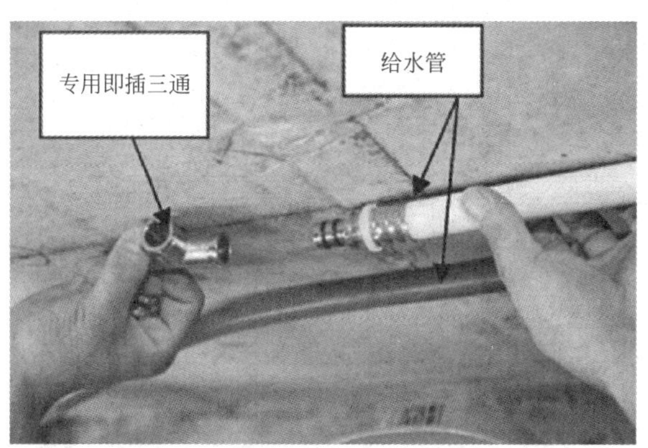

图 7-9　给水管专用装配管件即插安装

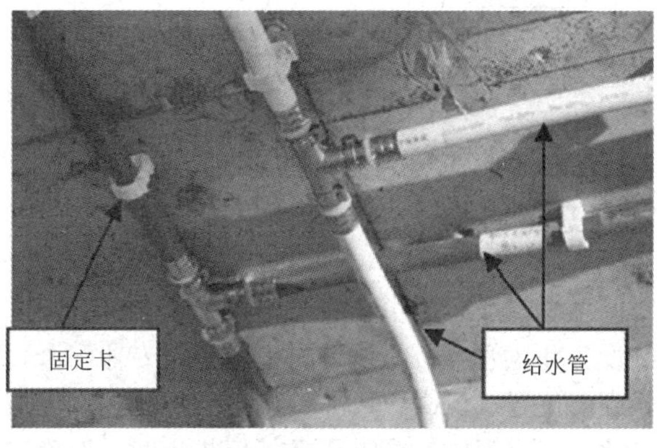

图 7-10　卫生间给水管吊顶内拼装

给水、热水及中水干管敷设于架空层内，由户外公共管井引至户内卫生间隔墙处，沿轻质隔墙竖龙骨间空腔引至卫生间吊顶内。在吊顶内用即插式给水连接件连接，通过三通管件或分水器分出接至各用水器具的支管，各支管再沿竖龙骨间空腔向下接至用水器具。各给水系统从三通分支处到洁具的整根支管分别在工厂加工完毕后运抵施工现场，在施工现场组装到位。根据各用水点的支管接管高度、数量及位置，现场在硅酸钙板上开洞。给水、热水及中水立管与部品水平管道连接的接口采用内螺纹活连接。从管井计量表阀门后至户内给水分支管道前的给水主管道采用铝塑复合管，水管整段不应有接头。即插式连接件采用不锈钢材质。此技术解决方案采用100%干式安装，效率提高，隔墙内和架空层内管线为整根管材无接头，所有接头均在吊顶内完成，防止漏水，便于检修（图7-11、图7-12）。

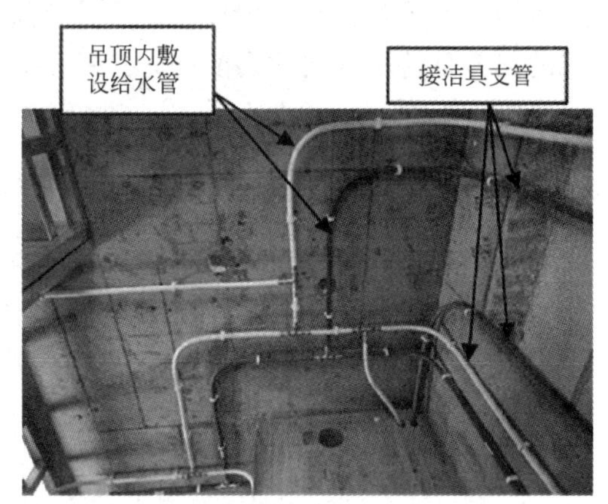

图7-11　吊顶内装配给水管

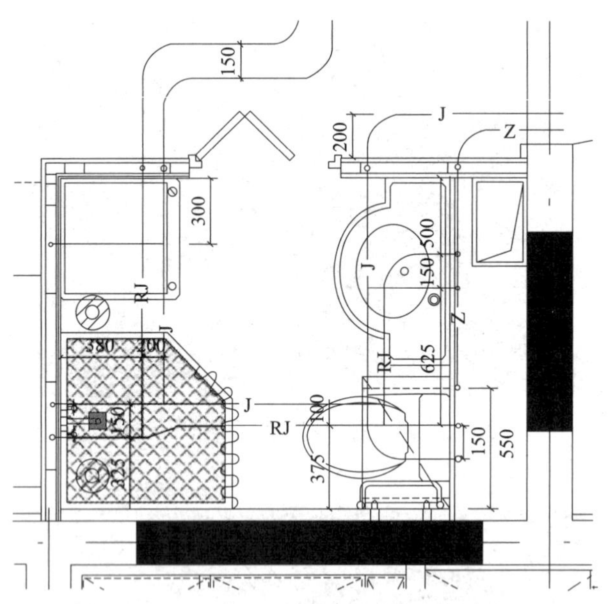

图7-12　卫生间给水集成系统

三、装配式混凝土住宅机电系统其他技术解决方案

1. 通风、空调

装配式住宅通风空调系统一般有卫生间排气扇、厨房排油烟机、燃气热水器排烟道、分体空调以及新风系统设备和风管。机电设计时应与建筑专业配合，确定分体空调室外机安装位置，确定冷媒管穿墙位置、标高、尺寸；确定厨房排油烟管道、燃气热水器排烟道的安装位置、标高、尺寸；卫生间排气扇需要在外墙排出时，要确定好位置，需特别注意卫生间外窗与梁之间是否有足够的预留空间。

2. 防排烟竖向风道

加压送风道适宜采用成品复合防火板，内层采用岩棉夹心板（从内到外依次为 1mm 厚镀锌钢板、50mm 厚岩棉、1mm 厚镀锌钢板）、外保护层采用 10mm 厚纤维水泥板。该方式只需要在预制楼板上预留相应孔洞，风道现场拼装。

7.2.4　内装修设计协同

内装系统是由楼地面、墙面、轻质隔墙、吊顶、内门窗、厨房和卫生间等组合而成，满足建筑空间使用要求的整体。装配式建筑的内装修设计应遵循建筑、装修、部品一体化的设计原则，部品体系应满足国家相应标准要求，达到安全、经济、节能、环保等各项标准，部品体系应实现电成化的成套供应。

部品和构件宜通过优化参数、公差配合和接口技术等措施，提高部品和构件互换性和通用性。装配式内装设计应综合考虑不同材料、设备、设施的不同使用年限，装修部品应具有可变性和适用性，便于施工安装、使用维护和维修改造。

装配式内装的材料、设备在与预制构件连接时宜采用 SI 住宅体系的支撑体与填充体分离技术进行设计，当条件不具备时宜采用预留预埋的安装方式，不应剔凿预制构件及其现浇节点，避免影响主体结构安全性。

一、吊顶

吊顶具有功能空间划分和装饰作用，应根据室内功能及装修整体风格进行设计和选用材料，合理选用吊顶形式及施工方法。

装配式建筑吊顶系统设计应符合下列规定：

（1）顶棚宜采用全吊顶设计，通风管道、消防管道、强弱电管线等宜与结构楼板分离，敷设在吊顶内，并采用专用吊件固定在结构楼板（梁）上；

（2）宜在楼板（梁）内预先设置管线、吊杆安装所需预埋件，不宜在楼板（梁）上钻孔、打眼和射钉；

（3）吊杆、龙骨材料的截面尺寸应根据荷载条件进行计算确定；

（4）吊顶龙骨可采用轻钢龙骨、铝合金龙骨、木龙骨等；

（5）吊顶面板宜采用石膏板、矿棉板、木质人造板、纤维增强硅酸钙板、纤维增强水泥板等符合环保、消防要求的板材。

吊顶内宜设置可敷设管线的吊顶空间，吊顶宜设有检修口。

吊顶宜采用集成吊顶。设置集成吊顶是为了在保证装修质量和效果的前提下，便于维修，从而减少剔凿，保证建筑主体结构在全生命期内安全可靠（图 7-13）。

二、地面

地面部品从建筑工业化角度出发，宜采用可敷设管线的架空地板系统的集成化部品。

《装配式建筑全装修技术规程（暂行）》DB21/T 1893—2011 中规定，架空地板系统设计应符合下列规定：

（1）在住宅的厨房、卫生间等因采用同层排水工艺而进行结构降板的区域，宜采用架空地板系统，架空地板内敷设给水排水管线等；

（2）架空地板高度应根据排水管线的长度、坡度进行计算；

（3）架空地板系统由边龙骨、支撑脚、衬板、地暖系统、蓄热板和装饰面板组成；

图 7-13　集成吊顶

(4) 衬板可采用经过阻燃处理的刨花板、细木工板等，厚度应根据荷载条件计算确定。

夏热冬暖地区没有供暖需求，架空地板系统中不包含地暖系统和蓄热板。

架空地板系统，在地板下面采用树脂或金属地脚螺栓支撑，架空空间内铺设给水排水管线，在安装分水器的地板处设置地面检修口，以方便管道检查和修理使用。架空地板系统可以在建筑空间全部采用也可部分采用，如果房间地面内无给水排水管线，地面构造做法满足建筑隔声要求，该建筑可不做架空地板系统。架空地板系统主要是为实现管线与结构主体分离，管线维修与更换不破坏主体结构，实现百年建筑；同时架空地板也有良好的隔声性能，提高室内声环境质量（图 7-14、图 7-15）。

图 7-14　架空地板系统

图 7-15　同层排水

三、墙面

装配式建筑的平面布局宜采用大开间、大进深的形式，宜采用轻质内隔墙进行使用空间的分隔，隔墙集成程度（隔墙骨架与饰面层的集成）、施工便捷、效率提高是内装工业化水平的主要标志。目前采用的隔墙有：轻质条板类、轻钢龙骨类、木骨架组合墙体类等。隔墙应在满足建筑荷载、隔声等功能要求的基础上，合理利用其空腔；隔墙应为预制集成产品，并应与门窗洞口及地面尺寸协调，并便于现场安装；隔墙面板应根据功能、效果及用途合理选择（图 7-16）。

图 7-16　集成墙面系统

《装配式建筑全装修技术规程（暂行）》DB21/T 1893—2011 规定，轻质内隔墙设计应符合下列规定：

（1）建筑外墙的室内墙板宜设置架空层；

（2）分户隔墙、楼电梯间墙宜采用轻质混凝土空心墙板、蒸压加气混凝土墙板、复合空腔墙板或其他满足安全、隔声、防火要求的墙板；

（3）内隔墙宜采用轻质隔墙并设置架空层，架空层内敷设电气管线、开关、插座、面板等电器元件；

（4）内隔墙上需要固定电器、橱柜、洁具等较重设备或其他物品时，应在骨架墙板上采取可靠固定措施，或在龙骨上设置加强板；

（5）住宅套内空间和公共建筑功能空间内隔墙可采用骨架隔墙板，面板可采用石膏板、木质人造板、纤维增强硅酸钙板、纤维增强水泥板等。

四、收纳

收纳是建筑空间不可缺少的组成部分，是围合建筑空间的基本元素。室内装修中设置的收纳部品宜采用整体收纳的形式，整体收纳选型应采用标准化内装部品，安装应采用干式工法的施工方式。

收纳系统的设计，应充分考虑人体工程与室内设计相关的尺寸、收取物品的习惯、视线等各方面的因素，使收纳具有更好的舒适性、便捷性和高效性。

收纳系统宜与建筑隔墙、固定家具、吊顶等结合设置，也可利用家具单独设置。收纳系统应能适应使用功能和空间变化的需要。

收纳系统的设计应布局合理、方便使用、宜采用步入式设计，墙面材料宜采用防霉、防潮材料，收纳柜门宜设置通风百叶。

收纳系统包含门厅（玄关）收纳、卧室收纳、起居室（客厅）收纳、阳台收纳、厨房收纳、卫生间收纳等，典型功能空间收纳效果如图 7-17 所示。

(a) 门厅（玄关）收纳

(b) 卧室收纳

(c) 起居室（客厅）收纳

(d) 厨房收纳

图 7-17　典型功能空间收纳效果图

五、整体厨房

装配式建筑室内装修中设置的厨房宜采用整体厨房的形式，整体厨房选型应采用标准化内装部品，选型和安装应与建筑结构体一体化设计施工；整体厨房的给水排水、燃气管线等应集中设置、合理定位，并设置管道检修口。

整体厨房是住宅建筑中工业化程度比较高的部品，基本上都是工厂化生产现场组装。整体厨房部品采用标准化、模块化的设计方式，设计制造标准单元，通过标准单元的不同组合，使用不同空间大小，达到标准化、系列化、通用化的目标。

整体厨房功能模块包括收纳、洗涤、操作、烹饪、冰箱、电器等功能及设施，应根据套型定位合理布局。厨房模块中的管道井应集中布置。

六、整体卫浴

卫生间的使用与使用者的日常生活关系密切，无论从功能方面还是性能方面，都决定

着建筑的品质。卫生间模块包括如厕、洗浴、盥洗、洗衣、收纳等功能，应根据套型定位及一般使用频率和生活习惯进行合理布局（图 7-18）。

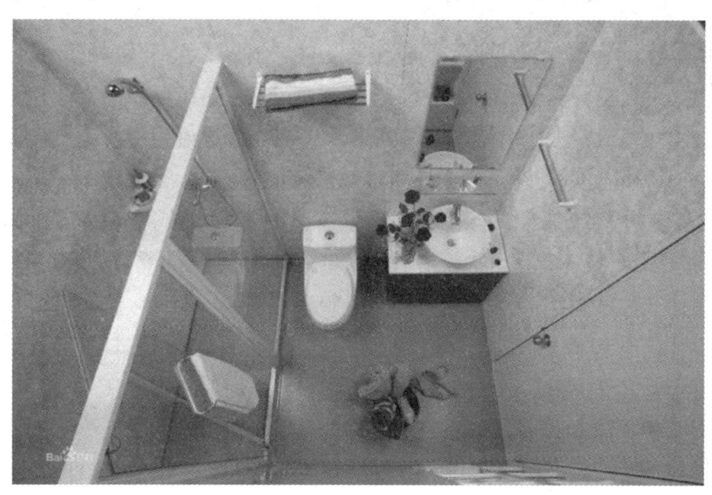

图 7-18 整体卫浴的典型布置图

在卫生间的选择与配置上，宜采用标准化的整体卫浴内装部品，选型和安装应与建筑结构体一体化施工。整体卫浴设计宜采用干湿分离方式，同层给水排水、通风和电气等管道管线连接应在设计预留的空间内安装完成，并在与给水排水、电气等系统预留的接口连接处设置检修口；整体卫浴的地面不应高于套内地面完成面的高度。

整体卫浴是以防水底盘、墙板、顶盖构成整体框架，结构独立，配上各种功能洁具形成的独立卫生单元，具有洗浴、洗漱、如厕三项基本功能或其他功能之间的任意组合。

整体卫浴是工厂化产品，是系统配套与组合技术的集成，整体卫浴在工厂预制，采用模具将复合材料一次性压制成型，现场直接整体安装在住宅上，适应建筑工业化与建筑长寿化的需求，可方便重组、维修、更换。另外，工厂的生产条件、质量管理等都要比传统卫浴装修施工现场好，有效提高了住宅质量，提高了施工效率，降低了建安成本。同时也实现了部品部件化，将质量责任划清，便于工程质量管理以及保险制度的实施。

整体卫浴应符合《整体浴室》GB/T 13095—2008、《住宅整体卫浴间》JG/T 183—2011 的规定，内部配件应符合相关产品标准的规定。一般要求如下：（1）整体卫浴内空间尺寸偏差允许为±5mm；（2）壁板、顶板、防水底盘材质的氧指数不应低于 32；③整体卫浴间应有在应急时可从外面开启的门；④坐便器及洗面器产品应自带存水弯或配有专用存水弯，水封深度至少为 50mm。

7.3 工程总承包一体化管理模式

7.3.1 一体化管理思路

EPC 工程总承包模式是国际通行的建设项目组织实施方式，设计、采购、施工任务可有序交叉进行，适合于装配式建筑的发展。一体化建造的发展理念与 EPC 工程总承包管理模式契合度很高。EPC工程总承包模式能够有效解决设计、生产、施工脱节，产业链不完善，信息化程度低，组织管理不协同等问题。EPC工程总承包模式是实现一体化建造的必然选择。

（1）EPC工程总承包模式有利于实现工程建设的高度组织化。工程建设采用EPC工程总承包模式管理，业主只需表明投资意图，完成项目的方案设计、功能策划等，之后的工作全部交由总承包完成。从设计阶段，总承包单位就开始介入，全面统筹设计、生产、采购和装配施工，有利于实现设计与构件生产和装配施工的深度交叉和融合，实现设计—生产—施工—运营全过程统一管理，实现工程建设的高度组织化，有效保障工程项目的高效精益建造。借助BIM技术，全面考虑设计、制造、装配的系统性和完整性，真正实现“设计、生产、装配的一体化”，发挥装配式建筑的优势。

（2）EPC工程总承包模式有助于消解装配式建筑的增量成本。装配式建筑在推进过程中存在的突出问题之一就是PC构件增量成本问题，在EPC工程总承包管理模式下，总承包商作为项目的主导者，从全局进行管理，设计、生产、施工、采购几个环节深度交叉和融合，在设计阶段确定构件部品、物料，然后进行规模化的集中采购，减少项目整体采购成本。在总承包商的统一管理下，各参与方将目标统一到项目整体目标，以项目整体目标最低为标准，全过程优化配置使用资源，统筹各专业和各参与方信息沟通与协调，减少工作界面，降低建造成本。

（3）EPC工程总承包模式有利于缩短建造工期。在EPC工程总承包模式下，对工程项目进行整体设计，在设计阶段制定生产、采购、施工方案，有利于各阶段合理交叉，缩短工期。还能够保证工厂制造和现场装配式技术的协调，以及构件产出与现场需求相吻合，缩短整体工期。借助BIM技术，总承包商统筹管理，各参与方、各专业信息能够及时交互与共享，提高效率，减少误差，避免了沟通不畅，减少了沟通协调时间，从而缩短了工期。

（4）EPC工程总承包模式能够整合全产业链资源，发挥全产业链优势。装配式建筑项目应用传统项目管理模式突出问题之一就是设计、生产、施工脱节，产业链不完善，而EPC工程总承包模式整合了全产业链上的资源，利用信息技术实现了咨询规划、设计、生产、装配施工。管理的全产业链闭合，发挥了最大效率和效益。

（5）EPC工程总承包模式有利于发挥管理的效率和效益。发展装配式建筑有两个核心要素：技术创新和管理创新，现阶段装配式建筑项目运用新的技术成果时仍采用传统粗放的管理模式，项目的总体质量和效益达不到预期的效果，应用EPC工程总承包模式能够解决管理中的问题，解决层层分包、设计与施工脱节等问题，充分发挥管理的效率与效益。

政府层面正逐步加强政策引导，推广装配式建筑工程总承包模式，不断完善EPC工程总承包项目的招标投标办法，并出台一系列激励政策，行业和企业积极响应，共同培育装配式建筑示范工程、装配式建筑产业基地等，有实力的装配式建筑设计、施工和构件生产企业正在努力向EPC工程总承包企业转型。装配式建筑EPC总承包模式下，业主和总承包商需合理划分风险承担范围，明确各自的权责和管理界面。总承包企业需创新管理方式，完善EPC管理组织体系，研究并提高装配式建筑设计、生产、施工一体化技术，提高信息化管理水平，提高装配式建筑EPC工程总承包管理的效率和效益。

7.3.2 一体化管理组织架构

EPC工程总承包管理需专门设置总承包项目组织，适当控制管理跨度，划分层次，并对人员进行分工以提高组织效率，在项目实施的不同阶段，动态配置技术和管理人员，对项目组织进行动态管理。

EPC总承包项目管理组织机构模式，要有企业保障层和EPC总承包项目层。企业保障层包括设计院、技术中心、集采中心、项目管理部、工厂管理部、市场部/合作发展部/融投资管理部、商务法务部等，EPC总承包项目层包括EPC总承包项目经理、设计副总经理、生产副总经理、商务副总经理、质量副总经理、安全副总经理、项目书记/综合办公室经理等，两级管理明确职责、加强联动。在企业和项目两级管理下，施工作业层各专业协同合作，共同完成施工任务。

7.3.3 一体化全要素管理机制与流程

一、招标投标管理

装配式建筑可按技术复杂类工程项目招标投标，业主可依法采用招标或直接发包的方式选择工程总承包单位。

EPC工程项目在建设方案初期即可进行招标，能够减少招标时间，有效缩短工期。EPC工程总承包模式，业主只需与总承包单位签订1个合同，且能有效规避设计、采购、施工等方面的风险。但总承包商需加强分包管理，保证分包工程质量。EPC总承包合同宜采用固定总价合同，业主能在初期明确整个项目的最终成本。

装配式建筑EPC工程总承包项目的招标投标办法尚在不断完善，政府与行业需加快制定招标投标管理办法和管理文件范本，企业需在装配式建筑EPC总承包项目管理的实践中总结经验，整合设计、施工和总承包管理资源，培养相应的技术人员和管理人员，提高自身的专业能力和管理能力，提高在投标活动中被业主认可的程度。

二、设计、生产、施工管理

1. 一体化管理原则

工程建造组织化EPC工程总承包管理模式将装配式建筑工程建设的全过程连接为一体化的完整产业链，可促进生产关系与生产力相适应，技术体系与管理模式相适应，以实现资源的优化配置。需明确工程建设单位的职责定位，激活工程总承包方的统筹能力，推进工程设计、采购、制造、施工的无缝衔接。

工程建造系统化EPC工程总承包模式的优势在于系统化管理，包括全过程的系统化规划，设计、生产和装配技术的系统化集成，设计、生产和装配计划的一体化制定。设计时就要考虑便于工厂规模生产和现场组装，使装配式建筑的优势得以发挥。

2. 设计管理

装配式建筑的规模和结构等可在设计中得到体现，需要的构件和材料等在设计时也基本确定。项目的质量、进度和成本控制必须从设计开始，需发挥设计主导作用，实现系统化建造要求。设计方在产品设计过程中统筹分析，并进行从设计到采购、生产、装配全过程一体化的统筹，提升设计品质，保证各工作环节的协同。

在技术策划阶段就应充分了解项目的建设条件，建筑与结构、内装、机电等专业协同确定建筑结构体系、建筑内装体系、设备管线综合方案，遵循标准化、模块化、一体化的设计原则，制定合理的建筑设计方案，提高预制构件和内装部品的标准化程度；应与建筑设计方协同确定建筑结构体系，以建立以预制装配为核心的装配建造技术体系为原则。在方案设计阶段，应根据技术策划要点进行标准化模块化平、立面设计，同时满足个性化要求；总平面设计应充分考虑预制构件运输、存放、装配化吊装施工等因素，进行运输通道和构件临时堆场的设计。在初步设计阶段，进行构件拆分设计，优化构件类型。在施工图设计阶段，进行预制构件拆分等深化设计并进行钢筋碰撞检查。在预制构件加工图设计阶段，设计单位与工厂协同确定预留预埋定位精度要求及措施，与施工单位确定外架及支撑预留孔与预埋件等。

3. 生产管理

根据全过程一体化原则，建立关键技术的协同机制，使生产满足设计要求，便于现场高效装配。建立完善的生产质量管理体系，设置产品标识，提高生产精度，保障产品质量。

生产与设计协同管理，根据生产技术条件拟定可实施的技术方案。生产方应配合设计方进行预制构件拆分，提供工厂生产模台尺寸和起重机、吊重等资料，应配合结构设计方进行预制构件连接节点设计、构件钢筋标准化配筋设计、构件钢筋优化构造设计及预留预埋设计，协同确定预留预埋定位精度要求及措施。对于标准图集以外的复杂构件，需与装配施工协同，进行构件脱模、吊装、堆放、运输、装配、装修施工等各种工况下的受力计算，制定生产、施工方案，并需考虑施工顺序及支架拆除顺序的影响。

预制结构构件、机电、内装部品、外围护部品的生产宜采用智能化生产技术。预制工厂在生产前需做好准备工作，包括生产计划、技术交底等，在生产过程中做好计划控制、质量检验等，努力提高钢筋自动化加工技术、钢筋骨架自动化组装技术、配套模具设计技术、模具装拆技术、混凝土自动化浇筑等技术的标准化、自动化水平，提高预制构件精度，便于构件精准连接。

4. 施工管理

施工管理贯穿于项目全过程，包括前期阶段、设计阶段、施工阶段、试运行和竣工验收阶段。

需注重设计、采购、装配施工的衔接管理，EPC 总承包项目各阶段的接口管理直接关系到项目运行顺畅与否，是项目交叉管理的重点。应明确接口管理的具体内容及责任人，根据工作内容及责任人清单，要求相关人员编制专业交叉接口管理方案（包括具体内容及协调管理机制）。

施工阶段的交叉管理工作内容复杂、牵涉人员多、利益主体多、协调难度大。应根据实际工作及进度安排，具体描述施工交叉工作内容，明确交叉深度、责任人，制定施工交叉管理方案，确保各指定分包单位的穿插作业正常进行。

三、采购与配送管理

1. 采购管理

与传统管理模式相比，EPC 总承包管理模式下设计、采购可合理交叉，在设计阶段便确定工程项目建造全过程中的物料、部品部件和分包供应商。采购人员可将产品型号、市场价格、供应商信息等与设计人员及工程人员共享，三方共同择优选择，明确采购需求。

采购程序包括采买、催交、运输、中转与交付、现场物资管理等，需制定项目采购计划。根据采购预算，通过使用标准化的采购流程，利用大规模采购和就近采购来完成采购任务，降低成本，减少库存，缩短工期。

根据项目总体部署、项目进度计划和BIM模型推算出项目材料、设备需求量，通过云筑网、BIM信息化管理等平台对招采信息进行统一管理。材料设备需求计划充分考虑项目招标及合同评审时间、物资加工制作周期、物流运输周期等时间，以保证通过合理的工作时间来满足现场项目部对物资的使用需求。

对项目所需的材料、设备在云筑网、BIM信息化管理等平台建立供应商档案，该档案数据接入项目管理平台，由商务部门负责供应商的评审工作。与配合情况良好的供应商建立战略合作关系，降低采购成本。

2. 配送管理

为了更好地指导构件和部品配送工作，确保构件和部品能及时、妥当地送至现场，需制定配送管理方案。配送计划的内容主要为业主需求计划、配送作业和配送预算，制定的依据主要有业主需求计划、构件特性、运力配置、现场分布、送货路线、送货距离等情况，运输和装卸条件、各配送构件是否适应配送业务的要求等内容。

四、信息化管理

装配式建筑是工业化与信息化相结合形成的产品，是形成智慧建筑的必经之路，是建筑业转型升级的方向。装配式建筑EPC总承包的信息化管理是EPC工程总承包管理中非常重要的部分，需建立在装配式建筑一体化数字化建造和装配式建筑全生命周期信息化管理2个核心理念之上，这2个理念是装配式建筑EPC工程总承包信息化管理的指导依据和最终目的。

设计、采购、生产、施工可看作装配式建筑EPC工程总承包项目大系统下的若干子系统，总承包单位通过合理的组织架构和先进的信息化管理手段，如建立总部信息中心与各层子系统的信息装置连接，支持各子系统的运算工作，对各子系统进行统一的集成管理，进而形成装配式建筑EPC工程总承包信息化管理。

建立EPC总承包模式下的信息化管理系统，包括设计模型信息模块、物料集中采购信息模块、商务成本信息模块、工程建造与进度管理模块、项目合同信息模块与全过程质量管理和安全管理模块等。在项目信息化管理中应用BIM技术，可提高设计、采购、生产、施工的效率和质量。

1. 基于BIM的协同设计

建筑、结构、机电、装修一体化数字化设计，各专业应以统一的BIM模型为基础，应用设计信息化技术，进行建筑模型、结构模型、机电模型的协同和组装，碰撞检查与规避，三维可视化、体系化、模数化拆分与深化设计，建立与BIM模型相关联的数据信息以及部品部件BIM族库，各专业、各工作间的数据顺畅流转、无缝衔接。

2. 基于BIM的集中采购管理

集中采购需强大的响应能力，BIM能快速准确地制定项目资源计划，也可快速应对项目资源计划变更，保证项目部的用料计划。利用BIM可提升企业对项目采购数据的支持能力和管控能力，提升项目采购的计划性、准确性。总承包企业应积极采用云筑网、

BIM 信息化管理等平台对采购信息进行统一管理。

3. 基于 BIM 的数字化生产管理

实现生产管理的信息化，首先需利用信息化自动加工技术实现构件的自动化加工，然后通过信息化管理技术进行设计导入生成数字化生产信息，进行生产全过程信息实时采集管理等。

工厂生产信息管理系统以自动生成的生产数据信息为基础，结合RFID、二维码等物联网技术及移动终端技术，实现生产排产、物料采购、模具加工、生产控制、构件质量、库存和运输等信息化管理。

4. 基于 BIM 的现场装配信息化管理

基于 BIM 设计模型，将 RFID 与物联网等技术相结合，在装配过程中可调取设计、生产和运输等信息，根据实际情况实时动态调整，实现以装配为核心的设计、生产、装配无缝衔接的信息化管理。应用 BIM 进行构件运输和安装方案的信息化控制、装配现场的工作面管理、施工方案及工艺模拟与优化、构件的三维可视化指导操作、装配现场的进度信息化管理、劳务人员信息化管理。

五、业主管控

在 EPC 工程总承包项目的定义阶段，业主需负责项目建议书可行性研究和投资决策；在规划阶段，业主对功能设计、建造标准、施工图设计进行决策协调；在建造阶段，业主应加强 EPC 工程总承包项目的全过程管理，管控目标包括工程进度目标、工程成本目标、工程功能目标、工程质量目标、工程安全目标等；在项目验收阶段，组织竣工验收和项目评估。装配式建筑的业主应积极应用 EPC 工程总承包模式，自行管理或委托项目管理单位进行管理。业主需在工程建设过程中对总承包商的工作进行检查，以确保总承包商的服务质量，确认项目建设处于整体受控状态。业主可根据工作的重要程度，通过合同约定，把对总承包商的管理工作分为审批、审查和审阅等。

第 8 章 工程案例

8.1 深圳市长圳公共住房项目

8.1.1 工程概况

深圳市长圳公共住房工程项目建筑面积为 115 万 m^2，最大建筑高度为 150m，由 24 栋住宅楼组成，住宅数量为 9672 套，是全国最大的装配式公共住房项目。项目采用 3 种符合国家标准要求、成熟的装配式建筑体系，其中钢-混凝土组合结构装配式住宅装配率为 92%，综合指标达到 AAA 级；100m 装配式剪力墙结构住宅装配率为 81%，综合指标达到 AA 级；150m 住宅不参与国标评价，符合深圳市装配式标准要求。采用基于“建筑师负责制”的“EPC 总承包＋全过程工程咨询”创新管理模式，在投资、用地等条件有限的情况下，打造“人文、高效、健康”的高品质住宅，就必须突破常规，在技术上创新、在管理上创新。深圳市长圳公共住房工程项目现场如图 8-1 所示。

图 8-1 深圳市长圳公共住房工程项目

8.1.2 技术应用

一、预制装配式混凝土结构全产业链智能建造平台

本项目应用了中建科技装配式建筑智能建造平台（图 8-2），该平台由模块化设计、云筑网购、智能工厂、智慧工地、幸福空间 5 大部分组成，对设计环节、生产环节、施工环节的关键技术进行平台化集成。平台在设计阶段实现生产、施工、运维的前置参与，生产阶段、施工阶段和运维阶段各参与方的需求与要求前置，即在设计阶段就可以实现全过程的模拟预演，生产、施工、运维阶段在系统上调取本阶段的信息实现信息交互。

图 8-2　中建科技装配式建筑智能建造平台

二、预制装配式混凝土结构全产业链关键技术集成与协同技术

对全产业链关键技术进行梳理，从适应性、匹配性、成本效益等多个维度，进行装配式混凝土结构全产业链关键技术的优化与集成，进行设计、生产、装配技术协同研究及应用。项目针对现有装配式混凝土结构设计、加工、装配全过程中建筑、结构、机电、装修、部品各自单项技术难以协同集成应用、相互脱节，难以发挥全产业链效用的关键问题，对全产业链关键技术协同技术进行了研究与应用。构建设计产品利于工厂规模化生产、利于现场高效化装配的关键技术协同机制，形成装配式混凝土建筑、结构、机电、装修、部品一体化和设计、加工、装配一体化的关键技术协同标准。

1. 设计、生产、装配一体化和建筑、结构、机电、内装一体化的关键技术协同标准

遵循建筑、结构、机电、装修一体化，设计、生产、装配全过程一体化的原则，进行协同设计、协同生产、协同装配。研究建立了基于同一平台下不同专业的同步设计，在扩初设计、施工图设计、深化设计的关键环节中，不同专业互为条件，协同设计。研究建立了策划为主，基于深化设计各方交互的设计、生产、装配的协同工作流程：整体策划阶段将生产、装配施工信息前置，以生产、装配高效便捷为约束条件开展设计；深化设计阶段将施工图设计、模具设计、生产加工和装配方案进行信息交互和协同。

2. 标准化设计技术应用

建立并规范建筑、结构模数协调规则，坚持少规格、多组合原则，以标准化设计为基础，通过模数协调和系列组合实现个性化产品。具体体现在平面标准化、立面标准化、构件标准化、部品的标准化 4 个方面。通过标准化设计实现设计、生产、装配的一体化。

3. 装配整体式混凝土结构技术体系

（1）具体的技术方法

在 100m 住宅的结构体系中采用 2 种形式的装配整体式剪力墙结构。

100m 高层住宅 A 类：套筒灌浆剪力墙-装配整体式混凝土结构。

100m 高层住宅 B 类：双面叠合剪力墙-装配整体式混凝土结构。

（2）实施成效

通过对不同的装配整体式混凝土剪力墙结构形式进行示范（图 8-3），从设计、生产、施工多个方面对比各自优缺点，为我国装配式建筑的发展提供支撑。

· 竖向构件：装配式剪力墙

· 围护构件：预制带凸窗外墙

· 预制楼板：预制预应力倒双T板

· 其他构件：预制叠合梁复合内墙、预制阳台、预制楼梯

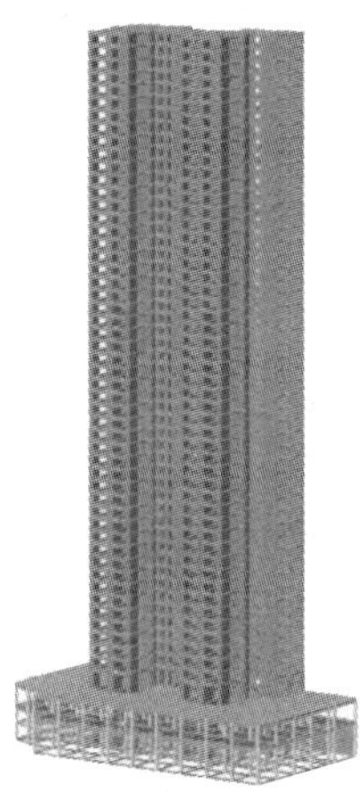

图 8-3　装配整体式剪力墙结构示范

4. 双面叠合剪力墙结构体系

（1）具体的技术方法

双面叠合剪力墙结构体系是以叠合式楼板和叠合式墙板为主体，辅以部分现浇混凝土构件，共同形成的剪力墙结构。其中，叠合式墙板的预制部分由两层预制板与桁架钢筋制作而成，现场安装就位后，在两层板中间浇筑混凝土以形成整体式剪力墙。双面叠合剪力墙结构体系优点见表 8-1。

双面叠合剪力墙结构体系优点　　**表 8-1**

技术体系	投标方案	提升标准	优点
15＃楼 双面叠合剪力墙结构体系	部分竖向承重墙体采用 “预制剪力墙”	部分竖向承重墙体采用 “双面叠合剪力墙”	工业化程度更高， 施工周期短

（2）实施成效

双面叠合剪力墙结构体系，工业化程度更高，施工周期短。叠合剪力墙不需要套筒或浆锚连接，具有整体性好、板的两面光洁的特点。叠合剪力墙综合了预制结构施工进度快及现浇结构整体性好的优点，预制部分不仅大范围地取代了现浇部分的模板，而且还为剪力墙结构提供了一定的结构强度。

5. 预制楼板技术

（1）预制预应力叠合楼板

在 100m 高层住宅中楼板采用“预制预应力叠合楼板”，PK 预应力混凝土叠合板是在预制的带肋薄板的肋上预留孔中布置垂直于预制构件的钢筋后再加浇 1 层现浇混凝土而形成的一种装配整体式楼板，如图 8-4、图 8-5 所示。

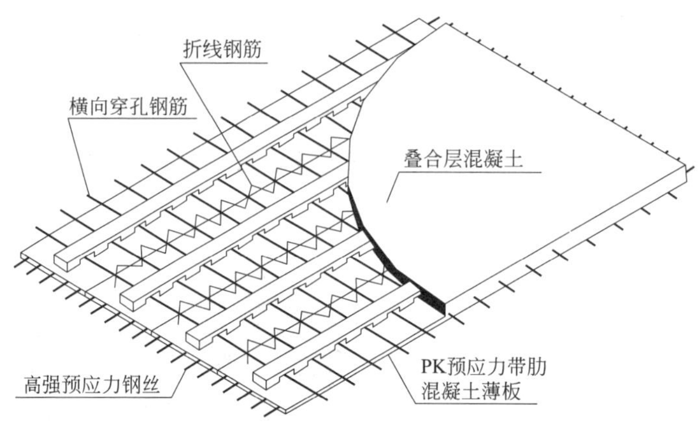

图 8-4　预制预应力叠合楼板

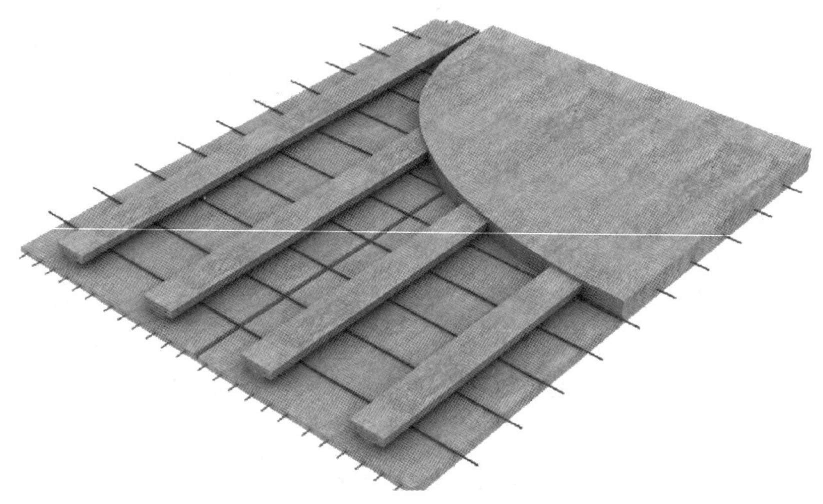
图 8-5　便于生产和施工的预制预应力叠合楼板

实施成效：1）整体性、抗裂性好，刚度大，承载力高；2）由于设置了板肋，不易折断，且更易控制反拱值；3）施工阶段不需或少需支撑，可有效节省模板和支撑，施工简便、快捷；4）与普通现浇楼板相比可以缩短工期 1/3；5）是国际上比较通用的自动化长线台生产工艺，效率高，成本低。

（2）双 T 板装配式楼盖系统

在车库和商场的楼板采用“双 T 板装配式楼盖系统”（图 8-6），预制预应力双 T 板是梁、板结合的预制钢筋混凝土承载构件，由宽大的面板和 2 根窄而高的肋组成。在单层、多层和高层建筑中，双 T 板可以直接搁置在框架梁或承重墙上，作为楼盖或屋盖结构。

实施成效：预制预应力双 T 板（图 8-7），具有良好的结构力学性能，简洁的几何形状，没有“胡子筋”，工业化程度高，免次梁，免支模，施工简便、建造周期缩短，降低综合成本，且能够实现楼板的大跨度布置，采用中建科技改进的生产工艺，生产效率可以提高 3 倍。

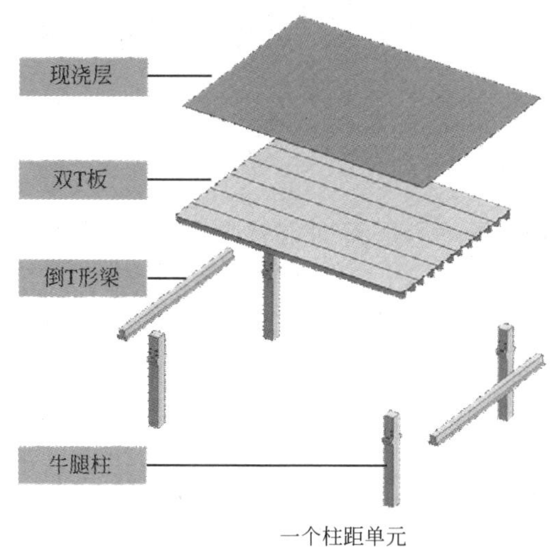

图 8-6　双 T 板装配式楼盖系统

图 8-7　便于生产和施工的预制预应力双 T 板

6. 构件与配套工装及资源的一体化

构件设计符合运输限高、限宽的要求，符合塔式起重机吊运能力、吊运半径等的要求；构件设计满足生产的工艺要求（模台大小、钢筋笼成型、模具安拆、预留预埋安放）、装配工法要求（吊装支撑预留预埋、安装顺序、节点连接）（图 8-8）。

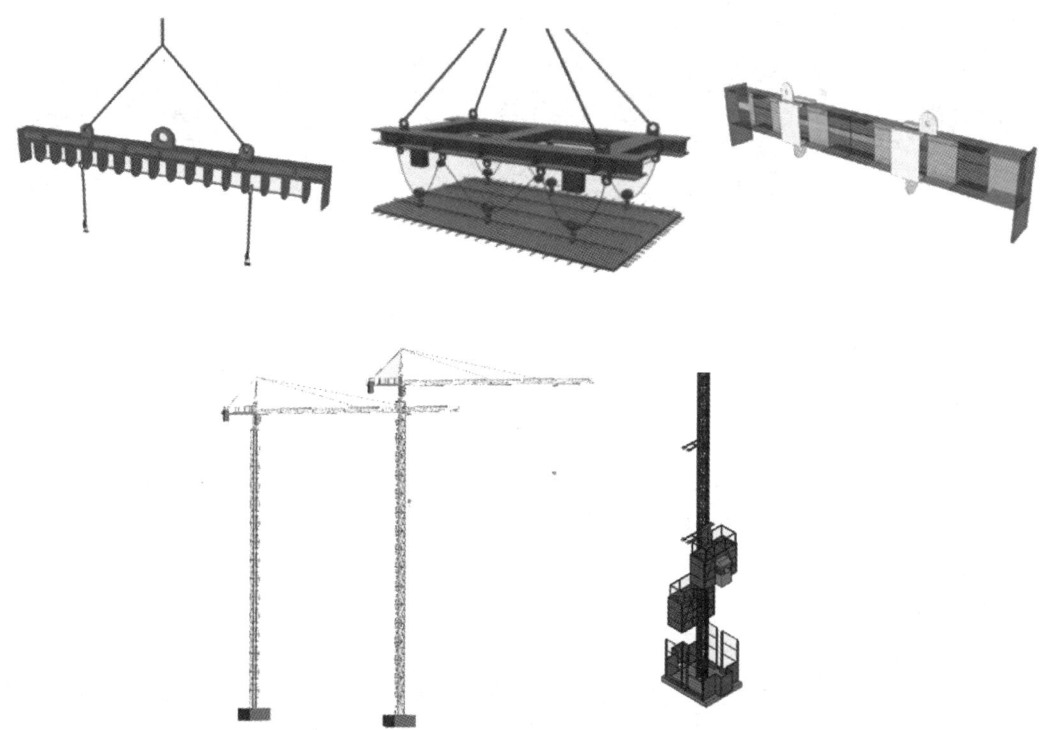

图 8-8　构件与配套工装及资源的一体化

8.2 裕璟幸福家园项目

8.2.1 工程概况

裕璟幸福家园项目位于深圳市坪山新区坪山街道，是深圳市首个 EPC 模式的装配式剪力墙结构体系的试点项目。本工程共 3 栋塔楼（1＃、2＃、3＃），建筑高度分别为 92.8m（1＃楼、2＃楼）、95.9m（3＃楼），地下室 2 层，总占地面积为 11164.76m^2，总建筑面积为 6.4 万 m^2（地上为 5 万 m^2，地下为 1.4 万 m^2），建筑使用年限为 50 年。预制率约为 50％，装配率约为 70％，是深圳市装配式剪力墙结构预制率、装配率最高的项目，同时是采用深圳市标准化设计图集进行标准化设计的第一个项目，也是深圳市首个采用装配整体式剪力墙结构体系的住宅项目。裕璟幸福家园项目现场如图 8-9 所示。

图 8-9 裕璟幸福家园项目

8.2.2 技术应用

一、标准化设计技术

1. 平面标准化

本项目 1＃、2＃、3＃楼共计 944 户，由 35m^2、50m^2、65m^2 三种标准化户型模块组成，通过对户型的标准化、模数化的设计，结合室内精装修一体化设计，各栋组合建筑平面方正实用、结构简洁。该项目实现了平面标准化，为预制构件拆分设计的少规格、多组合提供了可能。

2. 立面标准化

通过标准构件的合理组合，设计出简洁大方的建筑立面，体现了构件的“少规格、多组合”原则。该项目的外立面设计具有以下特点：体现装配式特色的外墙角部构造；与水平和垂直板缝相对应的外饰面分缝；装配式的外遮阳部品、标准化的金属百叶、标准化的室外空调机架；立面两种涂料色系搭配（图 8-10）。

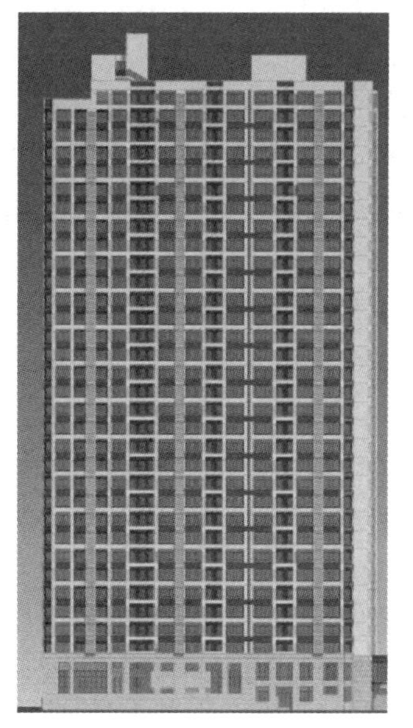

图 8-10　立面标准化

3. 构件标准化

构件拆分尽量满足少规格、多组合的原则，1＃、2＃楼标准层采用一种通用户型，包括预制外墙 9 种、33 块，预制内墙 3 种、4 块，预制楼梯 2 种、2 块，预制叠合楼板 9 种、33 块；3＃楼采用两种户型，包括预制外墙 7 种、53 块，预制内墙 5 种、18 块，预制楼梯 1 种、4 块，预制叠合楼板 9 种、86 块（图 8-11、图 8-12）。

根据标准化的模块进行标准化的部品设计，形成标准化的楼梯构件、空调板构件和阳台构件，大大减少了结构构件数量，为建筑部品的大规模批量生产奠定了基础，显著提高了构配件的生产效率，有效减少了材料浪费，实现了节约资源、节能降耗。

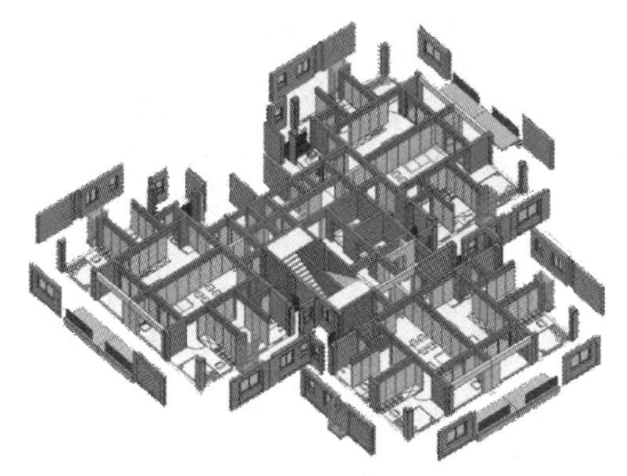

图 8-11　1＃、2＃楼构件标准化拆分

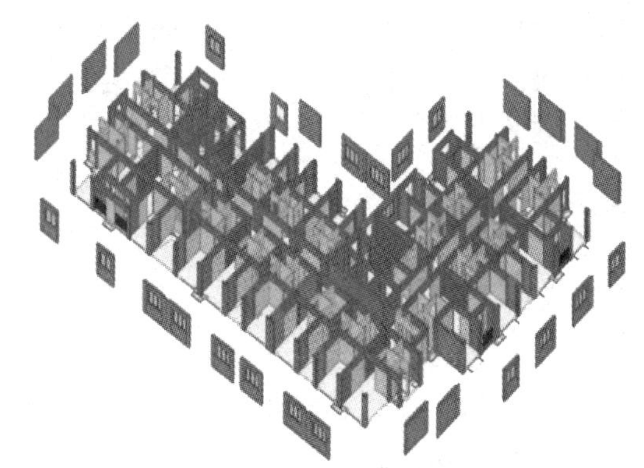

图 8-12　3＃楼构件标准化拆分

二、一体化协同技术

本项目遵循建筑、结构、机电、装修一体化，设计、生产、装配全过程一体化的原则，进行了协同设计、协同生产、协同装配。

1. 策划阶段协同

在项目策划阶段，即进行设计、生产、装配协同工作，各环节主要人员参加，对项目进行全过程策划，内容涉及组织架构、报批报建、全过程进度、设计管理、科技管理、资源供应、构件生产、现场管理、商务管理、分包管理、质量管理、安全管理、文明施工、风险分析、项目验收、资金管理、税务统筹等各个方面，为后续各阶段、各单位工作指明了方向，确定了目标，奠定了协同工作的基础。

2. 设计阶段协同

在项目设计阶段，建立了平台统一、专业同步的设计体系，规范了建筑、结构模数协调规则，各专业设计均将生产、装配信息融入其中。

基于功能单元的构件尺寸，采用模数协调设计技术，按照模数协调准则、通过整体设计下的构件尺寸归并优化设计，实现构件的标准化设计，便于模具采用标准化制造、生产采用标准化工艺、装配采用标准化工法。

建筑设计初期充分考虑室内的空间布置、家具摆放、装修做法，并根据装修效果定位机电末端点位，精确反推机电管线路径、建筑结构孔洞预留及管线预埋，确保建筑、机电、装修一次完成。

施工图设计阶段，水暖电专业对敷设管道作精确定位，协同预制构件设计。在深化设计阶段，水暖电专业配合预制构件深化设计人员编制预制构件的加工图纸，准确定位和反映构件中的水暖电设备，满足预制构件工厂化生产及机械化安装的需要（图 8-13）。

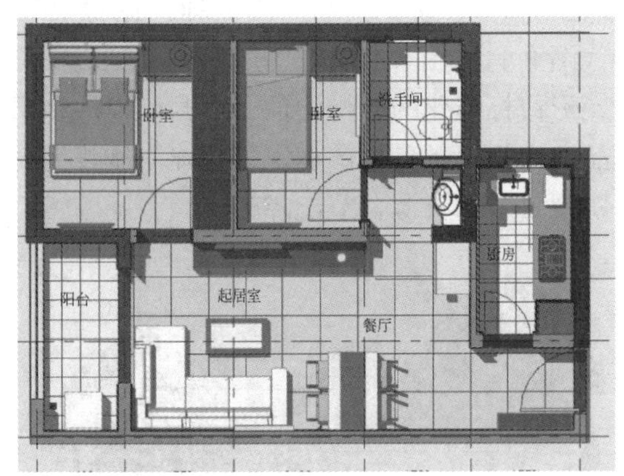

图 8-13　一体化协同设计

3. 生产阶段协同

设计阶段，生产单位即开始了模具的同步制造及构件的试生产，并将生产过程中产生的问题及优秀做法及时反馈给设计单位，设计单位根据反馈意见，综合考虑，不断优化，最终确定了既能满足构件厂生产能力，又能满足施工需要，同时还能提高工期保证安全的构件单体。

在构件的预留预埋、支撑加固埋件设置上，生产单位与施工单位协同工作，根据现场条件、起重能力、施工工艺、人员素质等共同确定构件的起吊及支撑加固方式、埋件形式及方法数量，确保施工顺利进行。

4. 装配阶段协同

设计及试生产阶段，施工单位即根据与生产单位协同确定的构件重量、数量等选取适当的起重设备；根据协同确定的施工工艺、支撑加固方式编制施工方案，并组织招标，选用相匹配的施工队伍；根据与设计及生产单位的协同工作成果，制定进度、质量、安全成本等管理制度，编制全过程进度计划。

施工单位将现场施工条件及工艺水平、吊装能力反馈给设计、生产单位，为设计方案制定与优化提供必要的条件。

通过施工单位与设计、生产单位的协同工作，优化采用了结构防水、构造防水和材料防水 3 道防水措施，解决了不同节点的防水难题。

施工单位将进度计划及构件需求量计划反馈给生产单位，为生产单位编制排产计划提供依据，同时作构件进场数量与质量验收的依据，有效实现了进度计划时间与空间上的协同。

8.3　新兴工业园服务中心

8.3.1　工程概况

新兴工业园服务中心项目位于成都市天府新区新兴镇，地处天府新区成都直管区与龙泉驿区区界的交界处，是西南地区首例装配式高层公共建筑。本工程共 4 个子项，分别为 01 子项-1-1＃楼、02 子项-1-2＃楼、2＃楼、03-地下室。全项目占地面积为 22546.81m^2，建筑面积为 90100m^2，其中地上建筑面积为 67000m^2，容积率为 3.0，酒店建筑高度为 77.6m。地上部分采用装配整体式框架剪力墙结构，地上 18 层，地下 2 层，建筑使用年限为 50 年，建筑结构安全等级为二级，建筑抗震设防分类为丙类，抗震设防烈度为 7 度（0.10g），框架的抗震等级为二级，剪力墙的抗震等级为二级。本项目作为新兴工业园区生活配套服务中心，规划设计有政务办公、商业、酒店、公寓以及公交车始末站。新兴工业园服务中心项目的工程全景如图 8-14 所示。

图 8-14　新兴工业园服务中心项目的工程全景

8.3.2 技术应用

1.“研发、优化装配整体式混凝土框架节点、外挂墙板节点”的应用

(1) 优化装配式框架中间层中节点配筋形式

该节点构造具有良好的抗震性能，具有以下优点。

1) 各试件在侧移角为1/3000～1/1800时开始出现裂痕，此时的层间位移角相比于现浇试件要小，建议规范可对此进一步严格要求。各试件破坏时，裂缝分布及破坏现象左右对称，且都表现为塑性铰集中在梁端结合面附近较小范围内的弯曲破坏。

2) 各试件滞回曲线形状均较为饱满，具有较好的延性和耗能能力，其位移延性系数为3.10～4.49，极限位移角为1/35～1/30。

3) 采用并箍等方式简化节点区配筋会降低箍筋对于核心区混凝土的约束作用，因为采用复合箍比采用并箍试件要好；采用锚固板和采用弯折锚固对节点的抗震性能影响不大；梁腰筋伸入节点可显著提高梁端拼缝结合面性能，同时也会导致节点破坏模式从键槽结合面破坏转变为核心区剪切破坏。

4) 为了提高梁端拼缝结合面性能，增加其抗震延性，预制梁端设计为缺口。缺口采用现浇混凝土，不仅解决了梁端结合面抗剪及梁抗扭的问题，且节点区域的支模可以在此对拉固定，简化了节点区域的支模过程，施工方便。

(2) 优化装配式框架结构主次梁节点

目前《装配式混凝土结构技术规程》JGJ 1—2014中规定主次梁采用刚接连接时，主梁上宜预留插筋或内螺母与次梁下部钢筋搭接，节点主要采用附加钢筋连接，连接方式能传递次梁端部的弯矩、剪力、扭矩，通用性强，预制主梁不被打断，给运输、安装提供了便利，但据施工单位反馈，该节点形式在施工中存在施工效率低的问题。本项目主要采用主次梁连接节点，采用“牛担板”铰接，该节点制作、安装方便，施工效率高。

(3) 外挂板节点创新设计

采用了外挂板节点创新设计，该节点在保证外挂板和主体可靠连接的同时，能适应主体结构的变形，并由国标图集做法的6个连接点减少为4个，制作和安装效率均有提高(图8-15)。

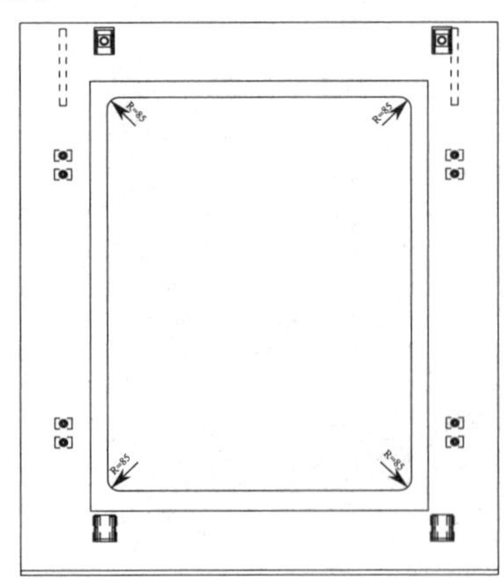

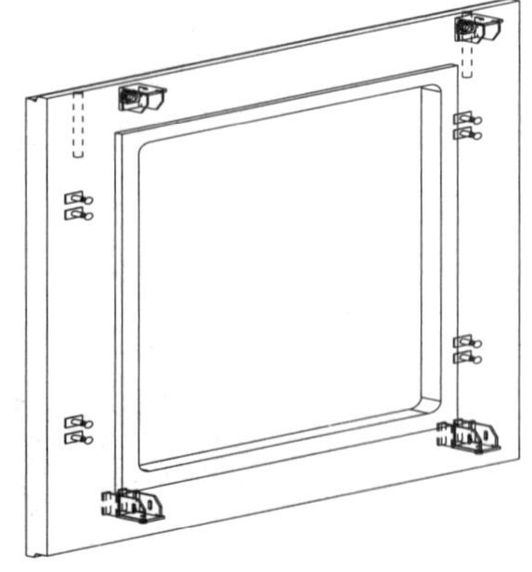

图8-15 外挂板示意图

2. “内墙板非砌筑、集成卫生间、管线分离技术”的应用

门窗、厨卫等部品采用模块化设计，工厂制作及现场装配，实现门窗、厨卫部品一体化装修，集成卫生间规格为 2200mm×1750mm×2500mm。轻质内隔墙采用改性石膏板，规格为 600mm×3860mm、600mm×3360mm。同时采用了管线分离设计。

3. “办公层、酒店层采用模块化标准化设计、构件精细化设计”的应用

办公层、酒店层进行了标准化设计，立面采用了预制混凝土外墙板与金属穿孔板结合，通过单一构件重复衍生，同时运用模具思维的精细化设计（图 8-16）。

图 8-16 模具思维的构件精细化设计

8.4 南京一中项目

8.4.1 工程概况

南京一中江北校区（高中部）建设工程项目位于江北新区国际健康城范围内，设 3 栋教学楼、行政办公楼、图文信息综合楼、音乐厅、体育馆、2 栋学生宿舍、教师宿舍。总建筑面积为 10.8 万 m^2，地上为 6.85 万 m^2，地下为 3.95 万 m^2。本项目为装配式混凝土框架结构工程，预制装配率为 30.1%，建筑面积为 107728m^2。分别有 1＃～3＃楼（教学楼、阶梯教室，含连廊）（地上装配）、4＃楼行政办公楼（地上装配＋现浇）、5＃楼图文信息楼（地上现浇）、6＃楼音乐厅（地上现浇）、7＃楼学生宿舍（地上装配）、8＃楼教师公寓（地上装配）、9＃楼体育馆（地上现浇）。南京一中项目现场如图 8-17 所示。

图 8-17 南京一中项目

8.4.2 技术应用

1. 建筑、结构、机电、内装全专业协同设计

整个设计过程中建立了各专业协同设计流程（图 8-18），不同专业互为条件，实现了 EPC 工程总承包项目全过程集成化设计。全专业协同设计流程应用实施，规避传统施工设计阶段各专业分开设计的弊端，提升设计工作效率并缩短设计出图时间，提高设计图纸质量。通过 BIM 三维软件的正向设计技术可以解决传统二维图纸设计中的问题，大大提高装配式建筑实施效率。

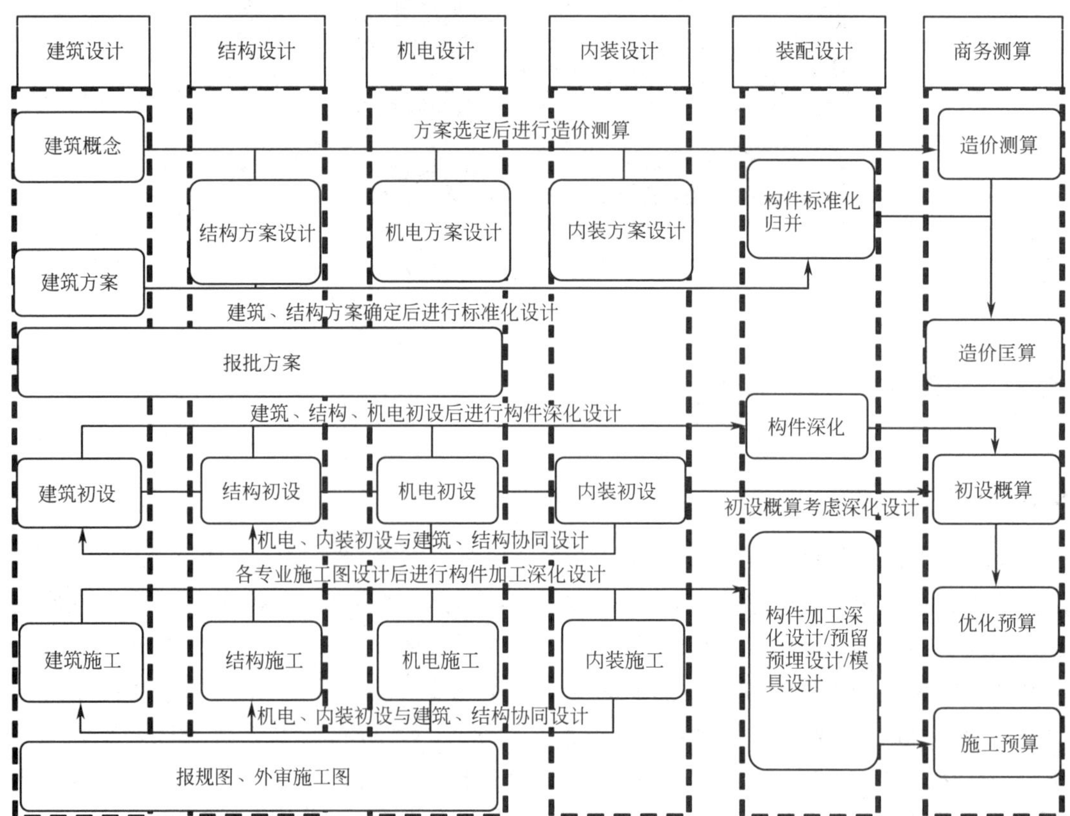

图 8-18 建筑、结构、机电、内装全专业协同设计流程

2. 设计、加工、装配全过程协同建造

建立了策划为主，基于深化设计各方交互的设计、生产、装配的协同工作流程（图8-19），整体策划阶段将生产、装配施工信息前置，以生产、装配高效便捷为约束条件开展设计；深化设计阶段将施工图设计、模具设计、生产加工和装配方案进行信息交互和协同。集成化建造模式有利于提高管理过程中的工作效率，提高各个阶段的工作质量并提前解决问题。

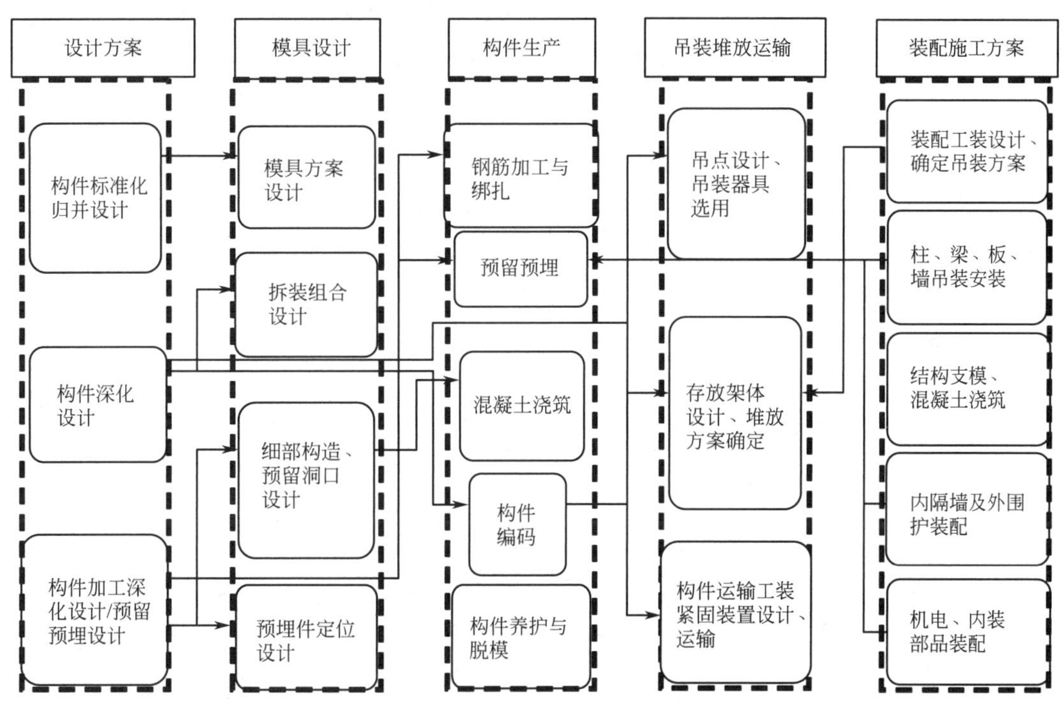

图8-19　设计、加工、装配全过程协同建造

3. 标准化设计

采用标准化设计技术，预制利于机械化、自动化、规模化加工的系列标准化构配件，与之相应的加工机具和设备也实现标准化，能够批量化生产，从而使得项目在建造过程中降低生产成本、提高劳动生产效率。

竖向构件预制柱的标准化：预制柱标准化程度较高，重复率前三的构件比例均大于90%，单一类型构件个数均在30个以上。1#～3#教学楼及教师公寓预制柱统计表见表8-2、表8-3。

1#～3#教学楼、教学楼连廊预制柱统计表　　**表8-2**

预制柱截面(mm)	预制柱高(mm)	体积(m^3)	重量(t)	数量(个)	预制总体积(m^3)
600×600	3400	1.224	3.06	288	352.51
600×600	4200	1.512	3.78	72	108.86
600×800	3400	1.632	4.08	120	195.84
600×800	4200	2.016	5.04	30	60.48
合计	—	—	—	510	717.69

教师公寓预制柱统计表　　表 8-3

预制柱截面(mm)	预制柱高(mm)	体积(m^3)	重量(t)	数量(个)	预制总体积(m^3)
600×600	2980	1.07	2.68	36	38.62
600×600	2930	1.06	2.64	48	50.63
合计	—	—	—	84	89.25

水平构件叠合梁的标准化：叠合梁标准化程度较高，叠合层厚度统一尺寸，归并同一类型构件程度较高。1＃～3＃教学楼及教师公寓叠合梁统计表见表 8-4、表 8-5。

1＃～3＃教学楼、教学楼连廊叠合梁统计表　　表 8-4

梁截面(mm)	叠合层厚度(mm)	长度(mm)	体积(m^3)	重量(t)	数量(个)	预制总体积(m^3)
300×850	190	9020	1.786	4.46	24	23.28
300×800	150	2720	0.530	1.33	180	42.86
300×800	150	7820	1.525	3.81	76	82.68
300×800	150	8420	1.642	4.10	33	15.53
300×800	150	9020	1.759	4.40	96	78.85
300×800	150	12320	2.402	6.01	69	87.03
300×750	190	7220	1.213	3.03	27	249.60
300×700	150	7220	1.191	2.98	108	86.47
300×600	150	3000	0.405	1.01	120	32.75
300×500	140	3070	0.332	0.83	126	128.63
300×500	140	8250	0.891	2.23	108	22.86
300×500	150	2120	0.223	0.56	24	24.30
300×500	150	4820	0.506	1.27	40	42.21
合计	—	—	—	—	1031	917.05

教师公寓叠合梁统计表　　表 8-5

梁截面(mm)	叠合层厚度(mm)	长度(mm)	体积(m^3)	重量(t)	数量(个)	预制总体积(m^3)
350×600	150	5870	0.925	2.31	36	33.28
350×600	170	5870	0.883	2.21	10	8.83
300×550	150	7820	0.938	2.35	48	45.04
300×550	150	8420	1.010	2.53	16	16.17
300×550	170	7820	0.891	2.23	12	10.70
300×550	170	8070	0.920	2.30	6	5.52
200×600	150	8070	0.726	1.82	18	13.07
200×600	150	8625	0.776	1.94	12	9.32
合计	—	—	—	—	158	141.93

4. 结构全装配化设计

针对教学楼、教师公寓建筑，创新设计实施全装配式混凝土结构体系，突破传统部分预制、部分现浇的设计方法，解决了预制和现浇混用的装配问题，实现全装配式设计和装配（从首层开始即进行预制装配），建立以预制装配为核心的混凝土结构建筑全装配设计体系。具体实现技术措施：设计轴压比控制；ECC高性能混凝土应用；连接加强设计技术；结构形式布置规则；抗震性能化设计技术（图 8-20）。

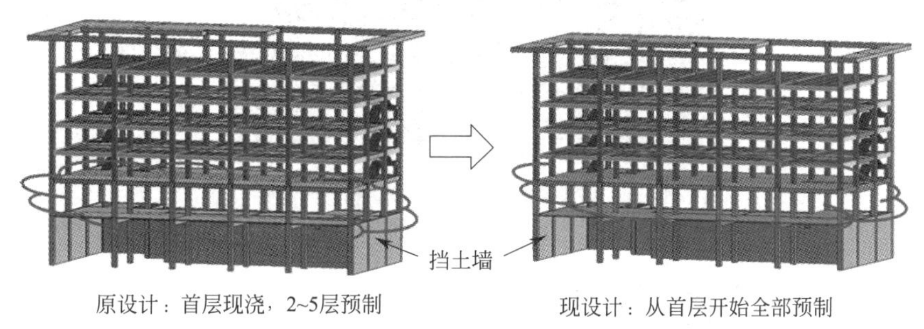

图 8-20　装配方案优化

5. 梁柱钢筋大直径、大间距、少根数设计

对于预制梁柱构件之间连接位置的后浇节点钢筋碰撞问题，创新应用钢筋大直径、大间距、少根数设计技术，保证连接钢筋刚度，精准对位，实现梁、柱钢筋有效协同，提高建造效率。具体应用技术措施：钢筋等强代换；构造钢筋配置满足规范要求；提高套筒连接质量；墩头锚固板连接（图 8-21）。

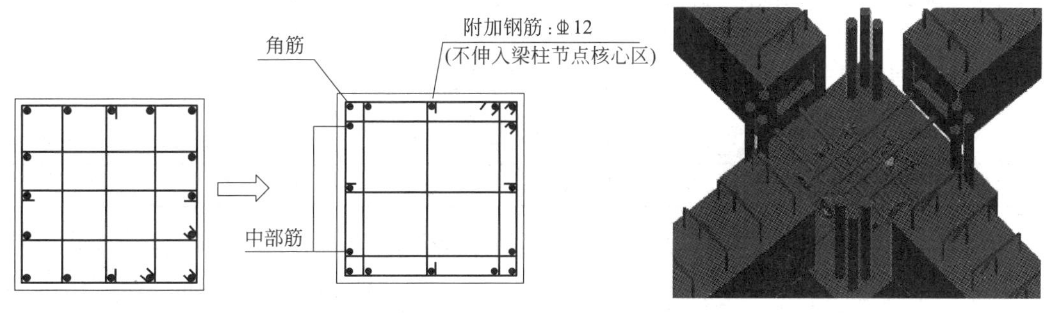

图 8-21　梁柱钢筋大直径、大间距、少根数设计

6. 叠合板不出筋、板缝密拼设计

针对传统水平板出筋导致生产装配效率较低难题，创新采用叠合板不出筋设计方法，便于模具高效安放，提高叠合板生产效率；针对传统叠合楼板分离式连接方式，创新板缝密拼的设计方法，规避了传统连接方式下叠合板出筋和板缝预留后浇多产生的生产和装配效率低下等问题。具体应用技术措施：叠合板尺寸标准化设计；双向板改为单向板；连接位置加强设计（图 8-22）。

图 8-22 叠合板不出筋、板缝密拼设计

8.5 北京万科翡翠书院项目

8.5.1 工程概况

翡翠书院 158 地块项目位于北京市海淀区西北旺镇，丰润中路以北，永丰西滨河路北延以东，总建筑面积为 108912.04m^2（地下建筑面积为 50830m^2，地上建筑面积为 58082.04m^2），设计使用年限为 50 年，为多层民用建筑，地上 5/7/8 层，地下 2/3 层，建筑高度为 15.5m/21.5m/24.5m，绿建 3 星。结构形式为装配整体式剪力墙结构，装配式部品部件采用预制外墙板、预制内墙板、预制空调板、预制阳台板、预制楼梯、叠合板、转角 PCF 板，户内隔墙采用混凝土空心条板轻质隔墙。装配式建筑平均装配率 65%。单体建筑面积及层数见表 8-6。北京万科翡翠书院 158 地块项目效果图如图 8-23 所示。

单体建筑面积及层数表 表 8-6

建筑编号	建筑使用性质	层数	建筑面积(m^2)	预制率	高度(m)	备注
C-1#楼	住宅	5 层	4321.85	65%	15.5	装配式建筑
C-2#楼	住宅	7 层	6395.55	65%	21.5	装配式建筑
C-3#楼	住宅	5 层	3942.06	65%	15.5	装配式建筑
C-4#楼	住宅	5 层	5272.41	65%	15.5	装配式建筑
C-5#楼	住宅	7 层	6395.55	65%	21.5	装配式建筑
C-6#楼	住宅	5 层	5272.41	65%	15.5	装配式建筑
C-7#楼	住宅	5 层	5272.41	65%	15.5	装配式建筑
C-8#楼	住宅	8 层	8328.28	65%	24.5	装配式建筑
C-9#楼	住宅	5 层	5272.41	65%	15.5	装配式建筑
C-10#楼	住宅	5 层	6122.41	65%	15.5	装配式建筑
C-11#楼	住宅	5 层	6178.41	65%	15.5	装配式建筑

续表

建筑编号	建筑使用性质	层数	建筑面积(m^2)	预制率	高度(m)	备注
C-12＃楼	住宅	7 层	6824.77	65%	24.5	装配式建筑
C-13＃楼	住宅	8 层	8401.76	65%	24.5	装配式建筑
C-14＃楼	住宅	8 层	8406.76	65%	24.5	装配式建筑

图 8-23　北京万科翡翠书院 158 地块项目效果图

8.5.2　技术应用

1. 竖向钢筋单排筋套筒连接技术

（1）技术体系主要特点

边缘构件：竖向钢筋连接采用大直径单排套筒灌浆或螺栓连接。

竖向分布钢筋：采用大间距单排套筒灌浆连接（图 8-24）。

水平分布钢筋：侧面不出筋，采用可弯折锚环。

水平接缝：高强坐浆料（不低于 40MPa）。

竖向接缝：后浇筑细石混凝土，后浇段长度短。

无钢筋绑扎，无需支模。

梁墙节点：梁墙铰接，墙板预留凹槽，局部梁采用钢梁。

（2）预制剪力墙竖向钢筋单排筋连接

预制墙板顶部出筋为单排大间距插筋。单排连接钢筋均采用大直径钢筋，对应的钢筋套筒亦采用配套的大直径套筒，其套筒内径与连接钢筋间空隙要比小直径钢筋套筒更大，从而有利于预制墙板安装时的误差调整和钢筋对位。钢筋间距较大，钢筋套筒灌浆连接数量减少，大大减少了现场的灌浆作业量。两侧面外伸钢筋锚环竖向间距较大，一般为

600～800mm，大大方便了施工安装（图 8-25）。

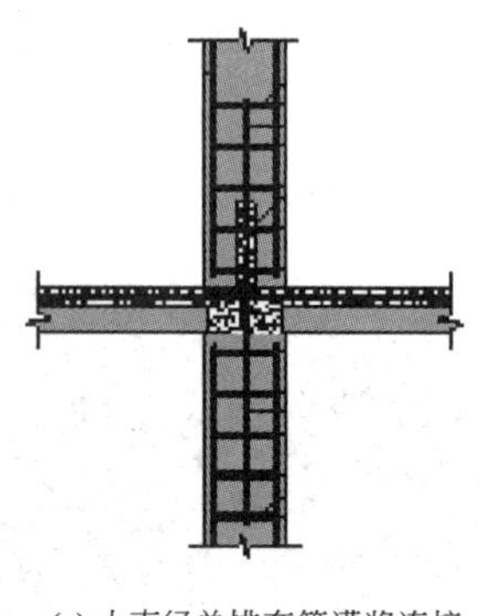
(a) 大直径单排套筒灌浆连接

(b) 竖向钢筋螺栓连接

图 8-24　竖向钢筋连接方法

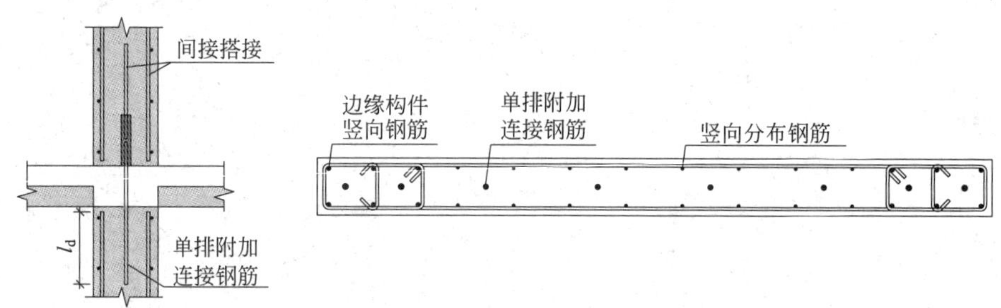

图 8-25　单排筋连接示意图

（3）预制墙板侧面不出筋，采用可弯折钢筋锚环

加工施工方便，钢筋锚环采用工业化成品，成品由扣盒与可弯折钢筋组成。墙板加工过程中，可弯折钢筋锚环藏于扣盒内，预制墙板侧模不需要设置孔洞或槽口外穿钢筋，待预制墙板脱模后，采用专用工具将可弯折钢筋锚环从扣盒内拔出并调直。大量提升边模通用化、标准化水平，提高加工效率。传统的装配整体式剪力墙结构因预制墙板侧向设置外伸连接钢筋，加工时边模需开大量出筋孔，造成边模安装繁琐、精度控制难度大，同时预制墙板混凝土浇筑时侧模出筋孔易漏浆，脱模时侧模易卡住侧向外伸钢筋，从而影响生产效率。预制墙板侧面外伸连接钢筋还会造成边模无法做到标准化和通用化，使得预制墙板构件的加工成本较高。本体系预制墙板生产时边模无需开孔，可避免该问题，从而提高生产效率，降低生产成本。

竖缝后浇段长度大大减少，现场湿作业量减少。后浇段采用小粒径骨料自密实混凝土，锚环内根据具体构造要求设置 1～4 根竖向后插钢筋，钢丝绳套内通常设置 1 根竖向后插钢筋。浇段无钢筋绑扎，无需支模。后浇段内钢筋绑扎数量少，浇筑时可采用统一标准规格的定型模板，可有效简化现场施工工序，提高施工速率（图 8-26）。

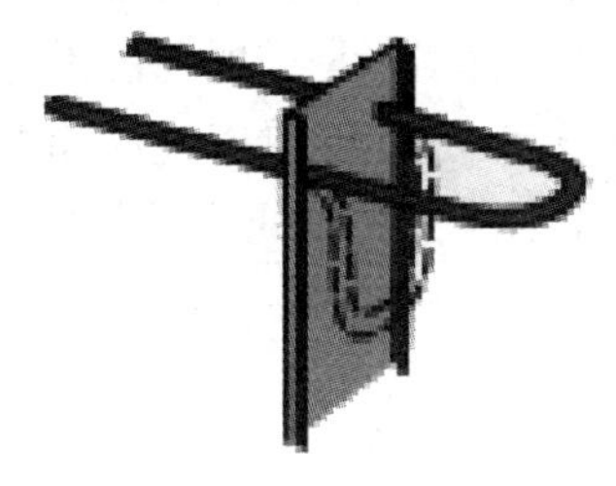

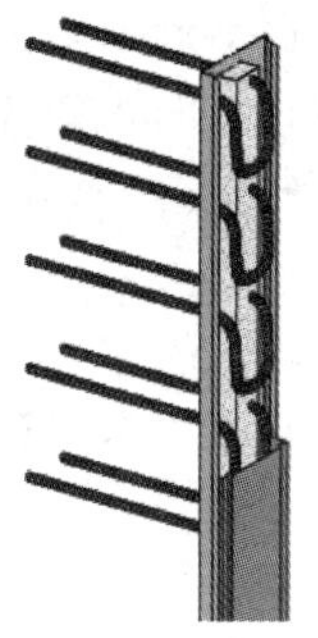

(a) 成品钢锚环

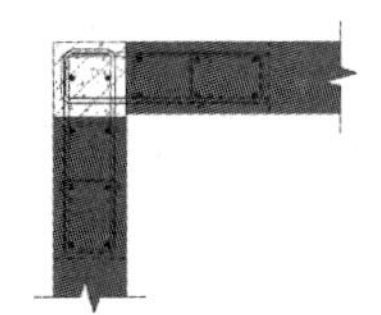

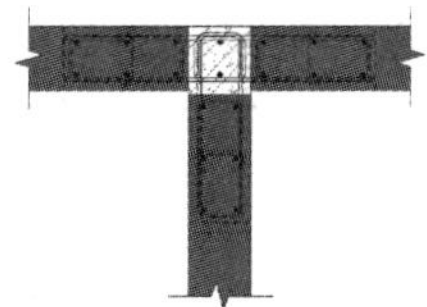

(b) 钢筋锚环节点

图 8-26　钢筋锚环

2. 预制剪力墙钢筋套筒灌浆饱满度质量控制管理

要解决灌浆料回落导致的灌浆不密实，确保灌浆质量，难点是如何及时有效地弥补灌浆料的回落损失。

采用薄壁透明塑料制成 L 形防回落筒，横支为连接端，用于连接出浆口；竖支为监测端，用于观察浆料流动。注浆时将其插至出浆孔处，浆料顶至竖向管顶部，如撤注浆管时导致浆料回落，竖管内浆料将回落至套筒内补充。该回落筒可一次使用，也可重复使用，成本很低。

现场灌浆填写灌浆施工记录并由监理签字：灌浆施工必须由专职质检人员及监理人员全过程旁站监督，每块预制墙板均要填写《灌浆施工检查记录表》，并留存全程照片和视频资料；灌浆施工检查记录表由灌浆作业人员、施工专职质检人员及监理人员共同签字确认。

项目采用 L 形防回落筒，简单便捷地实现了对灌浆质量的现场可视化监控，有效保证了灌浆质量（图 8-27）。

图 8-27　L 形防回落筒以及施工实景图片

本示范工程创新地采用了大直径单排钢筋套筒连接技术，并应用L形防回落筒控制灌浆质量，通过“竖向钢筋单排筋套筒连接技术”的应用，大大减少了现场的灌浆作业量，提高生产效率，降低生产成本；通过“预制剪力墙钢筋套筒灌浆饱满度质量控制管理”的示范，简单便捷地实现了对灌浆质量的现场可视化监控，有效保证了灌浆质量。

8.6 坪山三所学校项目

8.6.1 工程概况

坪山三所学校项目（竹坑学校、锦龙学校、实验学校南校区二期），建筑面积分别为$76054m^2$，$54465m^2$，$101531m^2$，教学楼均采用了装配整体式钢-混凝土组合框架结构体系，其预制构件包括预制柱、钢梁、预应力双T叠合楼板、非预应力不出筋叠合楼板、预制叠合阳台、预制楼梯、预制外挂墙板、预制隔墙板等，装配率为76.6%，装配式评价等级为AA级。三所学校实景如图8-28～图8-30所示。

图8-28 竹坑学校

图8-29 锦龙学校

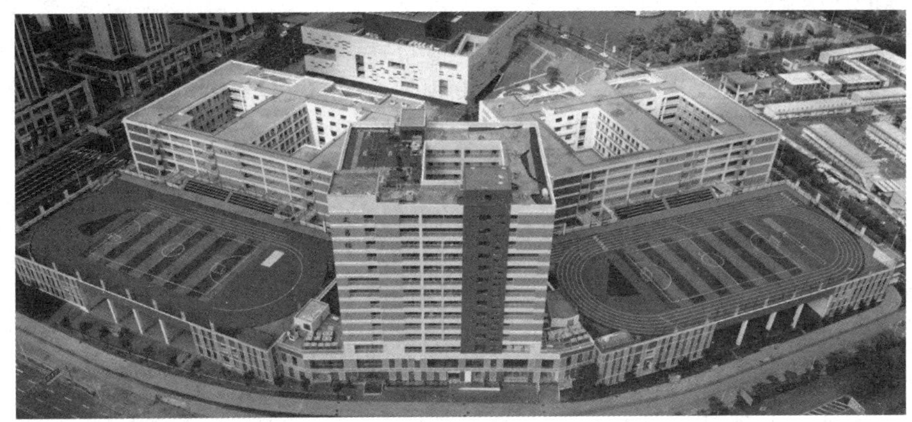

图 8-30　实验学校南校区

8.6.2　技术应用

一、标准化设计技术

1. 平面标准化

平面标准化应该合理划分框架柱网，以标准柱网为基本模块，实现其变化及功能适应的可能性，满足其全生命周期使用的灵活性和适应性，同时应控制好层高关系，在满足功能需求的前提下，综合梁高、板厚、机电管线空间和装修做法等需求，确定标准化的剖面设计（图 8-31）。

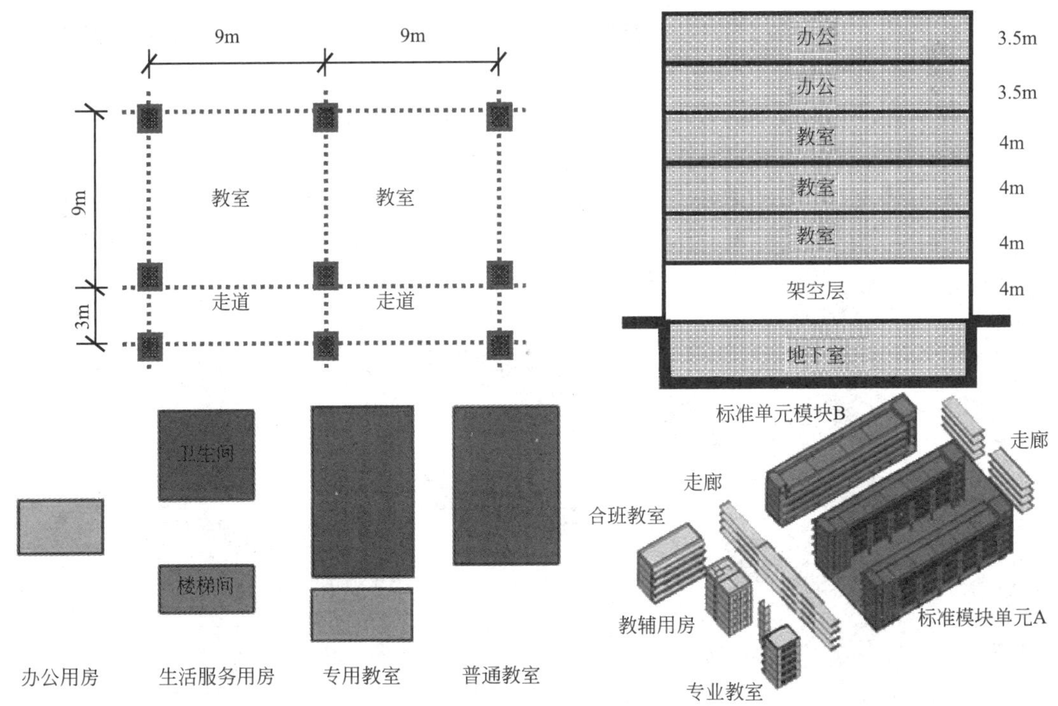

图 8-31　平面标准化

2. 立面标准化

立面标准化设计应该对立面的各构成要素进行合理划分，将其大部分设计成工厂生产的构件或部品，并以模块单元的形式进行组合排列。辅之以色彩、机理、质感、光影等艺术处理手段，最终实现立面的多样化和个性化（图 8-32）。

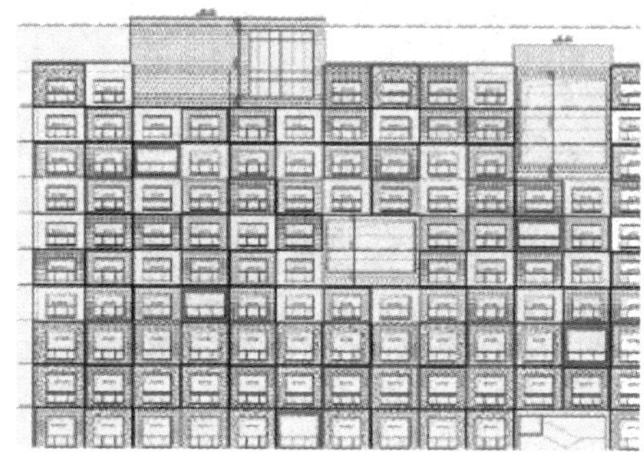

图 8-32　立面标准化

3. 构件标准化

标准化设计的目标是满足工厂化生产需求，只有通过构件标准化设计，才能让构件在工厂实现高效、优质、批量化的生产。装配式建筑的标准化是通过构件标准化和部品标准化来实现的（图 8-33）。

本项目预制柱截面均为 600mm×600mm，标识高度均为 4000mm，这样可最大限度减少预制构件种类及模具数量，降低预制构件造价。

钢梁作为重要的构件，同样也采用标准化设计，特别是预制柱连接主梁，涉及钢节点的标准化。因此，主要钢主梁均采用同样高度（600mm），个别跨度较小部位采用变截面做法，端部截面高度不变，保证了预制柱的通用性。

根据跨度和使用部位的不同，预应力带肋叠合板主要分为两种类型：适用于楼面的 4.5m 跨度板和适用于屋面的 4.5m 宽度板。在每种跨度下根据结构平面布置的需要，叠合板宽度可分为 1.2m、1.375m 和 1.475m 3 种。同样以最少的种类满足最大面的需要。

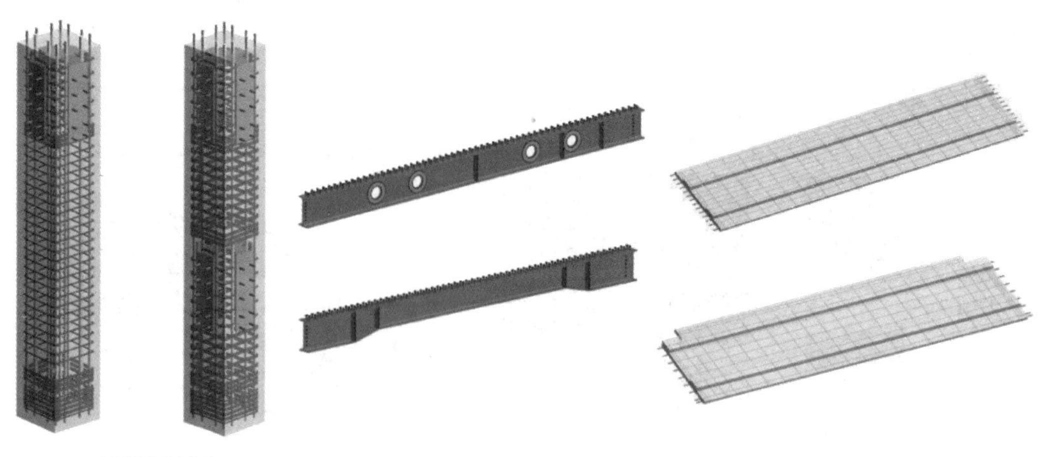

(a) 预制柱标准化　　(b) 钢梁标准化　　(c) 预应力带肋叠合板标准化

图 8-33　构件标准化

4. 部品标准化

部品标准化设计主要针对工厂化生产的内外墙装饰部品及门窗、洁具等功能性部品，本项目的内装部品主要有吊顶，外装饰部品主要有空调百叶、栏杆、遮阳等，外门窗也是重要的部品，需要进行标准化设计（图 8-34）。

(a) 栏杆标准化

(b) 空调百叶标准化

图 8-34　部品标准化

通过标准化的设计方法，使得项目预制构件及部品标准化程度提高，构件及部品种类减少：预制柱 3 种，共 1528 根；预制预应力叠合板 6 种，共 8178 块；预制楼梯 3 种，共 224 个。

二、预制柱＋钢梁＋钢-混凝土组合节点连接技术

装配式钢-混凝土组合结构的重点也是难点在于钢梁与预制柱的连接节点，既要受力可靠，也要便于预制构件的生产和安装。本项目研究了一种新型的装配式钢-混凝土组合结构梁柱节点，此梁柱节点实现了钢节点与预制柱一同预制生产，避免了现场通过混凝土后浇湿作业的方式与钢梁连接（图 8-35）。

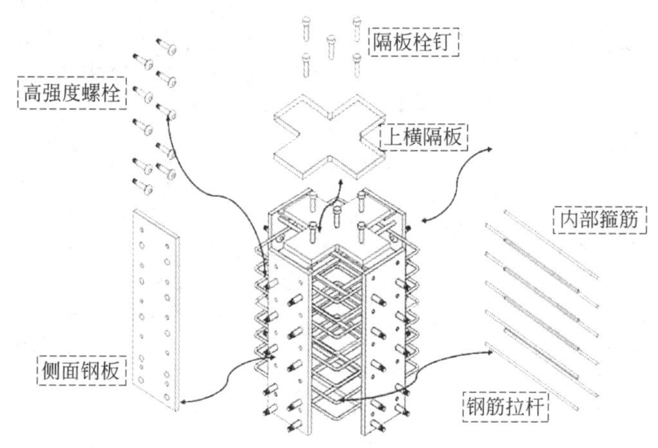

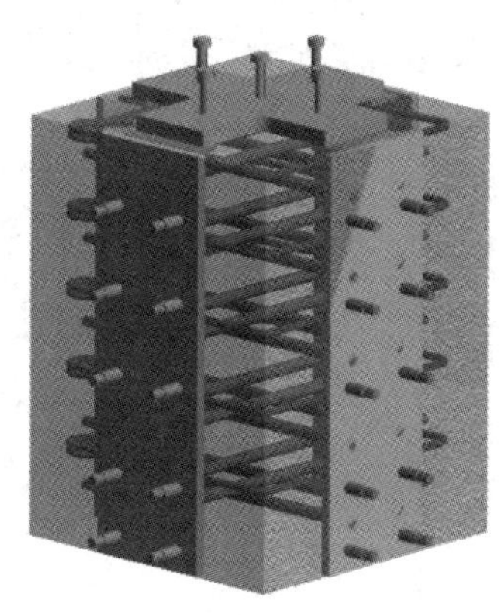

图 8-35　钢节点组成示意图

该梁柱节点优势在于：侧板与内部连接钢筋车丝连接，避免焊接造成节点变形，加工精度有保证；钢节点钢侧板上预置与钢梁连接的高强度螺栓，现场施工方便；钢节点与混

凝土柱一体化生产，构件制作精度有保证，现场施工效率高（图 8-36）。

图 8-36　施工安装

三、带肋预制预应力叠合楼板技术

本项目针对学校建设周期短和对建筑品质要求高的需求，楼盖采用了预制预应力带肋叠合板，减少了钢筋用量；预制板面设置凸肋增强了板刚度，避免吊装与运输过程中裂缝产生；该种类型的叠合板可在工厂流水线生产，生产效率高；具有吊装方便，免支撑，施工跨度大、效率高，能有效降低建设成本等优势（图 8-37）。

图 8-37　预制预应力带肋叠合板施工